高等学校教材

化工原理及设备课程设计

第二版

李　芳　主编

霍朝飞　副主编

唐定兴　主审

化学工业出版社
·北京·

内容简介

　　本书重点介绍典型的化工单元设备的设计原理、设计内容和方法，包括换热器工艺设计、精馏塔工艺设计、吸收塔工艺设计、列管式换热器机械设计和塔设备机械设计等内容，力求做到由浅入深、循序渐进、层次清晰。书中介绍的换热器、塔设备等设计实例具有工程背景，并且在换热器、精馏塔与吸收塔的设计中引入了 Aspen 模拟实例，同时在本书后面附有实例的相配套图纸以供读者参考。

　　本书可以作为高等学校化工原理或化工设备课程设计的参考教材，亦可作为从事化工行业科研设计与生产管理的工程技术人员的参考书。

图书在版编目（CIP）数据

化工原理及设备课程设计/李芳主编. —2 版.—北京：化学工业出版社，2020.10（2023.1重印）
高等学校教材
ISBN 978-7-122-37534-6

Ⅰ.①化⋯　Ⅱ.①李⋯　Ⅲ.①化工原理-课程设计-高等学校-教材　Ⅳ.①TQ02-41

中国版本图书馆 CIP 数据核字（2020）第 149694 号

责任编辑：丁文璇　满悦芝　　　　　　　　　装帧设计：张　辉
责任校对：刘　颖

出版发行：化学工业出版社（北京市东城区青年湖南街 13 号　邮政编码 100011）
印　　装：北京建宏印刷有限公司
787mm×1092mm　1/16　印张 12½　插页 2　字数 322 千字　　2023 年 1 月北京第 2 版第 3 次印刷

购书咨询：010-64518888　　　　　　　　售后服务：010-64518899
网　　址：http://www.cip.com.cn
凡购买本书，如有缺损质量问题，本社销售中心负责调换。

定　　价：39.00 元

前　言

本书是根据安徽工程大学化工原理及化工设备设计基础相关授课教师多年教学实践经验，结合工程技术人员多年的设计经验与我校课程设计实际情况编写而成的。本书在介绍化工单元设备设计基本原理和方法的基础上，重点介绍了换热器与塔设备的详细设计实例。另外，考虑到目前 Aspen 软件的普及，此次修订增加了换热器、精馏塔与吸收塔 Aspen 设计实例，并按照全国化工设计大赛标准进行设计。

本书由李芳担任主编，霍朝飞担任副主编。第 1 章、第 5 章由李芳（安徽工程大学）编写，第 2 章由许茂东（安徽工程大学）编写，第 3 章由张翠歌（安徽工程大学）编写，第 4 章由薛爱芳（三门峡化工机械研究所）编写。本书中所有 Aspen 设计案例由李芳、霍朝飞（安徽工程大学）编写。本书由唐定兴、杨仁春共同审定，唐定兴为主审。本书的编写工作得到了安徽工程大学校领导和学院领导的大力支持，在此表示感谢！

由于编者水平有限，书中不足之处在所难免，恳请读者批评指正。

编者
2020 年 5 月

编者
2020 年 5 月。

第一版前言

本书是根据安徽工程大学化工原理及化工设备设计基础相关授课教师多年教学实践经验，并结合工程技术人员多年的设计经验与我校课程设计实际情况组织编写。各章除了强调课程设计的设计原理及方法外，还重点编写了具有工程背景的换热器、板式塔、反应釜的详细设计实例，以便于教与学，目的是增强学生的工程观念。

本书由李芳担任主编，李勤担任副主编，唐定兴任主审。第 1 章列管式换热器工艺设计由李芳（安徽工程大学）、李勤（沈阳工业大学）编写，第 2 章精馏塔工艺设计由许茂东（安徽工程大学）编写，第 3 章吸收塔工艺设计由张翠歌（安徽工程大学）编写，第 4 章列管式换热器机械设计由薛爱芳（三门峡化工机械研究所）编写，第 5 章塔设备机械设计由李芳（安徽工程大学）编写，第 6 章反应釜结构设计由李兴扬、王芬华（安徽工程大学）编写。

本教材的编写得到了安徽工程大学校领导和生化学院领导的大力支持，在此表示感谢！

由于编者水平有限，书中不足之处恳请读者批评指正。

编者

2011 年 4 月

目　　录

第1章　列管式换热器工艺设计

1.1　概述

1.1.1　换热器的分类、特点及结构组成

换热器是进行热量传递的通用工艺设备，在炼油、化工及其他相关工业中广泛应用。换热器按其功能可分为加热器、再沸器、冷凝器、蒸发器等；按冷、热物料间的接触方式又可以分为直接式换热器、蓄热式换热器、间壁式换热器等。直接式和蓄热式换热器换热过程中，高温流体和低温流体相互混合或部分混合，使其在应用上受到限制。工业上以间壁式换热器为主。列管式换热器是间壁式换热器中的一种，是目前生产上应用最广泛的一种换热设备。

列管式换热器种类很多，目前广泛使用的主要有以下几种。

1.1.1.1　固定管板式换热器

固定管板式换热器是列管式换热器中构造较简单、使用较广泛的一种。该类型换热器是通过胀接、焊接法等将管束的两端固定在壳体两端的固定板上构成的，由于管板是与外壳固定在一起的，所以称为固定管板式列管换热器。这类换热器结构简单、紧凑，重量轻，造价便宜，在相同的壳程情况下，可比其他类型的列管式换热器多排一些换热管，但管外不能机械清洗。

在管壁与壳壁温度相差50℃以上时，为了克服温差应力必须有温差补偿装置。图1-1为具有温差补偿圈的固定管板式换热器，它依靠膨胀节的弹性变形减少温差应力，只能用于壳壁与管壁温差低及管程和壳程流体压强不高的情况。一般壳程压强超过0.6MPa时，由于补偿圈过厚难以伸缩，失去温差补偿的作用，就应考虑其他结构。

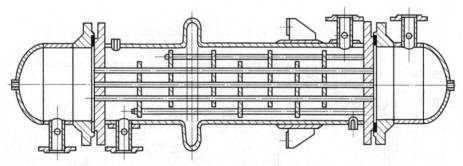

图1-1　固定管板式换热器

1.1.1.2　浮头式换热器

换热器的一块管板用法兰与外壳相连接，另一块管板不与外壳连接，以便管子受热或冷却时可以自由伸缩，但在这块管板上连接一个顶盖，称为"浮头"，这种换热器称为浮头式换热器，如图1-2所示。这种换热器的优点为：管束可以拉出，以便清洗；管束的膨胀不受壳体约束，因而当两种换热介质的温差较大时，不会因管束与壳体的热膨胀量的不同而产生温差应力。其缺点为结构复杂，造价高。

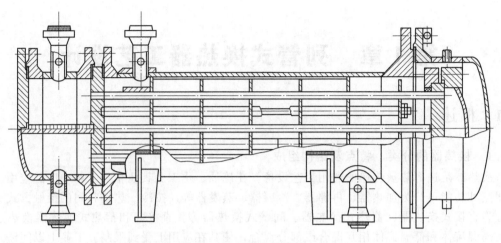

图 1-2 浮头式换热器

另外还有 U 形管式换热器和釜式换热器，如图 1-3、图 1-4 所示。

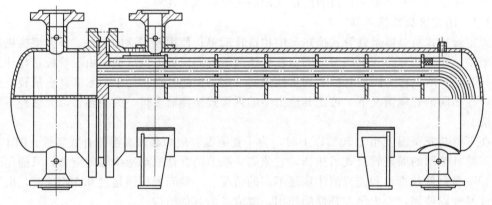

图 1-3 U 形管式换热器

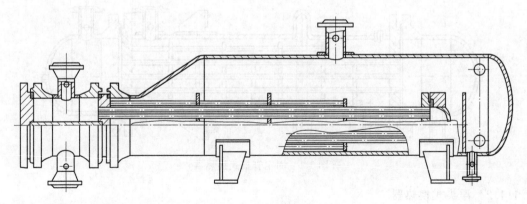

图 1-4 釜式换热器

1.1.2 列管式换热器标准简介

列管式换热器的设计、制造、检验与验收必须遵循 GB/T 151，GB/T 151 于 2014 年更新，也由《钢制管壳式换热器》更名为《热交换器》，但习惯上仍将换热设备称为换热器。

按该标准，对换热器的参数作如下规定。

① 公称直径（mm）：卷制圆筒，以圆筒内径作为换热器的公称直径，mm；钢管制圆筒，以钢管外径作为换热器的公称直径。

② 换热器的传热面积（m²）：计算传热面积是以换热管外径为基准，扣除伸入管板内的换热管长度后，计算所得到的管束外表面积的总和；公称传热面积指经圆整后的计算传热面积。

③ 换热器的公称长度（m）：以换热管长度作为换热器的公称长度。换热管为直管时，取直管长度；换热管为 U 形管时，取 U 形管的直管段长度。

该标准还将列管式换热器的主要组合部件分为前端管箱、壳体和后端结构（包括管束）三部分。该标准将换热器分为Ⅰ、Ⅱ两级，Ⅰ级采用较高级的冷拔换热管，适用于无相变传热和易产生振动的场合。Ⅱ级采用普通冷拔换热管，适用于再沸、冷凝和无振动的一般场合。

1.1.3 非标换热器工艺设计步骤

① 设计方案确定，包括换热器类型的选择与流程安排；

② 初选传热系数 K，由传热基本方程 $Q=KA\Delta t_m$（式 1-2）计算传热面积 A；

③ 工艺结构尺寸设计；

④ 换热器核算，包括传热面积的核算、换热器内流体压降的核算；传热面积应留有 15%～25% 的裕度；压降不大于规定值，否则必须调整管程数，重新计算。

1.2 列管式换热器工艺设计

1.2.1 设计方案

1.2.1.1 选择换热器的类型

按照 1.1 所述几种列管式换热器的特点选择合适的换热器。一般优先考虑固定管板式换热器。

1.2.1.2 流程安排

在列管式换热器中，哪一种流体流经管内（管程），哪一种流体流经管外（壳程），关系到设备使用是否合理。一般可以从下列几方面考虑。

① 不洁净或易结垢的物料应当流经易于清洗的一侧，对于直管管束，一般通过管内。例如冷却水一般通过管内，因为冷却水常用江河水或井水，比较脏，硬度较高，受热后容易结垢，在管内便于清洗，此外管内流体易于维持高速，可避免悬浮颗粒的沉积。但对于 U 形管式换热器，由于管内不能进行机械清洗，故污浊的流体应通过壳程。

② 有腐蚀性的流体应在管内流过，这样只有管子、管板及流道室需要使用耐蚀材料，而壳体及管外其他零件都可以使用比较便宜的材料。

③ 压力高的流体流经管内，因为管直径小，承受高压能力强。同时避免了采用高压外壳和高压密封。

④ 饱和蒸汽一般通入壳程，以便排出洁净冷凝液。

⑤ 被冷却物料一般走壳程，便于散热。

上面诸原则可能有时是相互矛盾的，在实际使用中不可能同时满足所有要求，应该对具体情况作出具体分析，抓住主要方面。一般首先从流体的压力、防腐蚀及清洗等要求考虑，然后再对压力降（压降）或其他要求予以校核选定。例如，用循环水冷却油的换热体系，考虑到循环冷却水较易结垢，为便于水垢清洗，应使循环水走管程，油品走壳程。

1.2.1.3 流速的选择

换热器内流体流速大小必须通过经济核算进行选择。因为流速增加，传热系数（K）增大，同时亦减少了污垢在管子表面沉积的可能性，降低了垢层的热阻，所需传热面积减少，设备投资也减少。但随着流速的增加，流体阻力也相应增加，动力消耗增大，操作费用增加，因此，选择适宜的流速是十分重要的，一般流体都尽可能使 Re 在湍流区（同时注意其他方面的合理性），黏度高的流体常按层流设计。在选择流速时，还需考虑结构上的要求。例如，选择高的流速，使管子的数目减少，对一定的传热面积，则不得不采用较长的管子或增加程数。但管子太长不易清洗，且一般管子的长度都有一定的标准；若将单程变为多程，又会使平均温度差下降。此外，当提高流速对整个传热有决定性影响时，才能提高 K 值，否则对传热无太大改善，这些都是选择流速时应予以考虑的。

根据经验，表 1-1～表 1-3 列出一些工业上常用的流速范围，以供参考。

表 1-1　流体在管路中常用流速范围

流体性质及情况	常用流速的范围/$m \cdot s^{-1}$
一般液体（水及黏度 μ 低于水的液体）	1.5～3.0
黏性液体	0.5～1.0
饱和水蒸气	20～30
冷凝水	0.3～0.5

表 1-2　列管式换热器内常用的流速范围　　　　$m \cdot s^{-1}$

流速	循环水	新鲜水	一般液体	易结垢液体	低黏度油	高黏度油	气体
管程流速	1.0～2.0	0.8～1.5	0.5～3	＞1.0	0.8～1.8	0.5～1.5	5～30
壳程流速	0.5～1.5	0.5～1.5	0.2～1.5	＞0.5	0.4～1.0	0.3～0.8	2～15

表 1-3　不同黏度流体的最大流速（以普通钢管为例）

液体黏度 μ/Pa·s	最大流速/$m \cdot s^{-1}$	液体黏度 μ/Pa·s	最大流速/$m \cdot s^{-1}$
＞1500	0.6	100～35	1.5
1500～500	0.75	35～1	1.8
500～100	1.1	＜1	2.4

1.2.1.4　加热剂、冷却剂的选用

用换热器解决物料的加热冷却时，还要考虑加热剂（热源）和冷却剂（冷源）的选用问题。可以用作加热剂和冷却剂的物料有很多，列管式换热器常用的加热剂有饱和水蒸气、烟道气和热水等，常用的冷却剂有水、空气和氨等。在选择加热剂和冷却剂的时候主要考虑来源方便、有足够温差、价格低廉、使用安全等因素。

（1）常用的加热剂

① 饱和水蒸气　饱和水蒸气是一种应用最广的加热剂，由于饱和水蒸气冷凝时传热膜系数很高，可以改变蒸汽压强以准确地调节加热温度，而且常用低廉的蒸汽机及涡轮机排放废气。但当饱和水蒸气温度超过 180℃ 时，就必须保持很高的压强，故一般只用于加热温度在 180℃ 以下的情况。

② 烟道气　燃料燃烧所得到的烟道气具有很高温度，可达 700～1000℃，适用于需要达到高温度的加热场合。用烟道气加热的缺点是比热容低，控制困难，传热膜系数低。

除了以上两种常用的加热剂外，还可以结合工厂的具体情况，采用热空气等气体作为加热剂，或用热水作为加热剂。

（2）常用的冷却剂

水和空气是最常用的冷却剂，它们可以直接取自大自然，不必特别加工。与空气相比较，水的比热容高，传热膜系数也很高，但空气的获取和使用比水方便，应因地制宜加以选用。水和空气作为冷却剂受到当地气温的限制，一般冷却温度为 10～25℃。如果要冷却到较低的温度，则需应用低温冷却剂，常用的低温冷却剂有冷冻盐水（$CaCl_2$、NaCl 溶液）。

1.2.1.5　适宜出口温度的确定

换热器的设计中，被处理物的进出口温度一般是指定的，而加热剂或冷却剂可以由设计者根据具体情况进行选用。加热剂及冷却剂的初温，一般依据来源而定，但其终温（出口温度）的高低可由设计者适当选择。例如选择冷却水作物料冷却剂时，选择较低出口温度，则用水量大，操作费用高，但传热平均温度差大，所需传热面积较少，设备费用减少。最经济的冷却水出口温度要根据冷却水消耗量的费用及冷却设备投资费用之和为最小来确定。此外，选用河水作冷却剂时，应该注意出口温度不宜超过 50℃，否则垢层显著增加。一般说来，冷却水两端的温度差以 5～10℃ 为宜。缺水地区选用较大温度差，水源丰富地区选用较小温度，或经计算确定。

1.2.2　传热面积的估算

流体的换热过程分为无相变和有相变两种，本书主要介绍无相变流体的换热过程。传热面积是换热器最重要的工艺参数。首先根据生产经验或文献报道，估算传热系数 K。从 K 值及平均温度差可初步计算出传热面积的大小。在初算传热面积确定后，可参考相关列管式换热器标准（GB/T 151—2014）初步确定管子直径、管长、管数、管距、壳体直径、管程数、折流板形式及数目等以得出列管式换热器的大致轮廓，从而计算出在此换热管内及管外空间流体的流速。根据换热器大致轮廓尺寸可算出传热系数 K，按此 K 值再计算所需的传热面积，如与前述初步计算的传热面积相近即认为试算过程前后相符，否则需另设 K 值重新试算或做某些调整。

（1）计算热流量

由换热器的热量衡算式(1-1)计算热流量，在稳态传热时，传热面积按式(1-2)计算

$$Q = w_c c_{pc}(t_2 - t_1) + Q_L = w_h c_{ph}(T_1 - T_2) \tag{1-1}$$

$$Q = KA\Delta t_m \tag{1-2}$$

式中　Q——换热器的热流量，W；

　　　K——传热系数，W/(m²·K)；

　　　A——与 K 值对应的基准传热面积，m²；

　　Δt_m——有效平均温度差，K；

　　　Q_L——损失的热量，W；

w_c，w_h——冷、热流体的流量，kg/h；

c_{pc}，c_{ph}——冷、热流体的比热容，kJ/(kg·℃)。

（2）计算平均传热温度差

① 在无相变的纯逆流或并流换热器中，或一侧为恒温的其他流向换热器中，其有效平均温度差等于对数平均温度差，由式(1-3)确定

$$\Delta t_m = \frac{\Delta t_1 - \Delta t_2}{\ln \dfrac{\Delta t_1}{\Delta t_2}} \tag{1-3}$$

式中　Δt_1，Δt_2——换热器两端冷、热流体的温差，K。

当 $\dfrac{1}{2} < \dfrac{\Delta t_1}{\Delta t_2} < 2$ 时，可用算术平均值

$$\Delta t_m = \frac{\Delta t_1 + \Delta t_2}{2} \tag{1-4}$$

② 在其他流向的换热器中，当无相变时，有效平均温度差由式（1-5）确定

$$\Delta t_m = \varepsilon_{\Delta t} \Delta t'_m \tag{1-5}$$

式中　$\Delta t'_m$——按纯逆流的情况求得的对数平均温度差；

　　　　$\varepsilon_{\Delta t}$——温度差校正系数，其求取方法为：先计算

$$R = \frac{T_1 - T_2}{t_2 - t_1} \qquad P = \frac{t_2 - t_1}{T_1 - T_2}$$

式中　T_1，T_2——热流体进出口温度，K；

　　　　t_1，t_2——冷流体进出口温度，K。

$\varepsilon_{\Delta t}$ 为 R、P 与流体流向关系的函数，可根据 R 和 P 两参数由文献［13］查图得出。

（3）传热系数 K

基本条件（设备型号、雷诺数、流体物性）相同时，K 值可直接采用经验数据（见表 1-4、表 1-5）。如基本条件相差太大，则应由各传热膜系数 α 及其他热阻的计算结果求得。

表 1-4　K 值大致范围

管内（管程）	管间（壳程）	传热系数 $K/[W/(m^2 \cdot K)]$
水（$0.9 \sim 1.5$ m/s）	净水（$0.3 \sim 0.6$ m/s）	$582 \sim 698$
水	水（流速较高时）	$814 \sim 1163$
冷水	轻有机物（$\mu < 0.5 \times 10^{-3}$ Pa·s）	$467 \sim 814$
冷水	中有机物［$\mu = (0.5 \sim 1) \times 10^{-3}$ Pa·s］	$290 \sim 698$
冷水	重有机物（$\mu > 1 \times 10^{-3}$ Pa·s）	$116 \sim 467$
盐水	轻有机物（$\mu < 0.5 \times 10^{-3}$ Pa·s）	$233 \sim 582$
有机溶剂	有机溶剂（$0.3 \sim 0.55$ m/s）	$198 \sim 233$
轻有机物（$\mu < 0.5 \times 10^{-3}$ Pa·s）	轻有机物（$\mu < 0.5 \times 10^{-3}$ Pa·s）	$233 \sim 465$
中有机物［$\mu = (0.5 \sim 1) \times 10^{-3}$ Pa·s］	中有机物［$\mu = (0.5 \sim 1) \times 10^{-3}$ Pa·s］	$116 \sim 349$
重有机物（$\mu > 1 \times 10^{-3}$ Pa·s）	重有机物（$\mu > 1 \times 10^{-3}$ Pa·s）	$58 \sim 233$
水	水蒸气（有压力）冷凝	$2326 \sim 4652$
水	水蒸气（常压或负压）冷凝	$1745 \sim 3489$
水溶物（$\mu < 0.5 \times 10^{-3}$ Pa·s）	水蒸气冷凝	$582 \sim 2908$
有机物（$\mu < 0.5 \times 10^{-3}$ Pa·s）	水蒸气冷凝	$582 \sim 1193$
有机物（$\mu < 0.5 \times 10^{-3}$ Pa·s）	水蒸气冷凝	$291 \sim 582$
有机物（$\mu < 0.5 \times 10^{-3}$ Pa·s）	水蒸气冷凝	$116 \sim 349$
水	有机物蒸气及水蒸气冷凝	$582 \sim 1163$
水	重有机物蒸气（常压）冷凝	$116 \sim 349$
水	重有机物蒸气（负压）冷凝	$58 \sim 174$
水	饱和有机溶剂蒸气（常压）冷凝	$582 \sim 1163$
水	含饱和水蒸气和氯气（$20 \sim 50$℃）	$174 \sim 349$

表 1-5　列管式换热器总传热系数的大致范围

热流体	冷流体	传热系数 K/$[W/(m^2 \cdot K)]$
水	水	850～700
轻油	水	340～910
重油	水	60～280
气体	水	100～480
水蒸气冷凝	水	1420～4250

1.2.3　工艺结构设计

1.2.3.1　换热管

（1）换热管规格

由于管长及管程数均和管径、管内流速有关，故应首先确定管径、管内流速。目前国内常用的换热器规格和尺寸偏差见表 1-6。若选择较小的管径，管内表面传热系数可以提高，而且对于同样的传热面积来说，可以减小壳体直径。若管径小，管内流动阻力就大，机械清洗也困难，故设计时需根据具体情况选用适宜的管径。

表 1-6　常用换热管的规格和尺寸偏差　　　　　　　　　　　　mm

材料	钢管标准	外径×厚度	Ⅰ级换热器		Ⅱ级换热器	
			外径偏差	壁厚偏差	外径偏差	壁厚偏差
碳素钢	GB/T 8163—2018	10×1.5	±0.15		±0.20	
		14×2 19×2 25×2 25×2.5	±0.20	+12% −10%	±0.40	+15% −10%
		32×3 38×3 45×3	±0.30		±0.45	
		57×3.5	±0.8%	±10%	±1%	+12% −10%
不锈钢	GB/T 14976—2012	10×1.5	±0.15		±0.20	
		14×2 19×2 25×2	±0.20	+12% −10%	±0.40	±15%
		32×2 38×2.5 45×2.5	±0.30		±0.45	
		57×3.5	±0.8%		±1%	

换热管的长度决定换热器的传热面积，换热管长度按式(1-6)计算，换热管越长，单位面积材料消耗量越低，但管子过长，清洗和安装均不方便，因此一般取 6m 及以下，且应尽量采取标准管长。随着列管式换热器日益向大型化发展，管子长度也出现增长趋势，工程上一般用管长与壳径之比来判断管长的合理性。对于卧式设备，其比值应在 6～10 范围内，立式设备则应取 4～6，超过此范围应考虑采用多管程，管程数按式(1-7)计算，式中 N 为管

程数，l 为所选取的标准管长，取 6m 者居多。

$$L = \frac{A}{n_s \pi d_o} \tag{1-6}$$

$$N = \frac{L}{l} \tag{1-7}$$

换热管标准管长有 1.5m、2.0m、3.0m、4.5m、6.0m、9.0m 等。

（2）换热管数量

换热管数量 n_s 由式(1-8)确定。其中 V 为管内流体的体积流量；d_i 为管内径；u 为管内流体流速。

$$V = \frac{\pi}{4} d_i^2 u n_s \tag{1-8}$$

（3）换热管排列形式及中心距

如图 1-5 所示，换热管在管板上的排列形式主要有正三角形、正方形和转角正三角形、转角正方形。正三角形排列形式可以在相同管板面积上排列最多的管数，故用得最为普遍，但管外不易清洗。为便于管外清洗，可以采用正方形或转角正方形排列的管束。正方形排列法在一定的管板面积上可排列的管子数量少，此排列法在浮头式和填料函式换热器中使用较多。

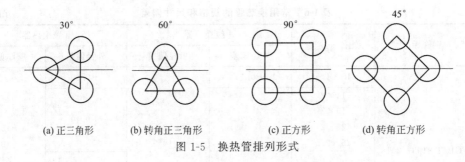

(a) 正三角形　　(b) 转角正三角形　　(c) 正方形　　(d) 转角正方形

图 1-5　换热管排列形式

换热管中心距要保证管子与管板连接时，管桥（相邻两管间的净空距离）有足够的强度和宽度。管间需要清洗时还要留有进行清洗的通道。换热管中心距一般不小于 1.25 倍的换热管外径，具体见表 1-7。

表 1-7　常用换热管中心距　　　　　mm

换热管外径 d_o	12	14	19	25	32	38	45	57
换热管中心距	16	19	25	32	40	48	57	72

1.2.3.2　管束及壳程分程

（1）管束分程

在管内流动的流体从管子的一端流到另一端，称为一个管程。为了解决管数增加引起管内流速及传热系数降低的问题，可将管束分程。在换热器的一端或两端的管箱中安置一定数量的隔板，一般每程中管数大致相等。注意温差较大的流体应避免紧邻，以免引起较大的温差应力。从制造安装及操作的角度考虑，偶数管程有较多的方便之处，因此用得最多，但程数不宜太多，最常用的程数为 2、4、6。否则隔板本身占去相当大的布管面积，且在管程中形成旁路，影响传热。表 1-8 列出了 1～6 程的几种管束分程布置形式。

表 1-8　管束分程布置形式

管程数	1	2	4			6	
流动顺序							
管箱隔板							
介质返回侧隔板							

（2）壳程分程

壳程是指流体沿换热器的壳体、管束和挡板之间的空隙自左至右（或自右至左）所流经的距离。为提高管外流速，也可在壳体内安装纵向挡板，迫使流体多次通过壳体空间，称为多壳程。考虑到制造的困难，一般的换热器壳程数很少超过 2。

（3）接管布置原则

一般情况下，气体上进下出，液体下进上出；被加热的流体下进上出，被冷却的流体上进下出。

1.2.3.3　壳体内径

换热器壳体内径即为换热器的公称直径，取决于换热管数、管心距（换热管中心距）和换热管的排列方式，其计算公式见表 1-9。卷制圆筒的公称直径以 400mm 为基数，以 100mm 为进级挡，必要时可采用 50mm 为进级挡。公称直径小于或等于 400mm 的圆筒可用管材制作，钢管制圆筒的直径规格（mm）有 159、219、273、325、426。

表 1-9　列管式换热器壳体直径计算公式

换热器类型	经验公式	备　注
单管程换热器	$D = t(b-1) + (2\sim3)d_o$　(1-9) t 为管心距；d_o 为换热管外径	正三角形排列 $b = 1.1\sqrt{n_s}$ 正方形排列 $b = 1.19\sqrt{n_s}$
多管程换热器	$D = 1.05t\sqrt{n_s/\eta}$　(1-10) n_s 为换热管根数；η 为管板利用率	正三角形排列 2 管程 $\eta = 0.7\sim0.85$ 正方形排列 2 管程 $\eta = 0.55\sim0.7$

1.2.3.4　折流板和支持板

（1）折流板的作用

折流板的作用是提高壳程流体的流速，增加湍动程度，并使壳程流体垂直冲刷管束，以改善传热，增大壳程流体的传热系数，同时减少结垢。在卧式换热器中，折流板还起支承管束的作用。

（2）折流板的结构

折流板的结构设计要根据工艺过程及要求来确定，常用的折流板形式有弓形和圆盘-圆环形两种。其中弓形折流板有单弓形、双弓形和三弓形三种。各种形式的折流板如图 1-6 所示。根据需要也可采用其他形式的折流板。从传热角度考虑，有些换热器（如冷凝器）是不需要设置折流板的。但是为了增加换热管的刚度，防止产生过大的挠度或引起管子振动，当换热器无支承跨距超过了标准中的规定值时，必须设置一定数量的支持板，其形状与尺寸均按折流板规定来处理。

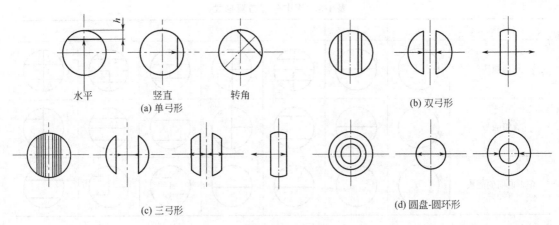

图 1-6　折流板形式

单弓形折流板（见图 1-7）是最为常用的一种形式，其上圆缺切口大小和板间距的大小是影响传热和压降的两个重要因素，弓形折流板缺口高度应使流体通过缺口时与横向流过管束时的流速相近，以减少流通截面变化引起的压降。壳程中的横向弓形折流板或支承板圆缺面可以水平或垂直安装，如图 1-8 所示。

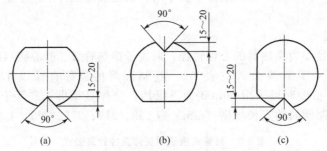

图 1-7　单弓形折流板的结构

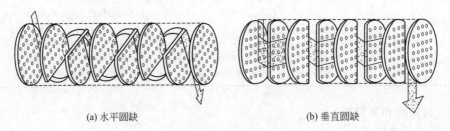

(a) 水平圆缺　　　　　　　　　　(b) 垂直圆缺

图 1-8　弓形折流板或支承板圆缺面的安装

缺口大小用切去的弓形弦高占壳体内直径的百分比来表示。如单弓形折流板，缺口弦高一般取 0.20～0.25 倍的壳体内直径。

（3）折流板间距

折流板一般应按等间距布置在换热管有效长度内，其间距则取决于换热管的用途、壳程介质流量等，管束两端的折流板应尽量靠近壳程进、出口接管。折流板的最小间距应不小于壳体内直径的 1/5，且不小于 50mm；最大间距应不大于壳体内直径。板间距太小不利于制造和维修，流动阻力也大，但板间距过大时则接近于纵向流动，传热效果差。折流板最大无支承间距一般不得超过表 1-10 所列数值。

表 1-10　换热管最大无支承间距　　　　　　　　mm

换热管外径		10	14	16	19	25	32	38	45	57
最大无支承间距	钢　　管	900	1100	1300	1500	1850	2200	2500	2750	3200
	有色金属管	750	950	1100	1300	1600	1900	2200	2400	2800

1.2.3.5　管程和壳程的管口设计

（1）物料进出口接管

$$d = \sqrt{\frac{4V}{\pi u}} \tag{1-11}$$

式中，V 为接管进出物料流量。物料进出口接管直径可按式（1-11）进行计算，并圆整为符合表 1-11 所列的压力管道无缝钢管的公称直径系列。在选取时常结合以下几种因素综合考虑。

① 使接管内的流速为相应管、壳程流速的 1.2～1.4 倍。

② 在考虑压降允许的情况下，使接管内流速为：管程接管 $\rho u^2 < 3300\text{kg/(m·s}^2)$，壳程接管 $\rho u^2 < 2200\text{kg/(m·s}^2)$。

③ 管、壳程接管内的流速也可参考表 1-12 与表 1-13 选取。

表 1-11　压力管道无缝钢管的公称直径系列（GB/T 9948—2013）　　　mm

DN	15	20	25	32	40	50	65	80	100
外径	18	25	32	38	45	57	73	89	108
DN	125	150	200	250	300	350	400	450	500
外径	133	159	219	273	325	377	426	480	530

表 1-12　管程接管流速　　　　　　　　m·s^{-1}

上　水　道			空　气		煤　气	蒸　汽	
长距离	中距离	短距离	低压管	高压管		饱和蒸汽管	过热蒸汽管
0.5～0.7	约 1.0	0.5～2.0	10～15	20～25	2～6	12～10	40～80

表 1-13　壳程接管最大允许流速　　　　　　　m·s^{-1}

介　质	液　体						气　体
黏度/(10^{-3}Pa·s)	<1	1～35	35～100	100～500	500～1000	>1500	壳程气体最大允许速度的 1.2～1.4 倍
最大允许流速	2.5	2.0	1.5	0.75	0.7	0.6	

（2）其他工艺接管

对利用接管仍不能放气和排液的换热器，应在壳程和管程的最高点设置放气口，最低点设置排液口，其最小公称尺寸为 20mm。对于蒸汽在壳程冷凝的立式换热器，应在壳程尽可能高的位置，一般在管板上安装不凝性气体排出管，作为排气管及运转中间歇地排出不凝性气体的接管。必要时可设置温度计接口、压力表及液面计接口。

1.2.3.6　其他主要附件

（1）旁路挡板

如果壳体和管束之间的环隙过大，则流体会通过该环隙短路，为防止这种情况发生，必要时应设置旁路挡板。另外，在换热器分程部位，往往间隙也比较大，为防止短路发生可在适当部位安装挡板。

（2）防冲挡板

为防止壳程进口处流体直接冲击传热管，产生冲蚀，必要时应在壳程物料进口处设置防冲挡板。一般当壳程介质为气体和蒸汽时，应设置防冲挡板。对于非腐蚀性液体物料，其密度和入口管内流速平方的乘积 $\rho u^2 > 2230\text{kg}/(\text{m} \cdot \text{s}^2)$ 时，应设置防冲挡板；其他液体，当 $\rho u^2 > 740\text{kg}/(\text{m} \cdot \text{s}^2)$ 时，则需设置防冲挡板。

1.2.4 换热器核算

换热器的核算内容主要包括换热器的传热面积、流体阻力的核算。

1.2.4.1 传热面积的核算

（1）总传热系数 K

总传热系数 K（以外表面积为基准）

$$K = \cfrac{1}{\cfrac{d_o}{\alpha_i d_i} + R_{si}\cfrac{d_o}{d_i} + \cfrac{bd_o}{\lambda d_m} + R_{so} + \cfrac{1}{\alpha_o}} \tag{1-12}$$

式中　　　　　K——总传热系数，$\text{W}/(\text{m}^2 \cdot \text{K})$；

α_i，α_o——换热管内、外侧流体的对流传热系数，$\text{W}/(\text{m}^2 \cdot \text{K})$；

R_{si}，R_{so}——换热管内、外侧表面上的污垢热阻，$\text{m}^2 \cdot \text{K}/\text{W}$；

d_i，d_o，d_m——换热管内径、外径及平均直径，m；

λ——换热管壁热导率，$\text{W}/(\text{m} \cdot \text{K})$，见表 1-14；

b——换热管壁厚，m。

表 1-14　常用金属材料的热导率　　　　　　　　$\text{W}/(\text{m} \cdot \text{K})$

金属材料	温度/℃				
	0	100	200	300	400
铝	227.95	227.95	227.95	227.95	227.95
铜	383.79	379.14	372.16	367.15	362.86
铅	35.12	33.38	31.40	29.77	—
镍	93.04	82.57	73.27	63.97	59.31
银	414.04	409.38	373.32	361.69	359.37
碳钢	52.34	48.85	44.19	41.87	34.89
不锈钢	16.28	17.45	17.45	18.49	—

（2）对流传热系数

流体在不同流动状态下的对流传热系数的关联式不同，具体见表 1-15 及表 1-16。

表 1-15　流体无相变对流传热系数

流动状态		关联式		使用条件
管内强制对流	圆直管内湍流	$Nu = 0.023Re^{0.8}Pr^n$	(1-13)	低黏度液体：流体加热 $n=0.4$，冷却 $n=0.3$；$Re > 10000$, $0.7 < Pr < 120$, $L/d_i > 60$；特性尺寸：$d = d_i$；定性温度：流体进出口温度的算术平均值
		$\alpha = 0.023\dfrac{\lambda}{d}\left(\dfrac{du\rho}{\mu}\right)^{0.8}\left(\dfrac{c_p\mu}{\lambda}\right)^n$	(1-14)	
		$Nu = 0.027Re^{0.8}Pr^{1/3}\left(\dfrac{\mu}{\mu_w}\right)^{0.14}$	(1-15)	高黏度液体；$Re > 10000$, $0.7 < Pr < 16700$；$L/d_i > 60$；特性尺寸：$d = d_i$；定性温度：流体进出口温度的算术平均值（μ_w 取壁温）
		$\alpha = 0.027\dfrac{\lambda}{d_e}\left(\dfrac{du\rho}{\mu}\right)^{0.8}\left(\dfrac{c_p\mu}{\lambda}\right)^{1/3}\left(\dfrac{\mu}{\mu_w}\right)^{0.14}$	(1-16)	

续表

流动状态		关联式	使用条件
管内强制对流	圆直管内滞流	$Nu=1.86Re^{1/3}Pr^{1/3}\left(\dfrac{d_i}{L}\right)^{1/3}\left(\dfrac{\mu}{\mu_w}\right)^{0.14}$　(1-17) $\alpha=1.86\dfrac{\lambda}{d}\left(\dfrac{du\rho}{\mu}\right)^{1/3}\left(\dfrac{c_p\mu}{\lambda}\right)^{1/3}\left(\dfrac{d}{L}\right)^{1/3}\left(\dfrac{\mu}{\mu_w}\right)^{0.14}$ (1-18)	管径较小,流体与壁面温度差较小,μ/ρ 值较大,$Re<2300,0.6<Pr<6700,(RePrL/d_i)>100$;特性尺寸:$d=d_i$;定性温度:流体进出口温度的算术平均值($\mu_w$ 取壁温)
管外强制对流	管束外垂直	$Nu=0.33Re^{0.6}Pr^{0.33}$　(1-19) $\alpha=0.33\dfrac{\lambda}{d}\left(\dfrac{du\rho}{\mu}\right)^{0.6}\left(\dfrac{c_p\mu}{\lambda}\right)^{0.33}$　(1-20)	错列管束,管束排数=10,$Re>3000$ 特性尺寸:$d=d_o$(管外径) 流速取通道最狭窄处
		$Nu=0.26Re^{0.6}Pr^{0.33}$　(1-21) $\alpha=0.26\dfrac{\lambda}{d_i}\left(\dfrac{d_iu\rho}{\mu}\right)^{0.6}\left(\dfrac{c_p\mu}{\lambda}\right)^{0.33}$　(1-22)	直列管束,管束排数=10,$Re>3000$ 特性尺寸:$d=d_o$ 流速取通道最狭窄处
	管间流动	$Nu=0.36Re^{0.55}Pr^{1/3}\left(\dfrac{\mu}{\mu_w}\right)^{0.14}$　(1-23) $\alpha=0.36\left(\dfrac{du\rho}{\mu}\right)^{0.55}\left(\dfrac{c_p\mu}{\lambda}\right)^{1/3}\left(\dfrac{\mu}{\mu_w}\right)^{0.14}$　(1-24)	壳方流体圆缺挡板(25%),$Re=2\times10^3\sim1\times10^6$ 特性尺寸:$d=d_e$(当量直径) 正方形排列时:$d_e=\dfrac{4\left(t^2-\dfrac{\pi}{4}d_o^2\right)}{\pi d_o}$ 正三角形排列时:$d_e=\dfrac{4\left(\dfrac{\sqrt{3}}{2}t^2-\dfrac{\pi}{4}d_o^2\right)}{\pi d_o}$ 定性温度:流体进出口温度的算术平均值(μ_w 取壁温)

表 1-16　流体相变对流传热系数

相变类型	关联式	使用条件
蒸汽	$\alpha=1.13\left(\dfrac{r\rho^2 g\lambda^3}{\mu L\Delta t}\right)^{1/4}$　(1-25)	垂直管外膜滞流 特性尺寸:垂直管的高度 定性温度:$\Delta t=t_m=(t_w+t_s)/2$(t_s 为液体所处压力下对应的饱和温度,t_w 为加热面温度)
冷凝	$\alpha=0.725\left(\dfrac{r\rho^2 g\lambda^3}{n^{2/3}\mu d\Delta t}\right)^{1/4}$　(1-26)	水平管束外冷凝 n 为水平管束在垂直列上的管数,膜滞流 特性尺寸:$d=d_o$

（3）污垢热阻

在设计换热器时，必须采用合理的污垢热阻，否则换热器的设计误差很大。因此污垢热阻是换热器设计中非常重要的参数。流体的污垢热阻大致范围见表 1-17、表 1-18。

在操作过程中，传热系数通常是个变量，由于污垢的热阻是变化的，因此设计中选择传热系数时，要结合清洗周期来考虑。若 K 值选得太高（污垢热阻选得太小），清洗周期会很短，传热面积则较大，所以应该全面衡量作出选择。

表 1-17 水的污垢热阻 m² · K/W

加热流体温度/℃		<115		115~205	
水的温度/℃		<25		>25	
水的速度/(m·s)		<1.0	>1.0	<1.0	>1.0
流体的污垢热阻	海水	$0.8598×10^{-4}$		$1.7197×10^{-4}$	
	自来水,井水,锅炉软水	$1.7197×10^{-4}$		$3.4394×10^{-4}$	
	蒸馏水	$0.8598×10^{-4}$		$0.8598×10^{-4}$	
	硬水	$5.1590×10^{-4}$		$8.5980×10^{-4}$	
	河水	$5.1590×10^{-4}$	$3.4394×10^{-4}$	$6.8788×10^{-4}$	$5.1590×10^{-4}$

表 1-18 流体的污垢热阻 m² · K/W

流体名称	污垢热阻	流体名称	污垢热阻	流体名称	污垢热阻
有机化合物蒸气	$0.8598×10^{-4}$	有机化合物	$1.7197×10^{-4}$	石脑油	$1.7197×10^{-4}$
溶剂蒸气	$1.7197×10^{-4}$	盐水	$1.7197×10^{-4}$	煤油	$1.7197×10^{-4}$
天然气	$1.7197×10^{-4}$	熔盐	$0.8598×10^{-4}$	汽油	$1.7197×10^{-4}$
焦炉气	$1.7197×10^{-4}$	植物油	$5.1590×10^{-4}$	重油	$8.5980×10^{-4}$
水蒸气	$0.8598×10^{-4}$	原油	$(3.4394~12.098)×10^{-4}$	沥青油	$1.7197×10^{-4}$
空气	$3.4394×10^{-4}$	柴油	$(3.4394~5.1590)×10^{-4}$		

表 1-19 合理压降的选取 Pa

操 作 情 况	操作压力(绝)	合理压降
减压操作	$p=0~1×10^5$	$0.1p$
低压操作	$p=1×10^5~1.7×10^5$	$0.5p$
	$p=1.7×10^5~11×10^5$	$0.35×10^5$
中压操作	$p=11×10^5~31×10^5$	$0.35~1.8×10^5$
较高压操作	$p=31×10^5~81×10^5$(表)	$0.7~2.5×10^5$

（4）传热面积及其裕度

根据式(1-2)求出传热面积,然后根据式(1-27)计算传热面积的裕度。换热器的面积裕度原则上大于 0 即可,可以根据实际情况而定,一般取 10%~25%。否则需调整或重新设计,直到满足要求为止。

$$传热面积裕度=(A-A')/A×100\% \tag{1-27}$$

式中 A——实际传热面积,m²;

  A'——计算传热面积,m²。

1.2.4.2 流体阻力核算

列管式换热器中流体阻力的计算包括管程和壳程两个方面。如果流体阻力过大,则应修正设计。一般情况下,液体流过换热器的阻力为 $10^4~10^5$Pa。允许的流体阻力与换热器的操作压力有关,操作压力大,允许流体阻力可相应大些。列管式换热器允许流体阻力（允许压降）如表 1-19 所示。

（1）管程压降

$$\sum \Delta p_i=(\Delta p_1+\Delta p_2)F_t N_s N_p \tag{1-28}$$

式中 Δp_1——每程直管压降, $\Delta p_1=\lambda \dfrac{l}{d_i}×\dfrac{u^2 \rho}{2}$;

Δp_2——每程弯管压降，$\Delta p_2 = 3 \times \dfrac{u^2 \rho}{2}$；

　　λ——摩擦系数；

　　F_t——管程压降结垢校正系数，对 F_A 型为 1.5，F_B 型为 1.4；

　　N_s——壳程数；

　　N_p——管程数。

（2）壳程压降

对于壳程压降的计算，由于流动状态比较复杂，提出的计算公式较多，所得计算结果常相差不少。下面为埃索法计算壳程压降的公式

$$\sum \Delta p_0 = (\Delta p'_1 + \Delta p'_2) F_s N_s \tag{1-29}$$

式中　Δp_0——壳程总压降，N/m^2；

　　$\Delta p'_1$——流过管束的压降，N/m^2；

　　$\Delta p'_2$——流过折流板缺口的压降，N/m^2；

　　F_s——壳程压降结垢校正系数，对液体可取 $F_s = 1.15$，对气体或可凝蒸汽取 $F_s = 1.0$。

管束压降
$$\Delta p'_1 = F f_0 n_c (N_B + 1) \frac{\rho u^2}{2} \tag{1-30}$$

折流板缺口压降
$$\Delta p'_2 = N_B \left(3.5 - \frac{2B}{D_i}\right) \frac{\rho u^2}{2} \tag{1-31}$$

式中　N_B——折流板数目；

　　n_c——横过管束中心线的管子数，对于三角形排列的管束

$$n_c = 1.1 n^{0.5} \tag{1-32}$$

　　　　对于正方形排列的管束　$n_c = 1.19 n^{0.5}$ \qquad\qquad\qquad (1-33)

　　n——每一壳程的管子总数；

　　B——折流挡板间距，m；

　　ρ——流体密度，kg/m^3；

　　u——管内流体流速，m/s；

　　D_i——壳体内径，m；

　　F——管子排列形式对压降的校正系数，对三角形排列为 0.5，正方形斜转 $45°$ 为 0.4，正方形为 0.3；

　　f_0——壳程流体摩擦系数，当 $Re_0 = \dfrac{d_e u_0 \rho}{\mu} > 500$ 时，$f_0 = 5.0 Re_0^{-0.228}$；

　　u_0——壳程流速，m/s；

　　d_e——壳程当量直径，m。

1.3　换热器工艺设计举例

1.3.1　设计任务书

题目：设计中型氮肥厂用变换气水冷立式列管换热器（简称变换器水冷器）。

设计条件：热流体为变换气，工作压力为 1.4MPa，入口温度 65℃，要求降到 38℃，流量 95780kg/h。冷流体为水，入口温度 32℃，出口温度 42℃，操作压力 0.3MPa。管程允

许压降为 36kPa，壳程允许压降为 60kPa。

设计内容：确定传热面积、换热管规格及根数、管束的排列方式、程数、折流板间距及形式、壳体内径；冷热流体进、出口管径；管、壳层流体阻力损失。

1.3.2 变换器水冷器设计

1.3.2.1 确定设计方案

（1）选择换热器的类型

由设计任务确定选择固定管板式换热器。

（2）流程安排

压力高的流体流经管内，因为管直径小，承受高压能力强，同时避免了采用高压外壳和高压密封。选择热流体走管程，冷流体走壳程。

1.3.2.2 确定物性数据

冷流体定性温度为 37℃，热流体定性温度 51.5℃，定性温度下的冷、热流体的物性数据见表 1-20。

表 1-20　冷、热流体的物性数据

流　体	比热容/[kJ/(kg·K)]	密度/(kg/m³)	黏度/(mPa·s)	热导率/[W/(m·K)]
变换气	2.495	12.83	0.0158	0.0806
水	4.178	993	0.718	0.622

1.3.2.3 估算传热面积

（1）热流量

$$Q = w_h c_{ph}(T_1 - T_2) = 95780 \times 2.495 \times (65-38) = 6452219.7 (\text{kJ/h}) = 1792.28 (\text{kJ/s})$$

（2）平均传热温差

按式(1-3) 计算

$$\Delta t_m = \frac{\Delta t_1 - \Delta t_2}{\ln \dfrac{\Delta t_1}{\Delta t_2}} = \frac{(65-42)-(38-32)}{\ln \dfrac{65-42}{38-32}} = 12.65 \ (\text{℃})$$

（3）计算传热面积

假设 $K = 250 \text{W/(m}^2 \cdot \text{K)}$，则

$$A_{估} = Q/(K \Delta t_m) = 1792.28 \times 10^3/(250 \times 12.65) \approx 566.7 \ (\text{m}^2)$$

（4）冷却水用量

$$w_c = \frac{Q}{c_{pc} \Delta t} = \frac{6452219.7}{4.178 \times 10} = 154433 \ (\text{kg/h})$$

1.3.2.4 工艺结构尺寸

（1）换热管管径和管内流速

按表 1-6 选用 $\phi 25\text{mm} \times 2\text{mm}$ 较高级冷拔传热管（不锈钢），按表 1-2 取管程流速 $u_i = 5\text{m/s}$。

（2）管程数和传热管数

$$n_s = \frac{V}{0.785 d_i^2 u} = \frac{95780/12.83}{0.785 \times 0.021^2 \times 5.0 \times 3600} = 1198$$

按单程管计算，所需的传热管长度为

$$L = A_{估}/(3.14 \times d_o n_s) = 566.7/(3.14 \times 0.025 \times 1198) = 6.02 \ (\text{m})$$

长度合适，可以按照单管程计算。

（3）换热管排列

采用正三角形排列法，根据换热管外径查表 1-7 可知管中心距为 32mm。

（4）壳体内径

按单管程结构，壳体内径按式（1-9）确定。

$$D=t(1.1\sqrt{n_s}-1)+(2\sim3)d_0=32\times(1.1\sqrt{1198}-1)+3\times25=1261\ (mm)$$

参考卷制壳体的公称直径（见 1.2.3.3 部分），可取 $D=1300mm$。

（5）折流板

采用弓形折流板，取弓形折流板圆缺高度为壳体内径的 20%，则切去的圆缺高度为 260mm；取折流板间距 $B=350mm$，则有

$$折流板数=\frac{换热管长}{折流板间距}-1\approx16$$

（6）接管直径计算

取 $u_1=1m/s$，壳程流体进出口接管

$$d_1=\sqrt{\frac{4\omega_c}{3.14u_1}}=\sqrt{\frac{4\times154433}{3600\times3.14\times993\times1}}=234.6\ (mm)$$

按表 1-11 圆整后取接管公称直径为 250mm。

取 $u_2=13m/s$，则

$$d_2=\sqrt{\frac{4\omega_h}{3.14u_2}}=\sqrt{\frac{4\times95780}{3600\times3.14\times12.83\times13}}=450.8\ (mm)$$

按表 1-11 圆整后取接管公称直径为 450mm。

1.3.2.5　换热器核算

（1）热流量核算

① 管内表面传热系数

$$\alpha_i=0.023\frac{\lambda}{d_i}\left(\frac{d_iu_i\rho}{\mu}\right)^{0.8}\left(\frac{c_p\mu}{\lambda}\right)^n$$

由表 1-15 知变换气被冷却，n 取 0.3，管程流通面积

$$A_i=0.785\times0.021^2\times1198=0.415\ (m^2)$$

$$u_i=\frac{w_h}{\rho A_i}=\frac{95780}{12.83\times0.415\times3600}=5.00\ (m/s)$$

故

$$\alpha_i=0.023\times\frac{0.0806}{0.021}\times\left(\frac{0.021\times5.00\times12.83}{0.0000158}\right)^{0.8}\times\left(\frac{2495\times0.0000158}{0.0806}\right)^{0.3}$$

$$=627.99[W/(m^2\cdot K)]$$

② 壳程表面传热系数　壳程当量直径 d_e 和流速 u_0 为

$$d_e=\frac{4\left(\frac{\sqrt{3}}{2}t^2-\frac{\pi}{4}d_0^2\right)}{\pi d_0}=\frac{4\left(\frac{\sqrt{3}}{2}\times0.032^2-\frac{\pi}{4}\times0.025^2\right)}{\pi\times0.025}=0.020186\ (m)$$

$$A_0=BD\left(1-\frac{d_0}{t}\right)=0.35\times1.3\times\left(1-\frac{0.025}{0.032}\right)=0.0995\ (m^2)$$

$$u_0=\frac{w_c}{\rho A_0}=\frac{154433}{993\times3600\times0.0995}=0.434\ (m/s)$$

$$\alpha_0=0.36\frac{\lambda}{d_e}\left(\frac{d_eu_0\rho}{\mu}\right)^{0.55}\left(\frac{c_p\mu}{\lambda}\right)^{\frac{1}{3}}\left(\frac{\mu}{\mu_w}\right)^{0.14}$$

$$=0.36 \times \frac{0.622}{0.02019} \times \left(\frac{0.02019 \times 0.434 \times 993}{0.000718} \right)^{0.55} \times \left(\frac{4178 \times 0.000718}{0.622} \right)^{1/3} \times 0.95$$

$$=3135.8 \left[W/(m^2 \cdot K) \right]$$

注：黏度校正系数为1。

③ 污垢热阻和管壁热阻　查表1-17选取污垢热阻 $R_{di}=0.0001719 m^2 \cdot K/W$；$R_{d0}=0.0008598 m^2 \cdot K/W$。

$$T_{Sm}=1/2 \times (T_m + t_m)=44 \ (℃)$$

式中　T_m——热流体的平均温度；

　　　t_m——冷流体的平均温度。

管材料选用不锈钢304，然后查表1-14，利用内插法得到 $\lambda=16.80 W/(m \cdot K)$。

$$d_m=\frac{d_o - d_i}{\ln \dfrac{d_o}{d_i}}=\frac{0.025 - 0.021}{\ln \dfrac{0.025}{0.021}}=0.0229 \ (m)$$

④ 传热系数 K' 计算

$$\frac{1}{K'}=\frac{1}{\alpha_i} \frac{d_o}{d_i} + R_{di} \frac{d_o}{d_i} + \frac{b}{\lambda} \frac{d_o}{d_m} + R_{d0} + \frac{1}{a_0}=\frac{1}{629.53} \times \frac{0.025}{0.021} + 0.0001719 \times \frac{0.025}{0.021} +$$

$$\frac{0.002}{16.80} \times \frac{0.025}{0.0229} + 0.0008598 + \frac{1}{3135.8}$$

得 $K'=293.7 W/(m^2 \cdot K)$。

⑤ 传热面积裕度

$$A'=\frac{Q}{K' \Delta t_m}=\frac{1792.28 \times 10^3}{293.7 \times 12.65}=482.4 \ (m^2)$$

实际传热面积

$$A=\pi d_o n l=3.14 \times 0.025 \times 6 \times 1198=564.25 \ (m^2)$$

$$\frac{A - A'}{A}=\frac{564.25 - 482.4}{564.25} \times 100\%=14.5\%$$

在合理范围内。

(2) 换热器内流体阻力核算

① 管程流动阻力

$$\sum \Delta p_i=(\Delta p_1 + \Delta p_2) F_t N_s N_p$$

$N_s=1$，$N_p=1$，$F_t=1.4$，由 $Re=85774.2$ 查得绝对粗糙度 ε 为0.1，传热管相对粗糙度 $\dfrac{\varepsilon}{d}=0.1/21=0.00476$，查莫迪图，得 $\lambda_i=0.033$。

注：换热管绝对粗糙度数据、莫迪图见参考文献[12]。

$u_i=5.00 m/s$，$\rho=12.83 kg/m^3$，则

$$\Delta p_1=\lambda_i \frac{l}{d} \times \frac{\rho u_i^2}{2}=0.033 \times \frac{6}{0.021} \times \frac{12.83 \times 5.00^2}{2}=1512.1 \ (Pa)$$

$$\Delta p_2=\xi \frac{\rho u_i^2}{2}=3 \times \frac{12.83 \times 5.00^2}{2}=481.1 \ (Pa)$$

则　　　　　$\sum \Delta p_i=(1512.1 + 481.1) \times 1 \times 1.4=2790.48 (Pa) < 3600 Pa$

管程流动阻力在允许范围之内。

② 壳程阻力

$$\sum \Delta p_0=(\Delta p_1' + \Delta p_2') F_t N_s$$

$N_s=1$，$F_t=1.15$，流体流经管束的阻力

$$\Delta p_1' = F f_0 n_c (N_B+1) \frac{\rho u^2}{2}$$

其中，$F=0.5$，$f_0=5Re_o^{-0.228}=0.586$，$n_c=1.1n^{0.5}$，$N_B=16$，$u_0=0.434$，则

$$\Delta p_1' = 0.5 \times 0.586 \times 38 \times (16+1) \times \frac{993 \times 0.434^2}{2} = 17702 \ (\text{Pa})$$

其中，Re_o 为壳程雷诺数。

流体通过折流板缺口的阻力

$$\Delta p_2' = N_B \left(3.5 - \frac{2B}{D}\right) \frac{\rho u^2}{2} = 16 \times \left(3.5 - \frac{2 \times 0.35}{1.3}\right) \times \frac{993 \times 0.434^2}{2} = 4431 \ (\text{Pa})$$

总阻力

$$\sum \Delta p_0 = 17702 + 4431 = 22133 \ (\text{Pa}) < 60\text{kPa}$$

壳程流动阻力也较适宜。换热器主要尺寸和计算结果见表 1-21。

表 1-21　换热器主要尺寸和计算结果

参数		管程(热流体)		壳程(冷流体)	
流量/(kg/h)		95780		154433	
平均相对分子质量				18	
温度(进口/出口)/℃		65/38		32/42	
压力/MPa		1.4		0.3	
物性	定性温度/℃				
	密度/(kg/m³)	12.83		993	
	定压比热容/[kJ/(kg·K)]	2.495		4.178	
	黏度/Pa·s	1.58×10^{-5}		7.18×10^{-4}	
	热导率/[W/(m·K)]	0.0806		0.622	
	普朗特数				
设备结构参数	形式	固定管板式	台数		1
	壳体内径/mm	1300	壳程数		1
	管长/mm	6000	管心距/mm		32
	管径/mm	$\phi 25 \times 2$	管子排列		三角形
	管数目/根	1198	折流板数/个		16
	传热面积/m²	564.25	折流板间距/m		0.35
	管程数	1	材质		
流速/(m/s)		5.00		0.434	
表面传热系数/[W/(m·K)]		627.99		3135.8	
污垢热阻/(m²·K/W)		1.719×10^{-4}		8.598×10^{-4}	
阻力/Pa		2790.48		22133	
热流量/(kJ/s)		1792.28			
传热温差/℃		12.65			
传热系数/[W/(m²·K)]		293.7			
裕度/%		14.5%			

变换器水冷器设计条件图见图 1-9。

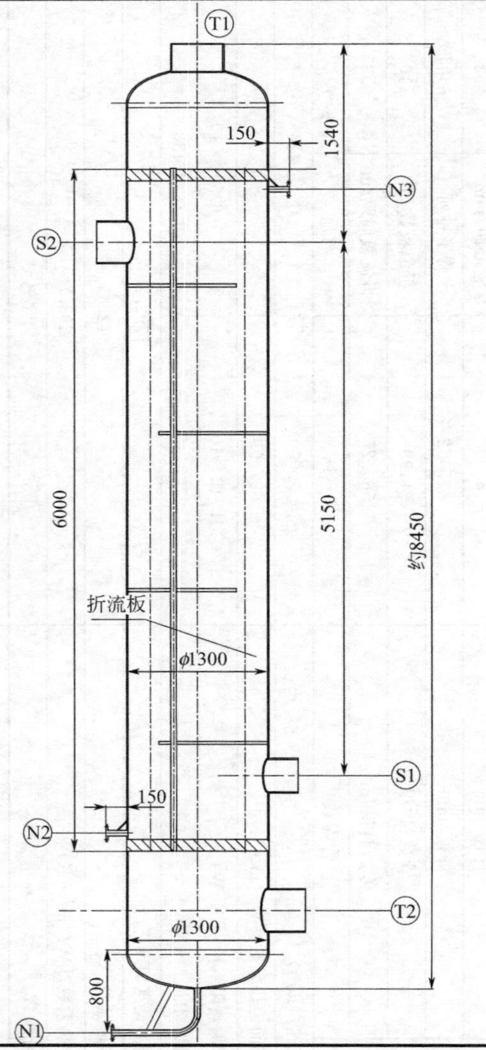

工作介质		壳程(冷却水)	管程(热侧)	其他设计条件	
名称	组分	冷却水	变换气	板形式及间距：单弓形 350	
	特性		变换气	切口面积 20%	0.37
密度/(kg/m³)		993	12.83	折流板(支持板) 设计寿命	
流量/(kg/h)		154433	95780	基本风压/(kN/m²)	
工作压力/MPa		0.3	1.4	全容积/m³	
设计压力/MPa				环境温度/℃	
工作温度/℃	入口	32	65	壁温/℃	
	出口	42	38	总传热量/(J/h)	
设计温度/℃	入口	100	150	平均温差/℃	293.7
	出口		304	给热系数/[W/(m²·K)]	
推荐材料		Q345R	304	总传热系数/[W/(m²·K)]	
热负荷/(MJ/s)		1.79		污垢热阻/(m²·K/W) 壳/管	0.00086/0.00018
换热管		规格 φ25×2 长度 6000		地震烈度	6
		1198	561.3	名称 保温材料 厚度/mm	
				设备净质量/kg	

管口表

符号	用途或名称	数量	公称尺寸公称压力连接标准及形式		法兰接管材质	接管规格	接管长度
T1	变换气进口	1	450	PN1.6			
T2	变换气出口	1	450	PN1.6			
S1	冷却水进口	1	250	PN0.6			
S2	冷却水出口	1	250	PN0.6			
N1	排液孔	1	20	PN0.6			
N2	排液孔	1	20	PN0.6			
N3	排气孔	1	20	PN0.6			

项目名称

AGD-01

变换器水冷器
设计条件图

安徽工程大学

标记	处数	文件号		签字	日期
设计					
校核					
审核					
工艺					
标准					
批准					

比例　　　　共 页　第 页

图1-9　变换器水冷器设计条件图

1.4　EDR 换热器设计举例

1.4.1　设计任务书

设计中型氮肥厂用变换气水冷立式列管换热器（简称变换气水冷器），工艺条件如表 1-22 所示。变换气组成如表 1-23 所示。

表 1-22　变换气水冷器工艺条件

物流参数	管程	壳程
物流	热流体	冷流体
工艺流体	变换气	水
入口压力/MPa	1.4	0.3
允许压降/MPa	0.036	0.06
进口温度/℃	65	32
出口温度/℃	38	42
质量流量/(kg/h)	95780	
污垢热阻/[W/(m² · K)]	1.719×10^{-4}	8.598×10^{-4}
初选换热器结构	固定管板式换热器	

表 1-23　变换气组成

变换气组成	CO_2	O_2	CO	H_2	N_2	CH_4
含量(摩尔分数)/%	28	0.1	3	51.7	17	0.2

1.4.2　Aspen EDR 设计

（1）设置应用选项

打开 Aspen EDR 后，新建一个模块，点击固定管板式换热器（Shell&Tube Exchanger）。由于冷热流体温差小，且污垢热阻较小，换热介质较为清洁，可以选择固定管板式换热器。在 Console/Geometry 设置换热器类型，选用最常用的 BEM 型，即前封头采用 B 型，后封头采用 M 型，壳体为 E 型，同时在 specify some sizes for design 选 yes。在 Input/Problem Definition/Application Options 选择热流体走管程，并确定管程和壳程的物流相态。压力高的流体走管程，换热管直径较小，承压能力较小，同时避免了采用高压外壳和高压密封。所以选择热流体（变换气）走管程，冷流体（水）走壳程。

（2）输入工艺数据

按表 1-22 所给工艺条件输入工艺数据，如图 1-10 所示。允许压降按工艺要求设置，若工艺没有要求，可按照全国大学生化工设计竞赛提供的换热器压降标准，即出口绝压大于 0.1MPa 时压降不大于进口压强的 20%，也可按照本书表 1-19，在合理压降范围内取值。污垢热阻（fouling resistance）按照经验范围（见表 1-17 与表 1-18）选取。

（3）输入物性数据

打开 Property Data/Hot Stream Compistion 输入热流体组分及组成，如图 1-11 所示。然后点击 Property Methods，物性方法选择 PR 方程。打开 Property Data/Hot Stream Properties，在 Properties 栏点击 Get Properties 得到热流体的物性。同理，输入冷流体组分并得到物性数据。物性方法对物性数据影响比较大，由于冷流体压强为 0.3 MPa，本例选择

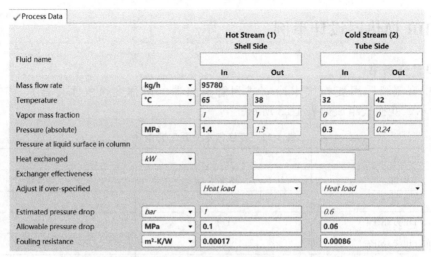

图 1-10　输入工艺数据

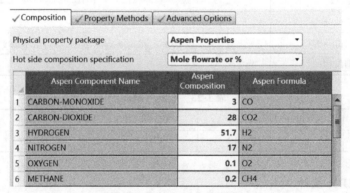

图 1-11　输入组分及组成

理想气体模型（Ideal）。

（4）输入几何参数

采用默认的 BEM 类型，更改单位制为 SI，如图 1-12 所示。点击进入 Geometry Summary/Geometry 页面，输入管外径 25mm，壁厚 2mm，管间距 32mm，选择管子排布方式三角形，选择立式换热器，设置壳程数为 1。

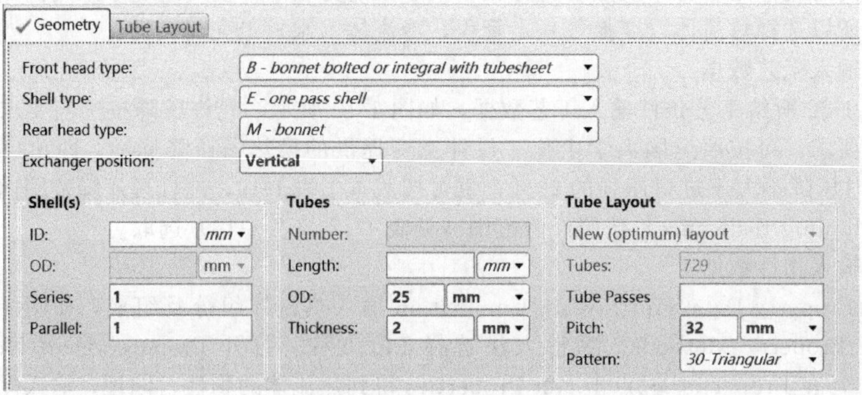

图 1-12　输入几何参数

（5）运行并查看结果

点击 Run，出现警告，提醒热流体走管程只有 55％正确的概率，可以忽略。

（6）初步设计结果分析

在 Results/Thermal/Hydraulic Summary/Performance 查看初步设计结果。设计结果见图 1-13。

① 结构参数　如图 1-13 右下角区域所示，换热器类型为 BEM，壳体内径 950 mm，立式。折流板为单弓形折流板，圆缺率为 41.25％。管子类型为光滑管，管外径 25 mm，管长 6 m，管排列角度 30°，管子数 713，管程数为 1。

Overall Performance	Resistance Distribution	Shell by Shell Conditions	Hot Stream Composition	Cold Stream Composition

Design (Sizing)		Shell Side		Tube Side	
Total mass flow rate	kg/s	29.1499		26.6056	
Vapor mass flow rate (In/Out)	kg/s	0	0	26.6056	26.6056
Liquid mass flow rate	kg/s	29.1499	29.1499	0	0
Vapor mass fraction		0	0	1	1
Temperatures	°C	32	42	65	38.06
Bubble / Dew point	°C	/	/	/	/
Operating Pressures	bar	3	2.9646	14	13.92707
Film coefficient	W/(m²·K)	2902.9		501.7	
Fouling resistance	m²·K/W	0.00086		0.0002	
Velocity (highest)	m/s	0.2		11.35	
Pressure drop (allow./calc.)	bar	0.6 / 0.0354		0.36 / 0.07293	

Total heat exchanged	kW	1214.7	Unit	BEM	1	pass	1	ser	1	par
Overall clean coeff. (plain/finned)	W/(m²·K)	420.2 /	Shell size	950	-	6000	mm		Ver	
Overall dirty coeff. (plain/finned)	W/(m²·K)	290.3 /	Tubes	Plain						
Effective area (plain/finned)	m²	329.2	Insert	None						
Effective MTD	°C	12.72	No.	713	OD	25	Tks	2	mm	
Actual/Required area ratio (dirty/clean)		1 / 1.45	Pattern	30		Pitch	32	mm		
Vibration problem (HTFS)		No	Baffles	Single segmental			Cut(%d)	41.25		
RhoV2 problem		No	Total cost		574562	RMB(China)				

图 1-13　初步设计结果

② 面积裕度　如图 1-13 左下角区域所示，换热器面积裕度为 0％，偏小，可在校核模式下调整。

③ 压降　如图 1-13 中下部区域所示，壳程压降与管程压降均小于允许压降。

④ 流速　如图 1-13 中部域所示，换热器壳程流速 0.2m/s，管程流体流速 11.35 m/s，壳程流速偏小（参考表 1-2）。

⑤ 传热系数　换热器总传热系数为 290.3 W/(m² · K)，在经验值范围内。

⑥ 壳程流路分析　打开 Results/Thermal/Hydraulic Summary/Flow Analysis，查看流路分析结果，如图 1-14 所示。A 为折流板管孔与管子之间弧形间歇的泄漏流路，应该小于 0.1；B 为垂直与管束横向流，为有效流路，要求大于 0.6；C 为管束外围与壳体内壁之间旁路流路，小于 0.1。E 为折流板外缘与壳体内壁之间泄漏流路，应该小于 0.1；F 为分程隔板旁路流路。各种流路均在合理值范围内。

Flow Analysis	Thermosiphons and Kettles

Shell Side Flow Fractions	Inlet	Middle	Outlet	Diameter Clearance mm
Crossflow (B stream)	0.88	0.77	0.88	
Window (B+C+F stream)	0.91	0.79	0.91	
Baffle hole - tube OD (A stream)	0.02	0.06	0.03	0.4
Baffle OD - shell ID (E stream)	0.06	0.14	0.06	4.76
Shell ID - bundle OTL (C stream)	0.03	0.02	0.03	12.7
Pass lanes (F stream)	0	0	0	

图 1-14　流路分析

1.4.3　Aspen EDR 校核

在 console 界面，将 Design（Sizing）改为校核（Rating）模式（可以不用设计模式，而直接采用校核模式进行换热器设计，可以参考 GB/T 28712.2—2012 对换热器参数进行圆整，也可参考附表 3）。

本章案例遵循 2019 年全国化工设计大赛换热器设计标准：

① 换热器流态合理，冷、热流股的流态均应为湍流态（$Re>6000$）；

② 传热系数基于传热膜系数、固壁热阻和垢层热阻（输入合理的经验值）计算；

③ 实际传热面积应比计算所需传热面积大 30%～50%；

④ 换热器压降合理，无合理的特殊说明，出口绝对压力小于 0.1MPa（真空条件）时压降不大于进口压强的 40%；无合理的特殊说明，出口绝对压力大于 0.1MPa 时压降不大于进口压强的 20%。

（1）圆整结构参数

根据设计结果，在 GB/T 28712.2—2012 中选择最为接近的标准进行圆整。首先圆整接管直径。打开 Input/Exchanger Geometry/Nozzles，如图 1-15 所示。根据无缝钢管的公称外径标准（见附表 1），也可按表 1-11 圆整壳程和管程接管外径和壁厚。

		Inlet	Outlet	Intermediate
Nominal pipe size		▼	▼	
Nominal diameter	mm ▼			
Actual OD	mm ▼	219	159	
Actual ID	mm ▼	203	145	
Wall thickness	mm ▼	8	7	
Nozzle orientation		Top ▼	Bottom ▼	▼
Distance to front tubesheet	mm ▼			
Number of nozzles		1	1	1
Multiple nozzle spacing	mm ▼			
Nozzle / Impingement type		No impingement ▼	No impingement ▼	
Remove tubes below nozzle		Equate areas ▼	Equate areas ▼	
Maximum nozzle RhoV2	kg/(m-s²) ▼			

图 1-15　圆整接管直径参数

（2）调整换热面积

对于换热面积，主要调整是增加壳体直径，管子数量可以删掉，软件会自动计算。进入 Exchange Geometry/Geometry Summary 页面，将壳径以 50mm 或者 100mm 为单位逐渐增加，在 Results/Thermal/Hydraulic Summary/Performance 查看结果。当壳径调整为 1200mm 后，发现换热器面积裕度为 30%，处在 30%～50% 之间，满足面积要求。

（3）优化换热器流态

在 Results/Thermal/Hydraulic Summary/heat transfer 查看雷诺数，发现液相雷诺数在 4274～5200 范围，气相雷诺数在 69893～74735 范围，液相小于 6000，需要调整参数。（液相雷诺数偏小，原则上应该回到 Geometry Summary，调整折流板间距和折流板圆缺率，但难以显著提高雷诺数）。在 Results/Thermal/Hydraulic Summary/Flow Analysis 页面查看换热器流路分析结果，发现 A 流和 E 流均大于 0.1，需进行调整。进入 Exchange Geometry/Baffle/Support 页面，通过减小折流板管孔与管壁之间的间隙来调整 A 流分率；通过减小折流板和壳内壁之间的间隙来调整 E 流分率。再次查看雷诺数和流路分析结果，发现液相雷诺数在 7761～9443 范围内，各项流路分率也在范围之内。

（4）总传热系数

冷流体为冷却水，热流体为中压气体，总传热系数为 204 W/(m² · K)，在 100～480W/(m² · K) 之间，在经验值范围内。

（5）压降

管程与壳程压降分别为 0.0049MPa 与 0.0107MPa，均小于允许压降。

（6）有效平均温差与温差校正系数

换热器的有效平均温差为 12.7℃，温差校正系数为 1，符合要求。

1.4.4　设计结果

设计结果应该包括设计条件、结构参数及设备条件图，具体要求如下：

① 设计条件：给出工艺参数，如管程及壳程的设计压力、设计温度、介质名称、组成和流量、换热面积、选用材质、污垢热阻等。

② 结构参数设计：选型或设计，给出校核后的结果，如换热器结构形式、折流板形式和间距、壳程直径、换热管直径及计算长度、接管尺寸及方位。

设计条件及结构参数结果见表 1-24，接管表见表 1-25，管口方位图及设备条件图分别见图 1-16 和图 1-17。

表 1-24　设计条件与结构参数

项目		内容	
设备名称		变换气-水换热器	
		壳程	管程
		水	变换气
介质		100%	组成（摩尔分数）：28%CO_2，3%CO,17%N_2,51.7%H_2，0.2%CH_4,0.1%O_2
质量流量/(kg/h)			95780
操作温度/℃	进口	32	65
	出口	42	38
操作压力/MPa		0.3	1.4
设计温度/℃		100	100
设计压力/MPa		0.4	1.6
热负荷/kW		1214.7	
污垢热阻/(m² · K/W)		0.00086	0.000176
选用材质		Q345R	10 钢
传热温差/℃		12.72	
计算传热系数/[W/(m² · K)]		204	
管程数		1	
传热面积/m²		543.8	

续表

项目		内容
结构参数设计结果	换热器结构形式	固定管板式换热器
	折流板形式	弓形,圆缺率25%
	折流板间距/mm	390
	换热管根数	1178
	换热管直径	$\phi 25 \times 2$
	换热管排列方式	正三角形
	换热管计算长度/mm	6000
	壳体直径/mm	DN1200

表 1-25 接管表

接管类型	管口号	接管尺寸	公称直径/mm
管程进口	T_1	$\phi 219 \times 6$	DN200
管程出口	T_2	$\phi 159 \times 6$	DN150
壳程进口	S_1	$\phi 419 \times 6$	DN400
壳程出口	S_2	$\phi 419 \times 6$	DN400
排气口	N_1	$\phi 40 \times 3$	DN40
排液口	N_2	$\phi 45 \times 3$	DN40

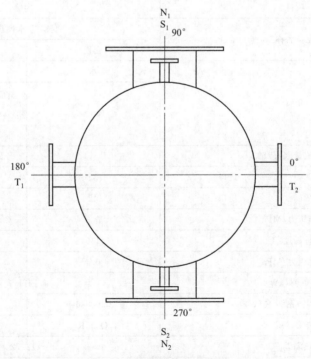

图 1-16 换热器管口方位图

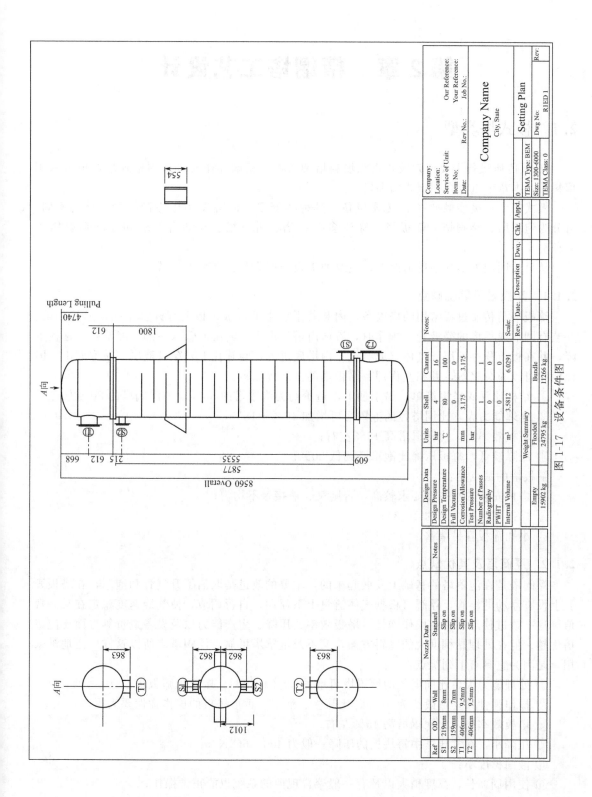

图 1-17　设备条件图

第2章 精馏塔工艺设计

2.1 板式塔类型

气-液传质设备主要分为板式塔和填料塔两大类。精馏操作既可采用板式塔，也可采用填料塔，本章节重点介绍板式精馏塔。

板式塔为逐级接触型气-液传质设备，其种类繁多，根据塔板上气-液接触元件的不同，可分为泡罩塔、浮阀塔、筛板塔、穿流多孔板塔、舌形塔、浮动舌形塔和浮动喷射塔等多种。

从目前国内外实际使用情况看，主要的塔板类型为筛板塔和浮阀塔。

2.1.1 筛板塔及其优缺点

筛板塔是传质过程常用的塔设备，内装若干层水平塔板，板上有许多小孔，形状如筛；并装有圆形或弓形的降液管。操作时，液体由塔顶进入，经溢流管（一部分经筛孔）逐板下降，并在板上积存液层。气体（或蒸气）由塔底进入，经筛孔上升穿过液层，鼓泡而出，因而两相可以充分接触，并相互作用。筛板塔的主要优点有：

① 结构比浮阀塔更简单，易于加工，造价约为泡罩塔的 60%，为浮阀塔的 80% 左右；

② 处理能力大，比同塔径的泡罩塔可增加 10%～15%；

③ 塔板效率高，比泡罩塔高 15% 左右；

④ 压降较低，每板压降比泡罩塔约低 30%。

筛板塔的缺点是：

① 塔板安装的水平度要求较高，否则气、液接触不均匀；

② 操作弹性较小（约 2～3）；

③ 小孔筛板容易堵塞。

2.1.2 浮阀塔及其优缺点

浮阀塔是在泡罩塔的基础上发展起来的，主要的改进是取消了升气管和泡罩，在塔板开孔上设有浮动的浮阀，浮阀可根据气体流量上下浮动，自行调节，使气缝速度稳定在某一数值。这一改进使浮阀塔在操作弹性、塔板效率、压降、生产能力以及设备造价等方面比泡罩塔优越。但在处理黏稠度大的物料方面，又不及泡罩塔可靠。浮阀塔之所以这样广泛地被采用，是因为它具有下列优点：

① 处理能力大，比同塔径的泡罩塔可增加 20%～40%，接近于筛板塔；

② 操作弹性大，一般约为 5～9，比筛板、泡罩、舌形塔板的操作弹性要大得多；

③ 塔板效率高，比泡罩塔高 15% 左右；

④ 压降小，在常压塔中每块板的压降一般为 $400～660N/m^2$；

⑤ 液面梯度小；

⑥ 使用周期长，黏度稍大以及有一般聚合现象的系统也能正常操作；

⑦ 结构简单，安装容易，制造费为泡罩塔的 60%～80%，为筛板塔的 120%～130%。

浮阀塔的缺点是：

① 处理易结焦、高黏度的物料时，阀片易与塔板黏结；

② 在操作过程中有时会发生阀片脱落或卡死等现象，使塔板效率和操作弹性下降。

2.2　精馏塔的设计步骤

本设计按以下几个阶段进行：

① 设计方案确定和说明，根据给定任务，选取主要设备类型，对精馏装置的操作条件和工艺要求进行论述；

② 蒸馏塔的工艺计算，确定塔高和塔径；

③ 塔板设计，计算塔板各主要工艺尺寸，进行流体力学校核计算；选择接管尺寸、泵等，并画出塔的操作性能图。

由于精馏塔的设计过程中，有些工艺参数需根据经验值进行提前设定，经常会出现设计结果不理想的情况，这是不可避免的。因而为了达到预期的分离效果，使精馏塔又具有较好的操作性能，就必须对设计中的某些参数进行校正。

精馏塔设计计算流程图如图 2-1 所示。

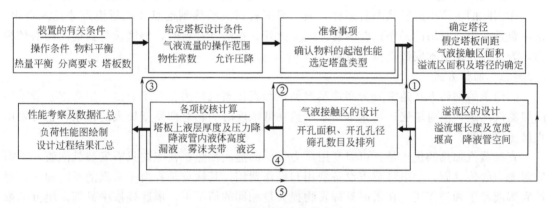

图 2-1　精馏塔设计计算流程图

有下列情况时，须对图中的①～⑤项做重复修正计算。

① 溢流区设计算得的出口堰长度，使气体通道的面积不够或不在限定的范围内；

② 孔的排列间距及开孔面积不在限定的范围内；

③ 液沫夹带量超过限度或发生液泛；

④ 允许压降及漏液量超出限度；

⑤ 降液管内的液体高度超出限度。

2.3　设计方案

2.3.1　设计方案的确定

确定设计方案是指确定整个精馏装置的流程、各种设备的结构形式和操作参数。例如，组分的分离顺序、塔设备的形式、操作压力、进料热状态、回流比、塔顶蒸汽的冷凝方式等。下面结合课程设计的需要，对某些问题作简要阐述。

2.3.1.1　操作压力

蒸馏操作通常可在常压、加压和减压工况下进行。确定操作压力时，必须根据所处理物料的性质，兼顾技术上的可行性和经济上的合理性进行考虑。例如，采用减压操作有利于分离相对挥发度较大的组分及热敏性的物料，但压降低将导致塔径增加，同时还需要使用抽真空的设备。对于沸点低、在常压下为气态的物料，则应在加压下进行蒸馏。当物性无特殊要求时，一般是在稍高于大气压下操作。

塔内操作压力选择时需注意：

① 压力增加可提高塔的处理能力，但会增加塔身的壁厚，导致设备费用增加；压力增加，组分间的相对挥发度降低，回流比或塔高增加，导致操作费用或设备费用增加。因此如果在常压下操作时，塔顶蒸汽可以用普通冷却水进行冷却，一般不采用加压操作。操作压力大于 1.6MPa 才能使普通冷却水冷却塔顶蒸汽时，应对低压、冷冻剂冷却和高压、冷却水冷却的方案进行比较后，确定适宜的操作方式。

② 考虑利用较高温度的蒸汽冷凝热，或利用较低品位的冷源使蒸汽冷凝，且压力提高后不致引起操作上的其他问题和设备费用的增加，可以使用加压操作。

③ 真空操作不仅需要增加真空设备的投资和操作费用，而且由于真空下气体体积增大，需要的塔径增加，因此塔设备费用增加。

2.3.1.2 进料状态

在实际的生产中进料状态有多种，但一般都将料液预热到泡点或接近泡点才送入塔中，这主要是由于此时塔的操作比较容易控制。此外，在泡点进料时，精馏段与提馏段的塔径相同，为设计、制造和安装提供了方便。

2.3.1.3 加热方式

蒸馏釜的加热方式通常分为间接蒸汽加热和直接蒸汽加热。而工业生产中塔釜一般采用间接蒸汽加热，但对塔底产物基本是水，且在低浓度时的相对挥发度较大的体系，也可采用直接蒸汽加热。

直接蒸汽加热的优点是：可以利用压力较低的蒸汽加热；在釜内只需安装鼓泡管，不需安置庞大的传热面，一般可节省设备费用和操作费用。其缺点是：由于蒸汽的不断通入，对塔底溶液起了稀释作用，在塔底易挥发物损失量相同的情况下，塔底残液中易挥发组分的浓度应较低，因而塔板数稍有增加。

2.3.1.4 回流比

影响精馏操作费用的主要因素是塔内蒸汽量 V。对于一定的生产能力，即馏出量 D 一定时，V 的大小取决于回流比。

实际回流比总是介于最小回流比和全回流两种极限之间。由于回流比的大小不仅影响到所需理论板数，还影响到加热蒸汽和冷却水的消耗量，以及塔板、塔径、蒸馏釜和冷凝器的结构尺寸的选择，因此，适宜回流比的选择是一个很重要的问题。

适宜回流比应通过经济核算确定，即操作费用和设备折旧费之和为最低时的回流比为适宜回流比。但作为课程设计，要进行这种核算是困难的，可以通过如下的简便方法获得：

① 先求出最小回流比 R_{min}；

② 根据经验取操作回流比为最小回流比的 1.1～2.0 倍，即 $R = (1.1 \sim 2.0)R_{min}$。

2.3.2 确定设计方案的原则

确定设计方案的总原则是在可能的条件下，尽量采用科学技术上的最新成就，使生产达到技术上最先进、经济上最合理的要求，符合优质、高产、安全、低消耗的原则。为此，必须具体考虑如下几点。

(1) 满足工艺和操作的要求

设计的流程和设备，首先，必须保证产品达到任务规定的要求，而且质量要稳定。这就要求各流体流量和压头稳定，入塔料液的温度和状态稳定。其次，所定的设计方案需要有一定的操作弹性，甚至必要时传热量也可进行适度调整。因此，在必要的位置上要装置调节阀门，在管路中安装备用支线。计算传热面积和选取操作指标时，也应考虑到生产上的可能波动。最后，要考虑必需装置的仪表（如温度计、压强计、流量计等）及其装置的位置，以便进行远程监控，对突发事件可以迅速采取相应措施。

（2）满足经济上的要求

要节省热能和电能的消耗，减少设备及基建费用。其中操作回流比的大小对操作费和设备费也有很大影响，因而它可以作为一个很重要的评价指标。

（3）保证安全生产

对易燃物料，不能让其蒸气弥漫车间，注意原材料和产品的密封储存；同时也不能使用容易发生火花的设备。

2.4　板式精馏塔设计计算

精馏塔的设计计算，包括塔高、塔径、塔板各部分尺寸的设计计算，塔板的布置，塔板流体力学性能的校核及塔板性能负荷图的绘制。

板式塔为逐级接触式的气液传质设备，沿塔方向每层板的组成、温度、压力都不同。设计时，先选取某一塔板（例如进料或塔顶、塔底）条件下的参数作为设计依据，以此确定塔的尺寸，然后再作适当调整；或分段计算，以适应两段的气、液相体积流量的变化，但应尽量保持塔径相同，以便于加工制造。

由于塔中两相流动情况和传质过程的复杂性，许多参数和塔板尺寸需根据经验来选取，而参数与尺寸之间又彼此互相影响和制约，因此设计过程中不可避免要进行试差，计算结果也需要工程标准化。基于以上原因，在设计过程中需要不断地调整、修正和核算，直到设计出较为满意的板式塔，因而计算工作量较大。

2.4.1　物料衡算与操作线方程

通过全塔物料衡算，可以求出精馏产品的流量、组成和进料流量、组成之间的关系。物料衡算主要解决以下问题：

① 根据设计任务所给定的处理原料量、原料浓度及分离要求（塔顶、塔底产品的浓度）计算出每小时塔顶、塔底的产量；

② 在加料热状态 q 和回流比 R 选定后，分别算出精馏段和提馏段的上升蒸汽量和下降液体量；

③ 写出精馏段和提馏段的操作线方程，通过物料衡算可以确定精馏塔中各股物料的流量和组成情况，塔内各段的上升蒸汽量和下降液体量，为计算理论板数以及塔径和塔板结构参数提供依据。

通常，原料量和产量都以 kg/h 或 t/a 来表示，但在理想板计算时均须转换为 kmol/h。在设计时，流量又须用 m^3/s 来表示。因此要注意不同的场合应使用不同的流量单位。

2.4.1.1　间接加热精馏塔操作线方程

（1）全塔总物料衡算

总物料　　　　　　　　　　　　　　$$F=D+W \tag{2-1}$$

易挥发组分 $\qquad\qquad\qquad Fx_F = Dx_D + Wx_W \qquad\qquad\qquad (2\text{-}2)$

若以塔顶易挥发组分为主要产品,则回收率 η 为

$$\eta = \frac{Dx_D}{Fx_F} \times 100\% \qquad\qquad\qquad (2\text{-}3)$$

式中　F,D,W——原料液、馏出液和釜残液流量,kmol/h;

$\quad x_F$,x_D,x_W——原料液、馏出液和釜残液中易挥发组分的摩尔分数。

由式(2-1) 和式(2-2) 得

$$D = F\frac{x_F - x_W}{x_D - x_W} \qquad\qquad\qquad (2\text{-}4)$$

$$W = F\frac{x_D - x_F}{x_D - x_W} \qquad\qquad\qquad (2\text{-}5)$$

(2) 操作线方程

① 精馏段

上升蒸汽量 $\qquad\qquad\qquad V = (R+1)D \qquad\qquad\qquad (2\text{-}6)$

下降液体量 $\qquad\qquad\qquad L = RD \qquad\qquad\qquad (2\text{-}7)$

操作线方程 $\qquad\qquad y_{n+1} = \frac{L}{V}x_n + \frac{D}{V}x_D \qquad\qquad (2\text{-}8)$

或 $\qquad\qquad\qquad y_{n+1} = \frac{R}{R+1}x_n + \frac{1}{R+1}x_D$

式中　R——回流比;

$\quad x_n$——精馏段内第 n 层板下降液体中易挥发组分的摩尔分数;

$\quad y_{n+1}$——精馏段内第 $n+1$ 层板上升蒸汽中易挥发组分的摩尔分数。

② 提馏段

上升蒸汽量 $\qquad\qquad V' = (R+1)D - (1-q)F \qquad\qquad (2\text{-}9)$

或 $\qquad\qquad\qquad V' = L + qF - W \qquad\qquad\qquad (2\text{-}10)$

下降液体量 $\qquad\qquad\qquad L' = RD + qF \qquad\qquad\qquad (2\text{-}11)$

操作线方程 $\qquad y'_{m+1} = \frac{L+qF}{L+qF-W}x'_m - \frac{W}{L+qF-W}x_W \qquad (2\text{-}12)$

式中　x'_m——提馏段内第 m 层板下降液体中易挥发组分摩尔分数;

$\quad y'_{m+1}$——提馏段内第 $m+1$ 层板上升蒸汽中易挥发组分摩尔分数。

(3) 进料线方程(q 线方程)

$$y = \frac{q}{q-1}x - \frac{1}{q-1}x_F \qquad\qquad\qquad (2\text{-}13)$$

2.4.1.2　直接蒸汽加热

(1) 全塔总物料衡算

总物料 $\qquad\qquad\qquad F + V_0 = D + W^* \qquad\qquad\qquad (2\text{-}14)$

易挥发组分 $\qquad\qquad Fx_F + V_0 y_0 = Dx_D + W^* x_W^* \qquad\qquad (2\text{-}15)$

式中　V_0——直接加热蒸汽的流量,kmol/h;

$\quad y_0$——加热蒸汽中易挥发组分的摩尔分数,一般 $y_0 = 0$;

$\quad W^*$——直接蒸汽加热时釜液流量,kmol/h;

$\quad x_W^*$——直接蒸汽加热时釜液中易挥发组分的摩尔分数。

由式(2-14) 和式(2-15) 得

$$W^* = W + V_0 \tag{2-16}$$

$$x_W^* = \frac{W}{W + V_0} x_W \tag{2-17}$$

（2）操作线方程

① 精馏段（同常规塔）

$$y_{n+1} = \frac{L}{V} x_n + \frac{D}{V} x_D = \frac{R}{R+1} x_n + \frac{x_D}{R+1} \tag{2-18}$$

式中　R——回流比；

x_n——精馏段内第 n 层板下降液体中易挥发组分的摩尔分数；

y_{n+1}——精馏段内第 $n+1$ 层板上升蒸汽中易挥发组分的摩尔分数。

② 提馏段　操作线方程

$$y'_{m+1} = \frac{W^*}{V_0} x'_m - \frac{W^*}{V_0} x_W^* \tag{2-19}$$

与间接加热时一样，所不同的是间接加热时提馏段操作线终点是 (x_W, x_W)，而直接蒸汽加热时，当 $y'_{m+1} = 0$ 时，$x'_m = x_W^*$，因此提馏段操作线与 X 轴相交于点 $(x_W^*, 0)$。

2.4.2　塔的有效高度和板间距的初选

2.4.2.1　塔的有效高度

板式塔的有效高度是指安装塔板部分的高度，可按式（2-20）计算

$$Z = \left(\frac{N_T}{E_T} - 1\right) H_T \tag{2-20}$$

式中　Z——塔的有效高度，m；

E_T——全塔总板效率；

N_T——塔内所需的理论板层数；

H_T——塔板间距，m。

2.4.2.2　板间距

板间距 H_T 的选定很重要。选取时应考虑塔高、塔径、物系性质、分离效率、操作弹性及塔的安装检修等因素。

对一定的生产任务，若采用较大的板间距，能允许较高的空塔气速，对塔板效率、操作弹性及安装检修有利；但板间距增大后，会增加塔身总高度、金属消耗量、塔基和支座等的负荷，从而导致全塔造价增加。反之，采用较小的板间距，只能允许较小的空塔气速，塔径就要增大，塔高可降低；但是板间距过小，容易产生液泛现象，降低板效率。所以在选取板间距时，要根据各种不同情况予以考虑。如对易发泡的物系，板间距应取大一些，以保证塔的分离效果。板间距与塔径之间的关系，应根据实际情况，结合经济性反复调整，以做出最佳选择。设计之初通常根据塔径的大小，由表 2-1 列出的塔板间距的经验数值选取。

表 2-1　塔板间距的经验数值

塔径 D/m	$0.3\sim0.5$	$0.5\sim0.8$	$0.8\sim1.6$	$1.6\sim2.4$	$2.4\sim4.0$
塔板间距 H_T/mm	$200\sim300$	$250\sim350$	$300\sim450$	$350\sim600$	$400\sim600$

化工生产中常用板间距为：200mm，250mm，300mm，350mm，400mm，450mm，500mm，600mm，700mm，800mm。在决定板间距时还应考虑安装、检修的需要，例如在

塔体人孔处，应留有足够的工作空间，其值不应小于 600mm。

2.4.3 塔径

塔的横截面应满足气、液接触部分的面积，溢流部分的面积和塔板支承、固定等结构处理所需面积的要求。在塔板设计中起主导作用的，往往是气、液接触部分的面积，应保证有适宜的气体速度。

计算塔径的方法有两类：一类是根据适宜的空塔气速，求出塔截面积，即可求出塔径；另一类计算方法则是先确定适宜的孔流气速，算出一个孔（阀孔或筛孔）允许通过的气量，定出每块塔板所需孔数，再根据孔的排列及塔板各区域的相互比例，最后算出塔的横截面积和塔径。

2.4.3.1 初步计算塔径

板式塔的塔径依据流量公式计算，即

$$D = \sqrt{\frac{4V_S}{\pi u}} \tag{2-21}$$

式中 D——塔径 m；

V_S——塔内气体流量，m^3/s；

u——空塔气速，m/s。

由式(2-21)可见，计算塔径的关键是计算空塔气速 u。设计中，空塔气速 u 的计算方法是：先求得最大空塔气速 u_{max}，然后根据设计经验，乘以一定的安全系数，即

$$u = (0.6 \sim 0.8)u_{max} \tag{2-22}$$

最大空塔气速 u_{max} 可根据悬浮液滴沉降原理导出，其结果为

$$u_{max} = C\sqrt{\frac{\rho_L - \rho_V}{\rho_V}} \tag{2-23}$$

式中 u_{max}——允许空塔气速，m/s；

ρ_V，ρ_L——气相和液相的密度，kg/m^3；

C——气体负荷系数，m/s，对于浮阀塔和泡罩塔可用图 2-2 确定。

图 2-2 中的气体负荷参数 C_{20} 仅适用于液体的表面张力为 0.02N/m 的情况，若液体的表面张力为其他数值时，则其气体负荷系数 C 可用式(2-24)求得

$$C = C_{20}\left(\frac{\sigma}{0.02}\right)^{0.2} \tag{2-24}$$

初步估算塔径为

$$D' = \sqrt{\frac{V}{0.785u}} \tag{2-25}$$

式中 u——适宜的空塔速度，m/s。

由于精馏段、提馏段的气、液流量不同，故两段中的气体速度和塔径也可能不同。在初算塔径中，精馏段的塔径可按塔顶第一块板上物料的有关物理参数计算，提馏段的塔径可按釜中物料的有关物理参数计算。也可分别按精馏段、提馏段的平均物理参数计算。

2.4.3.2 塔径的圆整

目前，塔的直径已标准化。所求得的塔径必须圆整到标准值。塔径在 1m 以下者，标准化先按 100mm 增值变化；塔径在 1m 以上者，按 200mm 增值变化，即 1000mm、1200mm、1400mm、1600mm 等。

2.4.3.3 塔径的核算

塔径标准化以后，应重新验算液沫夹带量，必要时在此先进行塔径的调整，然后再决定

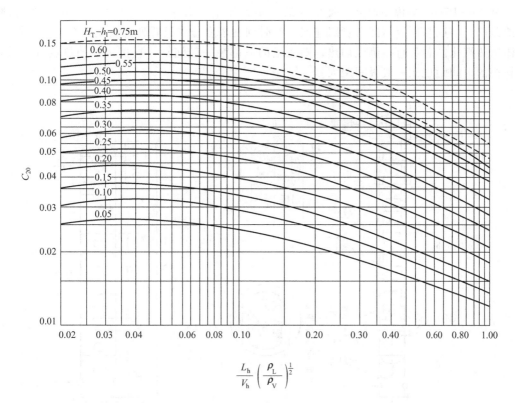

图 2-2　史密斯关联图

H_T—塔板间距，m；h_l—板上液层高度，m；V_h，L_h—塔内气、液两

相体积流量，m^3/h；ρ_V，ρ_L—塔内气、液相的密度，kg/m^3

塔板结构的参数，并进行其他各项计算。

当液量很大时，亦宜先按式（2-26）核查液体在降液管中的停留时间 θ

$$\theta = \frac{A_f H_T}{L} \tag{2-26}$$

式中　A_f——降液管的截面积，m^2。

如不符合要求，且难以加大板间距来调整时，也可在此先作塔径的调整。

2.5　板式塔的结构

2.5.1　塔的总体结构

塔的外壳多用钢板焊接，如外壳采用铸铁铸造，则往往以每层塔板为一节，然后用法兰连接。

板式塔除内部装有塔板、降液管及各种物料的进出口之外，还有很多附属装置，如除沫器、人（手）孔、基座，有时外部还有扶梯或平台。此外，在塔体上有时还焊有保温材料的支承圈。为了检修方便，有时在塔顶装有可转动的吊柱。

图 2-3 为板式塔的总体结构简图。一般说来，各层塔板的结构是相同的，只有最高一层、最低一层和进料层的结构有所不同。最高一层塔板与塔顶的距离常大于一般塔板间距，以便能更好地除沫。最低一层塔板到塔底的距离较大，以便有较大的塔底空间储液，保证液

体能有 10~15min 的停留时间，使塔底液体不致流空。塔底大多是直接通入由塔外再沸器来的蒸汽，塔底与再沸器间有管路连接，有时则在塔底釜中设置列管或蛇管换热器，将釜中液体加热汽化。若是直接蒸汽加热，则在釜的下部装一鼓泡管，直接接入加热蒸汽。另外，进料板的板间距也比一般板间距大。

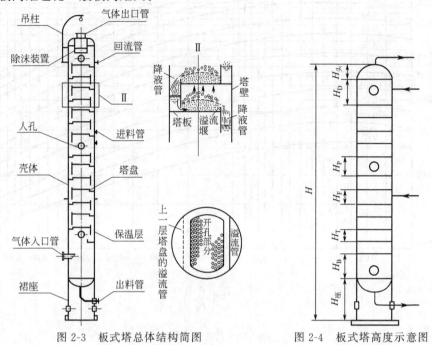

图 2-3　板式塔总体结构简图　　　　图 2-4　板式塔高度示意图

2.5.2　塔体总高度

板式塔的塔高如图 2-4 所示。

塔体总高度（不包括裙座）由下式决定：

$$H=(N_p-N_F-n-1)H_T+N_F H_F+nH_P+H_D+H_B+H_座 \tag{2-27}$$

式中　H——塔体总高度，m；

　　　N_p——实际塔板数；

　　　N_F——进料板个数；

　　　n——人孔数目（不包括塔顶空间和塔底空间的人孔）；

　　　H_D——塔顶空间高度（不包括头盖部分），m；

　　　H_T——塔板间距，m；

　　　H_F——进料位置板间距，m；

　　　H_P——开有人孔的塔板间距，m；

　　　H_B——塔底空间高度（不包括底盖部分），m；

　　　$H_座$——塔体裙座高度，m。

2.5.2.1　实际塔板数 N_p

精馏塔的实际塔板数取决于物系在一定操作条件下达到规定分离要求所需的理论塔板数和在实际工况下实际塔板的效率。对于双组分精馏塔，求解理论板数可用逐板计算法、梯级图解法、吉利兰图简捷法等，具体参考参考文献 [12]。当精馏塔理论板数较多，且溶液接近理想溶液时，大多情况下可作简捷法计算。通常生产过程中塔内每块板效率并不相同，为

设计方便，常取塔板的平均塔板效率，即总板效率 E_T 计算实际塔板数 N_p，并由式（2-28）求得

$$N_p = N_T / E_T \qquad\qquad (2\text{-}28)$$

式中　N_T——理论塔板数。

2.5.2.2　人孔数目 n

人孔数目根据塔板安装方便和物料的清洗程度而定。对于不需要经常清洗的物料，可隔 8～10 块塔板设置一个人孔；对于易结垢、结焦的物系需经常清洗，则每隔 4～6 块塔板开一个人孔。人孔直径通常为 450mm。

2.5.2.3　塔顶空间 H_D

塔顶空间 H_D 指由顶部第一块塔板到塔顶封头之间的垂直距离。塔顶空间 H_D 的作用是安装塔板和除沫装置。为了方便安装除沫器和设置人孔，起到尽量减少液沫夹带量的作用，一般 $H_D = 1.2～1.5\text{m}$，塔径大时可适当增大。

2.5.2.4　塔板间距 H_T

详细内容参见本章 2.4.2.2 板间距。

2.5.2.5　人孔板间距 H_P

塔的人孔应设在塔的操作区内，进、出塔比较方便、安全、合理的地方，并宜设在同一方位上。必须注意设置人孔的部位的塔内部构件，人孔一般应设在塔板上方的鼓泡区，不得设在塔的降液管或受液槽区域内。塔体上的人孔（或手孔），一般每 3～8 层塔板布置 1 个；人孔中心距平台面的高度一般为 600～1250mm，最适宜高度为 750mm；一座塔上的人孔宜布置在同一垂直线上，使其整齐美观。具体人孔的设计可参照 HG/T 21594—2014《衬不锈钢人、手孔分类与技术条件》和 HG/T 21514～21535—2014《钢制人孔和手孔》。

2.5.2.6　塔底空间 H_B

塔底空间 H_B 是塔底第一块塔板到塔底底盖切线的距离。为了保证塔底产品抽出的相对稳定，一般由停留时间来考虑塔底空间，其值视具体情况而定：当进料有 15min 缓冲时间的容量时，塔底产品的停留时间可取 3～5min，否则需有 10～15min 的储量，以保证塔底料液不致流空。塔底产品量大时，塔底容量可取小些，停留时间可取 3～5min；对易结焦的物料，停留时间应短些，一般取 1～1.5min。

2.4.2.7　裙座高度 $H_{座}$

裙座高度 $H_{座}$ 指由塔底封头到塔体基座基础环的高度。其高度由工艺条件的附属设备（如再沸器、泵）及管道布置决定。它承受全塔重量以及风力、地震等载荷，为此，它应具有足够的强度和刚度。裙座的设计一般需要满足以下三方面的要求：

① 当塔布置在管架一边时，应考虑管架的高度。

② 裙座高度的设计还应考虑联合平台的要求。对于整个联合平台，塔底的出口高度应基本一致。

③ 单塔的下方如果还有其他设备，应考虑其协调和管道布置的要求。

一般设计采取裙座上部与塔等径，下部为 1.3～1.5 倍塔径（视塔总高和总重定），裙座高为 1.5～2.0 倍塔径。

2.5.3　塔板结构

塔板按结构特点可分为整块式或分块式两种。一般，塔径为 300～800mm 时采用整块式塔板；当塔径在 900mm 以上时，人已能在塔内进行拆装操作，无需将塔板整块装入，而采用分块式塔板；塔径在 800～900mm 之间，设计时可按便于制造、安装的具体情况而定。

2.5.3.1 整块式塔板结构

整块式塔板分为定距管式和重叠式两类。其结构参见第 5 章。

2.5.3.2 分块式塔板结构

当塔径大于 900mm 时，塔盘结构可采用分块式。分块式塔板包括数块矩形板和弧形板。根据塔径大小，分块式塔板分为单流塔板和双流塔板等。当塔径为 800～2400mm 时，可采用单流塔板；塔径在 2400mm 以上时，采用双流塔板。单流分块式和双流分块式塔板结构参见第 5 章。

2.5.3.3 液流形式的选择

液体在板上的流动形式主要有 U 形流、单溢流、双溢流和阶梯式双溢流等，其中常选择的为单流型和双流型。它们的简图如图 2-5 所示。

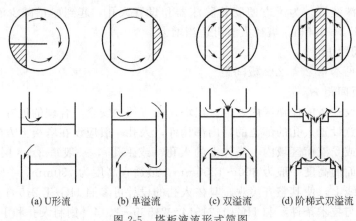

(a) U形流   (b) 单溢流   (c) 双溢流   (d) 阶梯式双溢流

图 2-5 塔板液流形式简图

选择液相流动形式的目的，是保证液相横向流过塔板时，不致产生较大的液面落差，以避免产生倾向性漏液及气相的不均匀分布所引起的板效率下降。液体横过塔板的流动形式最常用的是由塔的一侧流至另一侧的单溢流形式，这种液流形式结构简单，制造安装方便，液体塔板流程较长，有利于气、液两相的充分接触，从而提高塔板分离效率。但由于液体流动时存在阻力，将形成液面落差，导致清液层阻力不均，使得通过塔板上升的气体分布不均，反而使塔板的效率降低。当液体流量很大或塔径过大时，这一问题更严重，这时，应采用双溢流或阶梯式双溢流等形式。若液体流量或塔径较小，则可采用 U 形流形式。

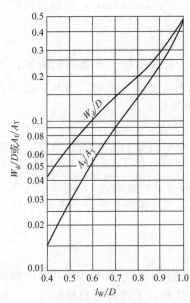

图 2-6 弓形降液管参数图

2.5.3.4 降液管的设计

弓形降液管的设计参数有降液管的宽度 W_d 及截面积 A_f。W_d 及 A_f 可根据堰长与塔径之比 l_W/D 由弓形降液管的参数图查得。弓形降液管的参数图如图 2-6 所示。

（1）降液管的宽度 W_d 与截面积 A_f

降液管的截面积应保证溢流液中夹带的气泡得以分离，液体在降液管中的停留时间一般等于或大于 3～5s，对低发泡系统可取低值，对高发泡系统及高压操作的塔，停留时间应长些。故在求得降液管的截面积之后，应按

式(2-29) 验算液体在降液管内的停留时间，即

$$\tau = \frac{A_f H_T}{L_S} \geqslant 3 \sim 5 \tag{2-29}$$

式中　τ——液体在降液管中的停留时间，s；

H_T——板间距，m；

L_S——塔内液体流量，m^3/s；

A_f——降液管截面积，m^2。

(2) 降液管底隙高度 h_O

为保证良好的液封，又不致使液流阻力太大，一般取为

$$h_O = h_W - (0.006 \sim 0.012) \tag{2-30}$$

h_O 也不宜小于 0.02~0.025m，以免引起堵塞，产生液泛。

2.5.3.5　溢流堰（出口堰）的设计

溢流堰具有维持板上液层及使液流均匀的作用，除个别情况（例如很小的塔或用非金属制作的塔板）外，均应设置弓形堰。溢流堰分外堰（出口堰）和内堰（进口堰）。外堰的作用是维持板上有一定的液层高度并使液体流动均匀。内堰的作用是减少进入处液体的水平冲力，并使上一层板流入的液体能在板上均匀分布。

溢流堰根据其结构不同，可分为平直堰、齿形堰和可调节堰；根据位置不同，可分为入口堰和出口堰。溢流堰的主要结构尺寸是堰长和堰高。塔板上溢流堰结构简图如图 2-7 所示。

(1) 堰长 l_W

堰长是溢流管的弦长。依据溢流形式及液体负荷确定堰长，单溢流形式塔板堰长 l_W 一般取为 $(0.6 \sim 0.8)D$；双溢流形式塔板，两侧堰长取为 $(0.5 \sim 0.7)D$，其中 D 为塔径。

(2) 堰高 h_W

堰高 h_W 是指降液管端面高出塔板板面的距离。堰高与板上液层高度及堰上液层高度的关系为

$$h_W = h_1 - h_{OW} \tag{2-31}$$

式中　h_1——板上液层高度，m；

h_{OW}——堰上液层高度，m。

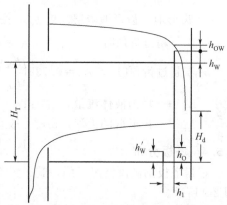

图 2-7　塔板上溢流堰结构简图

H_T—板间距；h_{OW}—堰上液层高度；h_W—出口堰高；H_d—降液管中清液层高度；h_O—降液管底隙高度；h_1—进口堰与降液管间的水平距离；h_W'—进口堰高度

堰高视不同板型的液层高度要求而定，筛板和浮阀塔板的堰高 h_W 可按下述要求确定：对一般的塔板，应使板上的清液层高度在 50~100mm 之间，清液层高度即为堰度 h_W 与堰上液层高度（堰液头）h_{OW} 之和，故

$$50 - h_{OW} \leqslant h_W \leqslant 100 - h_{OW}$$

(3) 堰上液层高度 h_{OW}

堰上液层高度 h_{OW} 选取高度应适宜，太小则堰上的液体均布差，太大则塔板压强增大，液沫夹带增加。对平直堰，h_{OW} 一般应大于 0.006m；若低于此值，应改用齿形堰。h_{OW} 也不宜超过 0.06~0.07m，否则可改用双溢流型塔板。

① 平直堰　平直堰液层高度 h_{OW} 按式(2-32) 计算

$$h_{OW} = \frac{2.84}{1000} E \left(\frac{L_h}{l_w} \right)^{\frac{2}{3}} \qquad (2\text{-}32)$$

式中　l_W——堰长，m；

　　　L_h——塔内液体流量，m^3/h；

　　　E——液流收缩系数，查图 2-8 求取，一般可取为 1，对计算结果影响不大。

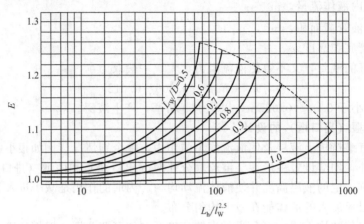

图 2-8　液流收缩系数图

② 齿形堰　齿形堰液层高度 h_{OW} 按式(2-33) 计算

h_{OW} 不超过齿顶时 $\qquad h_{OW} = 1.17(L_s h_n / l_W)^{5/2} \qquad (2\text{-}33)$

h_{OW} 超过齿顶时 $\qquad L_S = 0.735 \left(\frac{l_W}{h_n} \right) \left[h_{OW}^{5/2} - (h_{OW} - h_n)^{5/2} \right] \qquad (2\text{-}34)$

式中　L_S——塔内液体流量，m^3/s；

　　　h_n——齿形堰的齿深，m，一般宜在 15mm 以下。

2.5.4　塔板分布

根据塔板的溢流情况不同，其布置不尽相同。现以单溢流形式为例，单溢流塔板结构如图 2-9 所示。

整个塔板面积通常可分为以下几个区域。

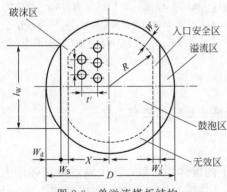

图 2-9　单溢流塔板结构

W_d—弓形降液管宽度；D—塔径；l_W—堰长；

W_S—破沫区宽度；R—鼓泡区半径；

W_S'—入口安全区宽度

（1）受液区和降液区

即受液盘和降液管所占的区域，一般这两个区域的面积相等，均可按降液管截面积 A_f 计算。

（2）入口安定区和出口安定区

为防止气体窜入上一塔板的降液管或因降液管流出的液体冲击而漏液过多。在液体入口处、塔板上宽度为 W_S' 的狭长带内是不开孔的，称为入口安定区。为减轻气泡夹带，在靠近溢流堰处、塔板上宽度为 W_S 的狭长带内也是不开孔的，称为出口安定区。

（3）边缘区

在塔壁边缘需留出宽度为 W_c 的环形区域供固定塔板之用，又称为无效区。

（4）有效传质区

除以上各区外，余下的塔板面积为开筛孔的区域，即开孔区。显然，分块式塔板由于各分块板之间的连接和固定的支承梁尚占用少部分塔板面积，实际的有效传质区面积将有所减小。

2.5.4.1　开孔区面积 A_a

（1）对于单溢流形式塔板

$$A_a = 2\left(x\sqrt{r^2-x^2}+r^2\arcsin\frac{x}{r}\right) \tag{2-35}$$

$$x = \frac{D}{2}-(W_d+W_S)$$

$$r = \frac{D}{2}-W_c$$

（2）对于双溢流形式塔板

$$A_a = 2\left(x\sqrt{r^2-x^2}+r^2\arcsin\frac{x}{r}\right)-2\left(x_1\sqrt{r^2-x_1^2}+r^2\arcsin\frac{x}{r}\right) \tag{2-36}$$

$$x_1 = \frac{W_d'}{2}+W_S$$

式中　W_d'——双溢流中间降液管的宽度，m。

2.5.4.2　降液区面积 A_f 及受液区面积 A_f'

降液区面积 A_f 为降液管所占面积，受液区面积 A_f' 为受液盘所占面积。一般降液管及受液盘所占面积相等，前已述及，降液管的宽度 W_d 和截面积 A_f 可利用堰长与塔径之比 l_W/D 由弓形降液管的参数图查得。

2.5.4.3　安定区

安定区宽度 $W_S(W_S')$ 指堰与它最近一排孔中心之间的距离，可参考下列经验值选定。

溢流堰前的安定区：$W_S=70\sim100$mm；

进口堰后的安定区：$W_S'=50\sim100$mm。

精馏塔设计中，通常取 W_S 和 W_S' 相等，且一般为 $50\sim100$mm。对于小口径塔其值可适当减小。

2.5.4.4　无效区

其宽度视需要选定，小塔为 $30\sim75$mm，大塔可达 $50\sim75$mm。为防止液体经边缘区流过而产生短路现象，可在塔板上沿塔壁设置旁流挡板。

2.5.5　筛板筛孔基本尺寸、开孔率和筛孔数

2.5.5.1　筛板筛孔基本尺寸

（1）筛孔孔径 d_0

孔径 d_0 的选取与塔的操作性能要求、物系性质、塔板厚度、材质及加工费用等有关。工业上常用 $d_0=3\sim8$mm，推荐 $4\sim6$mm。

（2）筛孔厚度 δ

一般碳钢 $\delta=3\sim4$mm，不锈钢 $\delta=2\sim2.5$mm。

（3）孔心距 t

筛孔在筛板上一般按正三角形排列，常用孔心距 $t=(2.5\sim5)d_0$，推荐 $(3\sim4)d_0$。t/d_0 过小易形成气流相互扰动，过大则鼓泡不均匀，影响塔板传质效率。

2.5.5.2　开孔率 φ

开孔率 φ 是指筛孔总面积 A_0（m^2）与开孔区面积 A_a（m^2）之比，即

$$\varphi = \frac{A_0}{A_a} = \frac{0.907}{(t/d_0)^2} \tag{2-37}$$

一般，开孔率大，塔板压降低，液沫夹带量少，但操作弹性小，漏液量大，板效率低。通常开孔率为 $5\% \sim 15\%$。

2.5.5.3 筛孔数 n

$$n = \frac{1158000 A_a}{t^2} \tag{2-38}$$

式中　t——孔中心距，mm。

在孔数初步确定后，若塔内上下段负荷变化较大时，应根据流体力学验算情况，分段改变筛孔数以提高全塔的操作稳定性。

2.5.6 塔板流体力学验算

塔板的流体力学验算，目的在于校验各工艺尺寸在已经确定了的塔板以及在设计任务规定的气、液负荷下能否正常操作，以判断是否需要对有关工艺尺寸进行必要的调整。塔板的流体力学验算内容包括：塔板压降（压力降）、降液管内泡沫液层高度、液体在降液管内停留时间、液沫夹带量及漏液点等的验算。

2.5.6.1 气相通过塔板的压降 h_p

$$h_p = h_C + h_1 + h_\sigma \tag{2-39}$$

式中　h_p——气体通过每层塔板压降相当的液柱高度，m（液柱）；

　　　h_C——气体通过筛板的干板压降，m（液柱）；

　　　h_1——气体通过板上液层的阻力，m（液柱）；

　　　h_σ——克服液体表面张力的阻力，m（液柱）。

（1）干板压降 h_C

$$h_C = 0.051 \left(\frac{u_0}{C_0}\right)^2 \frac{\rho_V}{\rho_L} \left[1 - \left(\frac{A_0}{A_a}\right)^2\right] \tag{2-40}$$

式中　u_0——筛孔气速，m/s；

　　ρ_V，ρ_L——液、气密度，kg/m³；

　　　　C_0——干筛孔流系数。

干筛孔流系数 C_0 求取的方法颇多，推荐由图 2-10 来求取。

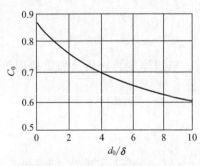

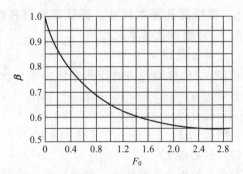

图 2-10　干筛孔流系数图　　　　　　图 2-11　充气因数关联图

（2）板上液层阻力 h_1

板上充气液层阻力受堰高、气速及溢流长度等因素的影响，一般用下面的经验公式计算

$$h_1 = \beta h_L = \beta(h_W + h_{OW}) \tag{2-41}$$

式中　h_L——板上清液层高度，m；

　　　β——反映板上液层充气程度的因数，称为充气因数，无量纲，一般 $\beta = 0.5 \sim 0.6$，β 与气相动能因子 F_0 有关，它们的相关性可根据图 2-11 查得。

（3）液体表面张力的阻力 h_σ

$$h_\sigma = \frac{4\sigma_L}{\rho_L g d_0} \tag{2-42}$$

式中　σ_L——液体表面张力，N/m。

气体通过塔板的压降（$\Delta p_p = h_p g \rho_L$）应低于设计允许值。

2.5.6.2　液泛（淹塔，降液管内液体高度）

一定直径的塔，可供气、液两相自由流动的截面是有限的，其中任一相的流量增大到某个限度，降液管内的液体便不能顺畅地流下。当管内的液体积聚到上层板的溢流堰顶时，便会漫过溢流堰倒流进入上层板，产生不正常积液，最后可导致两层板之间被泡沫液充满，这种现象，称为液泛，亦称淹塔。液泛开始时，塔的压降急剧上升，效率急剧下降，随后塔的操作遭到破坏。

降液管内液体高度 H_d 代表液体通过一层塔板时所需液位高度，可用式（2-43）表示

$$H_d = h_L + \Delta + h_p + h_d \tag{2-43}$$

式中　Δ——进出口堰之间的液面梯度，m（液柱），Δ 一般很小，可以忽略；

　　　h_p——气体通过一块塔板的压降，m（液柱）；

　　　h_d——液体流出降液管的压降，m（液柱）。

h_d 可按下列经验公式计算。

① 无入口堰

$$h_d = 0.153\left(\frac{L_S}{l_w h_O}\right)^2 \tag{2-44}$$

② 有入口堰

$$h_d = 0.2\left(\frac{L_S}{l_w h_O}\right)^2 \tag{2-45}$$

如果液体和气体流动所遇阻力增加，降液管中液面上升，当超过上一层塔板的堰顶后，产生液体倒流，即发生了液泛，因此，需要足够的降液管高度，或控制适当阻力以防液泛的发生。实际降液管中液体和泡沫的总高度大于计算的值。为了防止液泛，应保证降液管中泡沫液体总高度不超过上层塔板的出口堰。因此

$$H_T + h_W \geqslant \frac{H_d}{\phi} \tag{2-46}$$

式中　H_T——板间距，m；

　　　ϕ——考虑降液管内液体充气及操作安全两种因素的校正系数，对于容易起泡的物系，ϕ 取 0.3 ~ 0.4；对不易起泡的物系，ϕ 取 0.6 ~ 0.7；对于一般物系，ϕ 取 0.5。

2.5.6.3　液沫夹带

液沫夹带是指板上液体被上升气体带入上一层塔板的现象。过多的液沫夹带将导致塔板效率严重下降。为了保证板式塔能维持正常的操作效果，应使每 1kg 气体夹带到上一层塔板的液体量不超过 0.1kg，即控制液沫夹带量 $e_V \leqslant 0.1$ kg（液）/kg（气）。

$$e_V = \frac{5.7 \times 10^{-6}}{\sigma}\left(\frac{u_a}{H_T - 2.5h_L}\right)^{3.2} \tag{2-47}$$

式中　u_a——筛孔实际气速。

2.5.6.4 漏液点气速 u_{0w}

当气速逐渐减小至某值时，塔板将发生明显的漏液现象，该气速称为漏液点气速 u_{0w}，若气速继续降低，更严重的漏液将使筛板不能积液而破坏正常操作，故漏液点气速为筛板的下限气速。

设计时应避免严重漏液，一般要求筛孔气速 u_0 为漏液点气速 u_{0w} 的 $1.5 \sim 2.0$ 倍。其比值称为稳定系数，以 k 表示，即

$$k = \frac{u_0}{u_{0w}} > 1.5 \sim 2.0 \tag{2-48}$$

若稳定性系数偏低，可适当减小开孔率或降低堰高，前者影响较大。

$$u_{0w} = 4.4 C_0 \sqrt{(0.0056 + 0.13 h_L - h_\sigma) \rho_L / \rho_V} \tag{2-49}$$

2.5.7 塔板负荷性能图

对于塔板结构参数已设计好的塔，处理固定的物系时，要维持其正常操作，必须把气、液负荷限制在一定范围内。通常在直角坐标系中，标绘各种极限条件下的 V-L 关系曲线，从而得到塔板适宜的气、液流量范围图形，该图形称为塔板负荷性能图，该图一般由下列五条曲线组成。

2.5.7.1 漏液线

漏液线，又称为气相负荷下限线。气相负荷低于此线将发生严重的漏液现象，气、液不能充分接触，使塔板效率下降。对于筛板塔的漏液线 V-L 关系可由式（2-50）作出

$$V_{S,min} = u_{0,min} A_0 = 4.4 C_0 \sqrt{\left\{0.0056 + 0.13\left[h_W + \frac{2.84}{1000} E\left(\frac{L_h}{l_W}\right)^{2/3}\right] - h_\sigma\right\} \frac{\rho_L}{\rho_V}} \times A_0 \tag{2-50}$$

2.5.7.2 液沫夹带线

液沫夹带线，用来界定精馏过程液沫夹带程度。当气相负荷超过此线时，液沫夹带量过大，使塔板效率大为降低。精馏过程一般控制 $e_V \leqslant 0.1 kg$（液）/kg（气）。对于筛板精馏塔，其液沫夹带线 V-L 关系可由式（2-51）得出

$$e_V = \frac{5.7 \times 10^{-6}}{\sigma_L} \left\{ \frac{\dfrac{V_S}{A_T - A_f}}{H_T - 2.5 \times \left[h_W + \dfrac{2.84}{1000} E\left(\dfrac{L_H}{l_W}\right)^{2/3}\right]} \right\}^{3.2} \tag{2-51}$$

2.5.7.3 液相负荷下限线

液相负荷下限线，用来界定精馏过程塔板上液体的最小流量。液相负荷低于此线，就不能保证塔板上液流的均匀分布，将导致塔板效率下降。一般取 $h_{OW} = 6 mm$ 作为下限。对于筛板塔的液相负荷下限线 $l_{W,min}$ 的函数关系可由式（2-52）作出

$$h_{OW} = \frac{2.84}{1000} E\left(\frac{L_H}{l_W}\right)^{2/3} = 0.006 \tag{2-52}$$

2.5.7.4 液相负荷上限线

液相负荷上限线，该线又称降液管超负荷线，用来界定精馏过程塔板上液体的最大流量。液体流量超过此线，表明液体流量过大，液体在降液管内停留时间过短，进入降液管的气泡来不及与液相分离而被带入下层塔板，造成气相返混，降低塔板效率。通常液相在降液管内的停留时间应大于 3s。对于筛板塔的液相负荷上限线 $l_{W,max}$ 的函数关系可由式（2-53）得出

$$\theta = \frac{A_f H_T}{L_S} \geqslant 3s \tag{2-53}$$

公式中计算出的 L_S 即为 $l_{W,max}$。

2.5.7.5　液泛线

液泛线，又称为淹塔线，用于界定精馏塔操作过程是否会发生液泛现象。操作线若在此线上方，将会引起液泛。对于筛板塔液泛线的 V-L 关系可由式（2-54）得出

$$\left[\frac{0.051}{(A_0 C_0)^2}\left(\frac{\rho_V}{\rho_L}\right)\right]V_S^2 = [\varphi H_T + (\varphi - \beta - 1)h_W] - \left[\frac{0.153}{(l_W h_O)^2}\right]L_S^2 -$$

$$\left[2.84\times10^{-3}E(1+\beta)\left(\frac{3600}{l_W}\right)^{2/3}\right]L_S^{2/3} \tag{2-54}$$

由上述各条曲线所包围的区域，就是塔的稳定操作区。操作时的气相流量与液相流量在负荷性能图上的坐标点称为操作点。操作点必须落在稳定操作区内，否则精馏塔操作就会出现异常现象。在设计塔板时，可根据操作点在负荷性能图中的位置，适当调整塔板结构参数，以满足所需的弹性范围。通常把气相负荷上、下限之比值称为塔板的操作弹性系数，简称精馏塔操作弹性。

2.5.8　热量衡算和接管选型

精馏塔为了能提供足够的回流液，增强气、液接触和便于产品储存，精馏塔顶部出料都要经过冷凝器的冷却处理。冷凝器分为全凝器和分凝器两类，分凝器的优点是未凝的产品富集了轻组分，冷凝器为分离提供了一块理论板；当全凝时，部分冷凝液作为回流返回，冷凝器没有分离作用。

冷凝器可分为水冷（或其他液体冷却剂）和气冷。进行选择时通常考虑的是：气冷设备大、投资成本高，但操作费用较低；当要求较小的冷凝器时，水冷更具有吸引力。所以设计时，应从总费用为最小的原则出发。

接管用以连接工艺管路，使之与相关设备连成系统。接管包括进液管、出液管、回流管、进气管、出气管、侧线抽出管、取样管、液面计接管及仪表接管等。

2.5.8.1　热量衡算

关于精馏塔冷凝器的热量衡算，本节内容只以全凝器为例进行说明，详细内容请参看本节 2.6.10.1 热量衡算示例。

2.5.8.2　接管选型

各接管直径由流体速度及其流量，按连续性方程确定，即

$$d = \sqrt{\frac{4V_S}{\pi u}} \tag{2-55}$$

式中　V_S——流体体积流量，m^3/s；
　　　u——流体流速，m/s；
　　　d——管子直径，m。

（1）塔顶蒸气出口管径 d_D

蒸气出口管中的允许气速 U_V 应不产生过大的压降，其值可参照表 2-2。

表 2-2　蒸气出口管中允许气速参照表

操作压力（绝压）	常压	1400~6000Pa	>6000Pa
允许气速/(m/s)	10~20	30~50	50~70

（2）回流液管径 d_R

冷凝器安装在塔顶时，冷凝液靠重力回流，一般流速为 $0.2\sim0.5\text{m/s}$，速度太大，则冷凝器的高度也相应增加。用泵回流时，速度可取 $1.5\sim2.5\text{m/s}$。

（3）进料管径 d_F

料液由高位槽进塔时，料液流速取 $0.4\sim0.8\text{m/s}$；由泵输送时，流速取为 $1.5\sim2.5\text{m/s}$。

（4）釜液排除管径 $d_{W,L}$

釜液流出的速度一般取 $0.5\sim1.0\text{m/s}$。

（5）饱和蒸汽管 $d_{W,V}$

饱和蒸汽压力在 295kPa（表压）以下时，蒸汽在管中流速取为 $20\sim40\text{m/s}$；表压在 785kPa 以下时，流速取为 $40\sim60\text{m/s}$；表压在 2950kPa 以上时，流速取为 80m/s。

2.6　三氯硅烷-四氯硅烷筛板精馏塔设计示例

2.6.1　设计要求

在一常压操作的连续精馏塔内分离三氯硅烷-四氯硅烷混合物。已知原料液的组成为 26.32%（三氯硅烷的质量分数），要求塔顶馏出液的组成为 92.4%（三氯硅烷的质量分数），三氯甲烷的年产量为 12000t/a，塔底釜液的组成为 0.1%（三氯硅烷的质量分数）。

设计条件如下：

操作条件	4kPa
进料热状况	自选
回流比	自选
单板压降	$\leqslant0.9\text{kPa}$
全塔效率	E_T 由经验公式计算
建厂地址	安徽芜湖

根据以上工艺条件进行筛板塔的设计计算。

2.6.2　物料衡算

2.6.2.1　原料液及塔顶、塔底产品的摩尔分数和平均摩尔质量

由设计要求可知三氯硅烷产量为 12000t/a，则

$$每小时平均产量=\frac{12\times10^6}{7200}=1667\ (\text{kg/h})$$

进料自选为泡点进料。其中三氯硅烷为轻组分（三氯硅烷的摩尔质量为 135.43g/mol），四氯硅烷为重组分（四氯硅烷的摩尔质量为 170g/mol）。

产物中三氯硅烷为 92.4%（三氯硅烷的质量分数），塔顶产品的摩尔分数和平均摩尔质量分别为

$$x_D=\frac{92.4/135.43}{92.4/135.43+7.6/170}=\frac{0.682}{0.682+0.0447}=0.938$$

$$M_D=0.938\times135.43+0.062\times170=127.0333+10.54=137.573\ (\text{g/mol})$$

$$D=1667/137.573=12.117\text{kmol/h}$$

进料中三氯硅烷组成为 26.32%（三氯硅烷的质量分数），原料液的摩尔分数和平均摩尔质量分别为

$$x_F=\frac{26.31/135.43}{26.32/135.43+73.68/170}=\frac{0.194}{0.194+0.433}=0.309$$

$$M_F = 0.309 \times 135.43 + 0.691 \times 170 = 41.848 + 117.47 = 159.318 \text{（g/mol）}$$

釜液出料组成控制在 0.1％（三氯硅烷的质量分数）以内，塔底产品的摩尔分数和平均摩尔质量分别为

$$x_W = \frac{0.1/135.43}{0.1/135.43 + 99.9/170} = \frac{0.000738}{0.000738 + 0.587647} = 0.00125$$

$$M_W = 0.00125 \times 135.43 + 0.99875 \times 170 = 0.169 + 169.788 = 169.957 \text{（g/mol）}$$

2.6.2.2　物料衡算

全塔物料衡算

$$F = D + W$$

$$Fx_F = Dx_D + Wx_W$$

$$\frac{D}{x_F - x_W} = \frac{F}{x_D - x_W} = \frac{W}{x_D - x_F}$$

$$\frac{12.117}{0.309 - 0.00125} = \frac{F}{0.938 - 0.00125} = \frac{W}{0.938 - 0.309}$$

解得 $F = 36.883\text{kmol/h}$，$W = 24.766\text{kmol/h}$。

整理计算结果如下：$F = 36.883\text{kmol/h}$，$D = 12.117\text{kmol/h}$，$W = 24.766\text{kmol/h}$；$x_F = 0.309$，$x_D = 0.938$，$x_W = 0.00125$。

2.6.3　塔板数的确定

2.6.3.1　气液平衡数据的计算

由《兰氏化学手册》（第十三版中文版第十章）查得四氯硅烷的安托尼方程为

$$\lg p = 6.85726 - 1138.92/(t + 228.88)$$

式中　t——温度，℃；

p——四氯硅烷饱和蒸气压，mmHg[❶]。

适用温度 0～53℃。

四氯硅烷的另外一个安托尼方程为

$$\lg p = 6.0886 - 1175.50/(t + 231.11)$$

式中　t——温度，℃；

p——四氯硅烷饱和蒸气压，kPa。

适用温度 21～56.8℃。

由《兰氏化学手册》（第十三版中文版第十章）查得三氯硅烷的安托尼方程为

$$\lg p = 6.7739 - 1009.0/(t + 227.2)$$

式中　t——温度，℃；

p——三氯硅烷饱和蒸气压，mmHg。

适用温度 2～32℃。

三氯硅烷的另外一个安托尼方程为

$$p = \exp[42.504 + (-4149.6/T) + (-3.0393 \times \ln T) + (1.3111 \times 10^{-17}) \times T^6]/1000$$

式中　T——温度，K；

p——三氯硅烷饱和蒸气压，kPa。

适用温度 144.95～479K，即 -128.2～205.85℃。

利用上述四个公式进行压力的计算，并对计算结果进行对比，结果偏差较小；利用公式

---

❶　1mmHg=133.322Pa。

计算出 $SiHCl_3$ 和 $SiCl_4$ 在常压下的饱和蒸气压,再通过 $x_A = \dfrac{p - p_B^o}{p_A^o - p_B^o}$ 和 $y_A = \dfrac{p_A^o}{p} \times$

$\dfrac{p - p_B^o}{p_A^o - p_B^o}$,计算出 $SiHCl_3$ 的 x 和 y 值,将计算结果汇总于表 2-3。

表 2-3 常压条件下三氯硅烷-四氯硅烷溶液气液平衡数据

温度/℃	$SiCl_4$(饱和蒸气压)/kPa	$SiHCl_3$(饱和蒸气压)/kPa	x	y
32	41.77215456	101.5990613	0.995503	0.998146
32.5	42.59523049	103.3796536	0.96628	0.985825
33	43.43131546	105.1847546	0.937578	0.973245
33.5	44.28055861	107.0145963	0.909386	0.960402
34	45.14311	108.8694113	0.881691	0.947293
34.5	46.01912063	110.7494335	0.854482	0.933913
35	46.90874239	112.6548974	0.827748	0.920259
35.5	47.81212809	114.5860384	0.801479	0.906329
36	48.72943146	116.5430929	0.775663	0.892117
36.5	49.66080713	118.526298	0.750292	0.87762
37	50.60641062	120.5358919	0.725353	0.862836
37.5	51.56639838	122.5721134	0.700839	0.847758
38	52.54092773	124.6352023	0.67674	0.832385
38.5	53.53015691	126.7253991	0.653046	0.816713
39	54.53424502	128.8429453	0.629748	0.800736
39.5	55.55335209	130.9880831	0.606838	0.784452
40	56.587639	133.1610556	0.584307	0.767856
40.5	57.63726752	135.3621066	0.562146	0.750946
41	58.70240032	137.5914808	0.540349	0.733715
41.5	59.78320092	139.8494236	0.518905	0.716161
42	60.87983372	142.1361812	0.497809	0.69828
42.5	61.99246399	144.4520006	0.477053	0.680067
43	63.12125787	146.7971297	0.456628	0.661519
43.5	64.26638234	149.1718168	0.436528	0.64263
44	65.42800527	151.5763114	0.416746	0.623398
44.5	66.60629535	154.0108634	0.397276	0.603817
45	67.80142215	156.4757235	0.378109	0.583884
45.5	69.01355606	158.9711434	0.359241	0.563594
46	70.24286832	161.497375	0.340664	0.542942
46.5	71.48953102	164.0546714	0.322373	0.521926

温度/℃	SiCl$_4$(饱和蒸气压)/kPa	SiHCl$_3$(饱和蒸气压)/kPa	x	y
47	72.75371707	166.6432863	0.304361	0.500539
47.5	74.03560021	169.2634738	0.286622	0.478779
48	75.33535501	171.915489	0.269151	0.456639
48.5	76.65315686	174.5995877	0.251942	0.434116
49	77.98918198	177.3160261	0.23499	0.411206
49.5	79.34360737	180.0650613	0.218289	0.387903
50	80.71661087	182.8469511	0.201834	0.364204
50.5	82.1083711	185.6619536	0.18562	0.340103
51	83.51906751	188.510328	0.169642	0.315595
51.5	84.94888032	191.3923339	0.153895	0.290677
52	86.39799054	194.3082315	0.138374	0.265344
52.5	87.86657998	197.2582816	0.123075	0.23959
53	89.35483121	200.2427459	0.107993	0.213411
53.5	90.86292761	203.2618863	0.093124	0.186802
54	92.3910533	206.3159657	0.078463	0.159758
54.5	93.93939318	209.4052472	0.064007	0.132274
55	95.50813291	212.5299948	0.04975	0.104346
55.5	97.09745891	215.690473	0.03569	0.075969
56	98.70755835	218.8869468	0.021821	0.047137
56.5	100.3386192	222.1196817	0.008141	0.017845

2.6.3.2　*t-x-y* 相图和 *x-y* 相图

利用上图数据中的温度 t、x 和 y 的数据绘制 t-x-y 相图，见图 2-12；另外，利用 x 和 y 的数据绘制 x-y 相图，见图 2-13。

2.6.3.3　最小回流比和操作回流比

利用进料为泡点进料 $q=1$（q 线为通过 x_F 的竖直线），在 x-y 相图中通过图 2-14 中的方法可获得 R_{min} 下的精馏段操作线，即

$$y = \frac{R_{min}}{R_{min}+1}x + \frac{1}{R_{min}+1}x_D$$

通过此操作线的斜率 $\dfrac{R_{min}}{R_{min}+1}$，利用 a 和 q 两点间求斜率计算得 $R_{min}=2.289$。

计算方法如下：R_{min} 下的精馏段操作线经过 a、q 两点。a 点坐标为（0.938,0.938），q 点坐标为（0.309,0.500），利用两点间斜率法可求得此直线的斜率为

$$\frac{R_{min}}{R_{min}+1} = \frac{y_q - x_d}{x_q - x_d} = \frac{0.500 - 0.938}{0.309 - 0.938} = 0.696$$

则

$$R_{min} = 2.289$$

取操作回流比为

$$R = 1.4R_{min} = 3.205$$

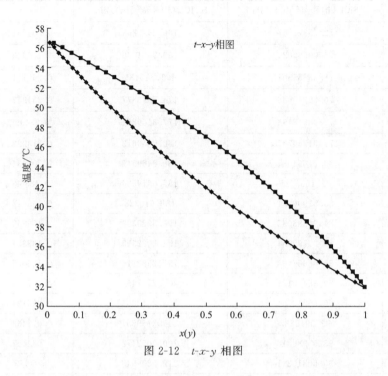

图 2-12 t-x-y 相图

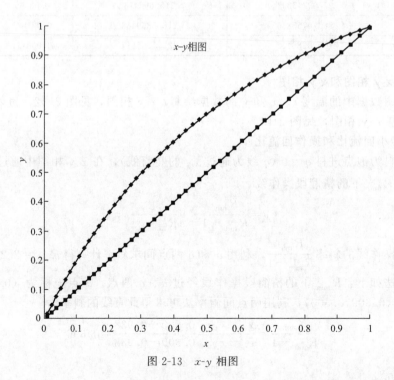

图 2-13 x-y 相图

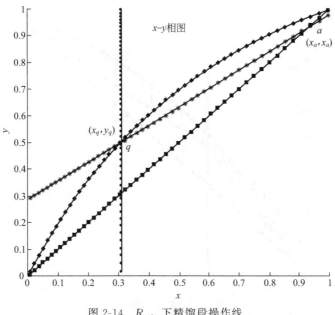

图 2-14　R_{min} 下精馏段操作线

2.6.3.4　塔的气液相负荷

$$L = RD = 3.205 \times 12.117 = 38.835 \text{（kmol/h）}$$

$$V = L + D = 38.835 + 12.117 = 50.952 \text{（kmol/h）}$$

$$L' = L + F = 38.835 + 36.883 = 75.718 \text{（kmol/h）}$$

$$V' = V = 50.952 \text{kmol/h}$$

2.6.3.5　操作线方程

精馏段操作线方程

$$y_{n+1} = \frac{R}{R+1} x_n + \frac{1}{R+1} x_D = \frac{3.205}{3.205+1} x_n + \frac{1}{3.205+1} \times 0.938 = 0.762 x_n + 0.223$$

提馏段操作线方程

$$y'_{m+1} = \frac{L'}{L'-W} x'_m - \frac{W}{L'-W} x_W = \frac{75.718}{75.718-24.766} x'_m - \frac{24.766}{75.718-24.766} \times 0.00125$$

$$= 1.486 x'_m - 0.000608$$

2.6.3.6　图解法求算理论板数

采用逐板画图法求理论板层数，如图 2-15～图 2-17 所示。求解的结果为：

总理论板层数　　　　　　　$N_T = 24.7$（包括再沸器）

进料板位置　　　　　　　　$N_F = 7$

2.6.3.7　实际板层数

理论板层数与实际板层数的关系为

$$E_T = \frac{N_T}{N_P} = 0.49 \times (\alpha_m \mu_L)^{-0.245}$$

式中　α_m——塔顶、进料和塔底的平均相对挥发度；

　　　μ_L——塔顶、进料和塔底的平均液相黏度，mPa·s。

（1）全塔平均相对挥发度 α_m

$$\alpha_m = \sqrt[3]{\alpha_D \alpha_F \alpha_W}$$

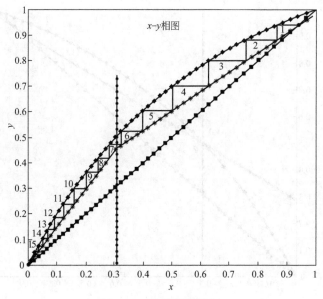

图 2-15　塔板梯级图 I

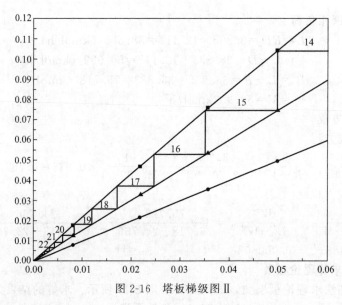

图 2-16　塔板梯级图 II

式中　α_D——塔顶相对挥发度；

　　　α_F——进料相对挥发度；

　　　α_W——塔底的相对挥发度。

$$\alpha_D = \frac{p_{SA}}{p_{SB}} = \frac{105.185}{43.431} = 2.422$$

$$\alpha_F = \frac{p_{SA}}{p_{SB}} = \frac{165.983}{72.431} = 2.292$$

$$\alpha_W = \frac{p_{SA}}{p_{SB}} = \frac{223.979322}{101.278106} = 2.212$$

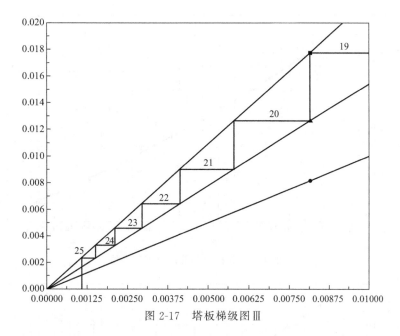

图 2-17　塔板梯级图Ⅲ

$$\alpha_{\mathrm{m}} = \sqrt[3]{\alpha_{\mathrm{D}}\alpha_{\mathrm{F}}\alpha_{\mathrm{W}}} = \sqrt[3]{2.422 \times 2.292 \times 2.212} = 2.307$$

式中，P_{SA}、P_{SB} 为组分 A、B 的饱和蒸气压，可由表 2-3 查得。

（2）塔顶温度 t_{D}、进料板温度 t_{F}、塔底温度 t_{W} 及全塔平均温度 t_{m}

根据塔顶、进料板和塔底的组成，再通过查 t-x-y 相图即可获得塔体各处的温度

$x_{\mathrm{D}} = 0.938$　　　　　　　　$t_{\mathrm{D}} = 34.35℃$

$x_{\mathrm{F}} = 0.280$　　　　　　　　$t_{\mathrm{F}} = 47.69℃$

$x_{\mathrm{W}} = 0.00125$　　　　　　　$t_{\mathrm{W}} = 56.75℃$

$$t_{\mathrm{m}} = \frac{t_{\mathrm{D}} + t_{\mathrm{F}} + t_{\mathrm{W}}}{3} = \frac{34.35 + 47.69 + 56.75}{3} = \frac{138.79}{3} = 46.26 \ (℃)$$

（3）双组分系统的 μ_{L}

$$\mu_{\mathrm{mi}} = x_{\mathrm{A}i}\mu_{\mathrm{mAL}} + x_{\mathrm{B}i}\mu_{\mathrm{mBL}}$$

$$\mu_{\mathrm{L}} = \frac{\mu_{\mathrm{mD}} + \mu_{\mathrm{mF}} + \mu_{\mathrm{mW}}}{3}$$

式中　μ_{mi}——塔顶、进料板、塔底各处液相平均黏度，mPa·s；

　　　$x_{\mathrm{A}i}$——塔顶、进料板、塔底各处的液相中易挥发组分的摩尔分数；

　　　$x_{\mathrm{B}i}$——塔顶、进料板、塔底各处的液相中难挥发组分的摩尔分数；

　　μ_{mAL}——塔顶、进料板、塔底各处的液相中易挥发组分的平均黏度，mPa·s；

　　μ_{mBL}——塔顶、进料板、塔底各处的液相中难挥发组分的平均黏度，mPa·s；

　　μ_{mD}——塔顶液相平均黏度，mPa·s；

　　μ_{mF}——进料液相平均黏度，mPa·s；

　　μ_{mW}——塔底液相平均黏度，mPa·s。

一般液体物料黏度的计算可参考 Bruce E. Poling，John M. Prausnitz 和 John P. O'Connell 编著的《气液物性估算手册》第五版译本（化学工业出版社出版）第九章黏度相关内容。但由于三氯硅烷和四氯硅烷物料的特殊性，在这里采用 Aspen Plus 来辅助求算，通过 Aspen Plus 获得三氯硅烷和四氯硅烷物料的黏度与温度曲线关系，具体曲线关系见图 2-18 和图 2-19。

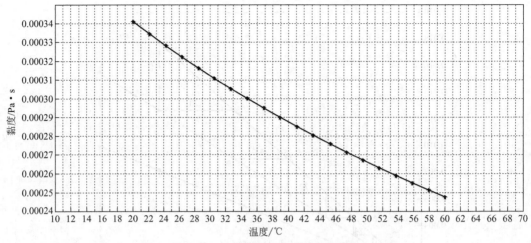

图 2-18　三氯硅烷的黏度与温度曲线

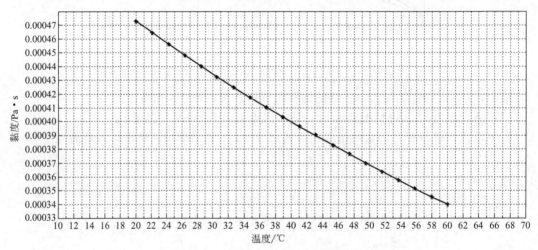

图 2-19　四氯硅烷的黏度与温度曲线

通过查上图可以获得平均温度 t_m 为 46.26℃时，三氯硅烷的黏度 μ_{mAL} 为 0.0002755Pa·s，四氯硅烷的黏度 μ_{mBL} 为 0.0003825Pa·s。

$$\mu_{mD} = x_{AD}\mu_{mAL} + x_{BD}\mu_{mBL} = 0.938 \times 0.0002755 + (1-0.938) \times 0.0003825$$
$$= 0.0002584 + 0.00002372 = 0.000282 \ (Pa·s)$$

$$\mu_{mF} = x_{AF}\mu_{mAL} + x_{BF}\mu_{mBL} = 0.309 \times 0.0002755 + (1-0.309) \times 0.0003825$$
$$= 0.00008513 + 0.0002643 = 0.000349 \ (Pa·s)$$

$$\mu_{mW} = x_{AW}\mu_{mAL} + x_{BW}\mu_{mBL} = 0.00125 \times 0.0002755 + (1-0.00125) \times 0.0003825$$
$$= 0.000000344 + 0.000382 = 0.000382 \ (Pa·s)$$

将以上计算结果代入相应公式可得

$$\mu_L = \frac{\mu_{mD} + \mu_{mF} + \mu_{mW}}{3} = \frac{0.000282 + 0.000349 + 0.000382}{3}$$
$$= 0.000338 \ (Pa·s) = 0.338 \ (mPa·s)$$

$$E_T = 0.49 \times (\alpha_m \mu_L)^{-0.245} = 0.49 \times (2.307 \times 0.338)^{-0.245} = 0.49 \times 1.0628 = 0.521$$

精馏段实际板数　　　　　　　$N_{精} = \dfrac{6}{0.521} = 11.5 \approx 12$

提馏段实际板数 $\qquad N_{提} = \dfrac{18.7}{0.521} = 35.9 \approx 36$

全塔实际板数 $\qquad N_{P} = \dfrac{N_{T}}{0.521} = \dfrac{24.7}{0.521} = 47.4 \approx 48$

2.6.4 精馏塔的工艺条件及有关物性数据

2.6.4.1 精馏段和提馏段各自平均压力

(1) 精馏段平均压力

塔顶操作压力 $\qquad p_{D} = 101.33\text{kPa}$

每层塔板压降 $\qquad \Delta p = 0.9\text{kPa}$

进料板压力 $\qquad p_{F} = 101.33 + N_{精} \times 0.9 = 101.33 + 12 \times 0.9 = 112.13$ (kPa)

精馏段平均压力 $\qquad p_{Dm} = (p_{D} + p_{F})/2 = (101.33 + 112.13)/2 = 106.73$ (kPa)

(2) 提馏段平均压力

进料板压力 $\qquad p_{F} = 112.13\text{kPa}$

每层塔板压降 $\qquad \Delta p = 0.9\text{kPa}$

塔底操作压力 $\qquad p_{W} = 112.13 + N_{提} \times 0.9 = 112.13 + 36 \times 0.9 = 144.53$ (kPa)

提馏段平均压力 $\qquad p_{Wm} = (p_{W} + p_{F})/2 = (112.13 + 144.53)/2 = 128.33$ (kPa)

2.6.4.2 精馏段和提馏段各自平均摩尔质量

(1) 精馏段平均摩尔质量

① 塔顶气相平均摩尔质量和液相平均摩尔质量 由 $x_{D} = 0.938$，所以 $y_{1} = x_{D} = 0.938$，再查气液平衡曲线图，得

$$y_{1} = 0.938 ; \quad x_{1} = 0.863$$

$$\begin{aligned} M_{VDm} &= y_{1}M_{A} + (1 - y_{1})M_{B} = 0.938 \times 135.43 + (1 - 0.938) \times 170 \\ &= 127.033 + 10.54 = 137.573 \text{ (kg/kmol)} \end{aligned}$$

$$\begin{aligned} M_{LDm} &= x_{1}M_{A} + (1 - x_{1})M_{B} = 0.863 \times 135.43 + (1 - 0.863) \times 170 \\ &= 116.876 + 23.29 = 140.166 \text{ (kg/kmol)} \end{aligned}$$

② 进料板气相平均摩尔质量和液相平均摩尔质量 由图解理论板中可以获得进料板处气相组成，查气液平衡曲线图得

$$y_{F} = 0.470 ; \quad x_{F} = 0.280$$

$$\begin{aligned} M_{VFm} &= y_{F}M_{A} + (1 - y_{F})M_{B} = 0.470 \times 135.43 + (1 - 0.470) \times 170 \\ &= 63.652 + 90.1 = 153.752 \text{ (kg/kmol)} \end{aligned}$$

$$\begin{aligned} M_{LFm} &= x_{F}M_{A} + (1 - x_{F})M_{B} = 0.280 \times 135.43 + (1 - 0.280) \times 170 \\ &= 37.920 + 122.4 = 160.320 \text{ (kg/kmol)} \end{aligned}$$

③ 精馏段平均摩尔质量

$$M_{Vm} = (M_{VDm} + M_{VFm})/2 = (137.573 + 153.752)/2 = 145.663 \text{ (kg/kmol)}$$

$$M_{Lm} = (M_{LDm} + M_{LFm})/2 = (140.166 + 160.320)/2 = 150.243 \text{ (kg/kmol)}$$

(2) 提馏段平均摩尔质量

① 进料板气相平均摩尔质量和液相平均摩尔质量

$$M_{VFm} = y_{F}M_{A} + (1 - y_{F})M_{B} = 153.752 \text{ (kg/kmol)}$$

$$M_{LFm} = x_{F}M_{A} + (1 - x_{F})M_{B} = 160.320 \text{ (kg/kmol)}$$

② 塔底气相平均摩尔质量和液相平均摩尔质量 由 $x_{W} = 0.00125$，查气液平衡曲线图，得 $y_{W} = 0.00271$

$$M'_{VWm} = y_W M_A + (1-y_W)M_B = 0.00271 \times 135.43 + (1-0.00271) \times 170$$
$$= 0.367 + 169.539 = 169.906 \ (\text{kg/kmol})$$

$$M'_{LWm} = x_W M_A + (1-x_W)M_B = 0.00125 \times 135.43 + (1-0.00125) \times 170$$
$$= 0.169 + 169.788 = 169.957 \ (\text{kg/kmol})$$

③ 提馏段平均摩尔质量

$$M'_{Vm} = (M_{VFm} + M'_{VWm})/2 = (153.752 + 169.906)/2 = 161.829 \ (\text{kg/kmol})$$
$$M'_{Lm} = (M_{LFm} + M'_{LWm})/2 = (160.320 + 169.957)/2 = 165.139 \ (\text{kg/kmol})$$

2.6.4.3 精馏段和提馏段各自平均温度

（1）精馏段平均温度

根据塔顶、进料板的组成，再通过查 $t\text{-}x\text{-}y$ 相图即可获得塔体各处的温度：

$y_D = 0.938$　　　　　　　　$t_D = 34.35℃$
$x_F = 0.280$　　　　　　　　$t_F = 47.69℃$

$$t_{m精馏段} = \frac{t_D + t_F}{2} = \frac{34.35 + 47.69}{2} = \frac{82.04}{2} = 41.02 \ (℃)$$

（2）提馏段平均温度

根据进料板、塔底的组成，再通过查 $t\text{-}x\text{-}y$ 相图即可获得塔体各处的温度：

$x_F = 0.280$　　　　　　　　$t_F = 47.69℃$
$x_W = 0.00125$　　　　　　　$t_W = 56.75℃$

$$t_{m提馏段} = \frac{t_F + t_W}{2} = \frac{47.69 + 56.75}{2} = \frac{104.44}{2} = 52.22 \ (℃)$$

2.6.4.4 精馏段和提馏段各自平均密度

（1）精馏段平均密度

① 精馏段气相平均密度

$$\rho_{Vm精馏段} = \frac{p_m M_{Vm}}{RT_m} = \frac{106.73 \times 145.663}{8.314 \times (273.15 + 41.02)} = \frac{15546.612}{2612.009} = 5.952 \ (\text{kg/m}^3)$$

② 精馏段液相平均密度　精馏段液相平均密度的计算公式为

$$\rho_{Lm精馏段} = \frac{\rho_{LDm精馏段} + \rho_{LFm进料板}}{2}$$

$\rho_{LDm精馏段}$（精馏段塔顶液相平均密度）和 $\rho_{LFm进料板}$（提馏进料板液相平均密度）的计算公式为

$$\frac{1}{\rho_{Lm}} = \sum \frac{\alpha_i}{\rho_i} \quad \text{或者} \quad \rho_{Lm} = 1 \bigg/ \left(\sum \frac{\alpha_i}{\rho_i} \right)$$

式中　α_i——i 组分质量分数；

　　　ρ_i——i 组分的密度，kg/m^3；

　　　ρ_{Lm}——液相平均密度，kg/m^3。

a. 塔顶液相平均密度 $\rho_{LDm精馏段}$ 的计算。由塔顶温度 $t_D = 34.35℃$，塔顶质量分数

$$\alpha_{DA} = \frac{x_A M_A}{x_A M_A + x_B M_B} = \frac{0.863 \times 135.43}{0.863 \times 135.43 + (1-0.863) \times 170} = \frac{116.876}{116.876 + 23.29} = 0.834$$

由此数据可直接查图（《化工物性算图手册》[❶] 71 页 1.71 氯硅烷混合液密度共线图）
得：$\rho_{LDm精馏段} = 1332\text{kg/m}^3$。

---

❶ 刘光启，马连湘，邢志有主编，第一版，2002 年，化学工业出版社出版。

b.进料板液相平均密度 $\rho_{\text{LFm进料板}}$ 的计算。由进料板温度 $t_F = 47.69℃$，塔顶质量分数

$$\alpha_{\text{DA}} = \frac{x_A M_A}{x_A M_A + x_B M_B} = \frac{0.280 \times 135.43}{0.280 \times 135.43 + (1-0.280) \times 170} = \frac{37.920}{37.920 + 122.4} = 0.237$$

由此数据查《化工物性算图手册》71 页 1.71 氯硅烷混合液密度得：$\rho_{\text{LFm进料板}} = 1388 \text{kg/m}^3$，所以

$$\rho_{\text{Lm精馏段}} = \frac{\rho_{\text{LDm精馏段}} + \rho_{\text{LFm进料板}}}{2} = \frac{1332 + 1388}{2} = 1360 \ (\text{kg/m}^3)$$

（2）提馏段平均密度

① 提馏段气相平均密度

$$\rho_{\text{Vm提馏段}} = \frac{p_m M_{\text{Vm}}}{R T_m} = \frac{128.33 \times 161.829}{8.314 \times (273.15 + 52.22)} = \frac{20767.516}{2705.126} = 7.677 \ (\text{kg/m}^3)$$

② 提馏段液相平均密度　提馏段液相平均密度的计算公式为

$$\rho_{\text{Lm提馏段}} = \frac{\rho_{\text{LFm进料板}} + \rho_{\text{LWm提馏段}}}{2}$$

$\rho_{\text{LFm进料板}}$（提馏进料板液相平均密度）和 $\rho_{\text{LWm提馏段}}$（提馏段塔底液相平均密度）的计算公式为

$$\frac{1}{\rho_{\text{Lm}}} = \sum \frac{\alpha_i}{\rho_i} \quad \text{或者} \quad \rho_{\text{Lm}} = 1 \Big/ \Big(\sum \frac{\alpha_i}{\rho_i} \Big)$$

式中　α_i——i 组分质量分数；

ρ_i——i 组分的密度，kg/m^3；

ρ_{Lm}——液相平均密度，kg/m^3。

a.进料板液相平均密度 $\rho_{\text{LFm进料板}}$ 的计算。由进料板温度 $t_F = 47.69℃$，塔顶质量分数

$$\alpha_{\text{DA}} = \frac{x_A M_A}{x_A M_A + x_B M_B} = \frac{0.280 \times 135.43}{0.280 \times 135.43 + (1-0.280) \times 170}$$

$$= \frac{37.920}{37.920 + 122.4} = 0.237$$

由此数据查《化工物性算图手册》71 页 1.71 氯硅烷混合液密度得：$\rho_{\text{LFm进料板}} = 1388 \text{kg/m}^3$。

b.塔底液相平均密度 $\rho_{\text{LWm提馏段}}$ 的计算。由塔底温度 $t_W = 56.75℃$，塔顶质量分数

$$\alpha_{\text{WA}} = \frac{x_A M_A}{x_A M_A + x_B M_B} = \frac{0.00125 \times 135.43}{0.00125 \times 135.43 + (1-0.00125) \times 170}$$

$$= \frac{0.169}{0.169 + 169.788} = 0.000994$$

由此数据查《化工物性算图手册》71 页 1.71 氯硅烷混合液密度得：$\rho_{\text{LWm提馏段}} = 1402 \text{kg/m}^3$，所以

$$\rho_{\text{Lm提馏段}} = \frac{\rho_{\text{LFm进料板}} + \rho_{\text{LWm提馏段}}}{2} = \frac{1388 + 1402}{2} = 1395 \ (\text{kg/m}^3)$$

2.6.4.5　精馏段和提馏段液相平均表面张力

液相平均表面张力 σ_{Lm} 的计算关系为

$$\sigma_{Lm} = \sum(x_i\sigma_i)$$

式中　σ_{Lm}——物料表面张力，dyn/cm 或 mN/m；

　　　x_i——i 物料在液相中的摩尔分数；

　　　σ_i——i 物料的表面张力，dyn/cm 或 mN/m。

液相各物料表面张力的计算关系为

$$\sigma_i = a - bt$$

式中　a，b——常数；

　　　t——温度，℃。

由《兰氏化学手册》（第十三版中文版）第 10 章表 10-34（10-100）可查得：

四氯硅烷　　$a = 20.78$　　$b = 0.09962$

三氯硅烷　　$a = 20.43$　　$b = 0.1076$

（1）精馏段液相平均表面张力

① 塔顶液相平均表面张力　由 $t_D = 34.35$℃、$x_D = 0.938$ 利用上述 $\sigma_i = a - bt$ 计算关系式计算得

$$\sigma_{D,A} = a - bt = 20.43 - 0.1076 \times 34.35 = 16.734 \text{（mN/m）}$$

$$\sigma_{D,B} = a - bt = 20.78 - 0.09962 \times 34.35 = 17.358 \text{（mN/m）}$$

$$\sigma_{LDm} = \sum(x_i\sigma_i) = x_D\sigma_{D,A} + (1 - x_D)\sigma_{D,B} = 0.938 \times 16.734 + (1 - 0.938) \times 17.358$$
$$= 15.696 + 1.076 = 16.772 \text{（mN/m）}$$

② 进料板液相平均表面张力　由 $t_{进料板} = 47.69$℃、$x_{进料板} = 0.280$ 利用上述 $\sigma_i = a - bt$ 计算关系式计算得

$$\sigma_{F,A} = a - bt = 20.43 - 0.1076 \times 47.69 = 15.299 \text{（mN/m）}$$

$$\sigma_{F,B} = a - bt = 20.78 - 0.09962 \times 47.69 = 16.029 \text{（mN/m）}$$

$$\sigma_{LFm} = \sum(x_i\sigma_i) = x_{进料板}\sigma_{F,A} + (1 - x_{进料板})\sigma_{F,B} = 0.280 \times 15.299 + (1 - 0.280) \times 16.029$$
$$= 4.284 + 11.541 = 15.825 \text{（mN/m）}$$

精馏段平均表面张力

$$\sigma_{Lm精馏段} = \frac{\sigma_{LDm} + \sigma_{LFm}}{2} = \frac{16.772 + 15.825}{2} = 16.299 \text{（mN/m）}$$

（2）提馏段液相平均表面张力

① 进料板液相平均表面张力　由 $t_F = 47.69$℃、$x_F = 0.280$ 利用上述 $\sigma_i = a - bt$ 计算关系式计算得

$$\sigma_{F,A} = a - bt = 20.43 - 0.1076 \times 47.69 = 15.299 \text{（mN/m）}$$

$$\sigma_{F,B} = a - bt = 20.78 - 0.09962 \times 47.69 = 16.029 \text{（mN/m）}$$

$$\sigma_{LFm} = \sum(x_i\sigma_i) = x_F\sigma_{F,A} + (1 - x_F)\sigma_{F,B} = 0.280 \times 15.299 + (1 - 0.280) \times 16.029$$
$$= 4.284 + 11.541 = 15.825 \text{（mN/m）}$$

② 塔底液相平均表面张力　由 $t_W = 56.75$℃、$x_W = 0.00125$ 利用上述 $\sigma_i = a - bt$ 计算关系式计算得

$$\sigma_{W,A} = a - bt = 20.43 - 0.1076 \times 56.75 = 14.324 \text{（mN/m）}$$

$$\sigma_{W,B} = a - bt = 20.78 - 0.09962 \times 56.75 = 15.127 \text{（mN/m）}$$

$$\sigma_{LWm} = \sum(x_i\sigma_i) = x_W\sigma_{W,A} + (1 - x_W)\sigma_{W,B} = 0.00125 \times 14.324 + (1 - 0.00125) \times 15.127$$
$$= 0.0179 + 15.108 = 15.126 \text{（mN/m）}$$

提馏段平均表面张力

$$\sigma_{\text{Lm提馏段}} = \frac{\sigma_{\text{LFm}} + \sigma_{\text{LWm}}}{2} = \frac{15.825 + 15.126}{2} = 15.476 \ (\text{mN/m})$$

2.6.4.6 精馏段和提馏段各自平均黏度

液体物料黏度的计算参考 Bruce E. Poling，John M. Prausnitz 和 John P. O'Connell 编著的《气液物性估算手册》第五版中译本（2006 年，化学工业出版社出版）第九章 9.10 节 363 页内容，计算方法大致有以下三种。

方法 a——可利用 Andrade 方程计算，其关系为

$$\lg \mu_T = A + \frac{B}{T}$$

式中的 A 和 B 值可查 Barrer，Trans. Faraday Soc.；39，48（1943）。

方法 b——可利用 Vogel 方程计算，其关系为

$$\lg \mu = A + \frac{B}{T + C}$$

式中的 A、B 和 C 值，Golelz 和 Tassios（1977）有报道给出。

方法 c——可利用 Lewis-Squires 关联式，其关系为

$$\mu_T^{-0.2661} = \mu_K^{-0.2661} + \frac{T + T_K}{233}$$

式中
μ_T——T 温度下的液相黏度，cP；

μ_K——T_K 温度下的液相黏度，cP；

T，T_K——液相温度，℃ 或 K。

根据 Andrade 方程 $\lg \mu = A + \frac{B}{T}$，通过两个温度下的物质黏度数据，可以获得此物质的系数 A 和 B。

三氯硅烷计算如下，查《兰氏化学手册》第 15 版第 5 章 134 页表 5.18 得

$$0℃ \quad 0.415\text{mPa} \cdot \text{s}$$
$$25℃ \quad 0.326\text{mPa} \cdot \text{s}$$

将数据代入 Andrade 方程，解得

$$A = -1.622 \qquad B = 338.71$$

即三氯硅烷的 Andrade 方程是

$$\lg \mu = -1.622 + \frac{338.71}{T}$$

四氯硅烷计算如下，查《兰氏化学手册》英文第 15 版第 5 章 134 页表 5.18 得

$$25℃ \quad 99.4\text{mPa} \cdot \text{s}$$
$$50℃ \quad 96.2\text{mPa} \cdot \text{s}$$

将数据代入 Andrade 方程，解得

$$A = 1.816 \qquad B = 53.85$$

即四氯硅烷的 Andrade 方程是

$$\lg \mu = 1.816 + \frac{53.85}{T}$$

（1）精馏段平均黏度

由塔顶温度 $t_D = 34.35℃$、$x_{AD} = 0.938$、$x_{BD} = 0.062$ 计算得

$$\mu_{AD} = 0.302\text{mPa} \cdot \text{s} \qquad \mu_{BD} = 97.977\text{mPa} \cdot \text{s}$$

$\lg\mu_{LmD}=\mu_{AD}x_A+\mu_{BD}x_B=0.302\times0.938+97.977\times0.062=0.283+6.075=6.358$（mPa·s）

由进料板温度 $t_F=47.69℃$、$x_{AF}=0.280$、$x_{BF}=0.720$ 计算得

$$\mu_{AF}=0.271mPa·s \qquad \mu_{BF}=96.348mPa·s$$

$$\lg\mu_{LmF}=\mu_{AF}x_A+\mu_{BF}x_B=0.271\times0.280+96.348\times0.720=0.07588+69.371$$
$$=69.447（mPa·s）$$

精馏段的平均黏度为

$$\mu_{精馏段}=\frac{\mu_{LmD}+\mu_{LmF}}{2}=\frac{6.358+69.447}{2}=37.903（mPa·s）$$

（2）提馏段平均黏度

由进料板温度 $t_F=47.69℃$、$x_{AF}=0.280$、$x_{BF}=0.720$ 计算得

$$\mu_{AF}=0.271mPa·s \qquad \mu_{BF}=96.348mPa·s$$

$$\lg\mu_{LmF}=\mu_{AF}x_A+\mu_{BF}x_B=0.271\times0.280+96.348\times0.720$$
$$=0.07588+69.371=69.447（mPa·s）$$

由塔底温度 $t_W=56.75℃$、$x_{AW}=0.00125$、$x_{BW}=0.99815$ 计算得

$$\mu_{AW}=0.254mPa·s \qquad \mu_{BW}=95.33mPa·s$$

$\lg\mu_{LmW}=\mu_{AW}x_A+\mu_{BW}x_B=0.254\times0.00125+95.33\times0.99815=0.000318+95.154$
$$=95.154（mPa·s）$$

提馏段的平均黏度为

$$\mu_{提馏段}=\frac{\mu_{LmF}+\mu_{LmW}}{2}=\frac{69.447+95.154}{2}=82.3005（mPa·s）$$

2.6.5　精馏塔的塔体工艺尺寸计算
2.6.5.1　精馏塔的气液负荷
（1）精馏段

$$L_S=38.835kmol/h=\frac{LM_{Lm}}{3600\rho_{Lm}}m^3/s=\frac{38.835\times150.243}{3600\times1360}m^3/s=\frac{5834.687}{4896000}m^3/s=0.00119m^3/s$$

$$V_S=50.952kmol/h=\frac{VM_{Vm}}{3600\rho_{Vm}}m^3/s=\frac{50.952\times145.663}{3600\times5.885}m^3/s=\frac{7421.821}{21186}m^3/s=0.350m^3/s$$

（2）提馏段

$$L'_S=75.718kmol/h=\frac{L'M'_{Lm}}{3600\rho'_{Lm}}m^3/s=\frac{75.718\times165.139}{3600\times1395}m^3/s=\frac{12503.995}{5022000}m^3/s=0.00249m^3/s$$

$$V'_S=50.952kmol/h=\frac{V'M'_{Vm}}{3600\rho'_{Vm}}m^3/s=\frac{50.952\times161.829}{3600\times7.318}m^3/s=\frac{8245.511}{26344.8}m^3/s=0.313m^3/s$$

2.6.5.2　塔径的计算
（1）精馏段塔径的确定

初设塔板间距 $H_T=0.36m$，取板上液层高度 $h_1=0.06m$，则

$$H_T-h_1=0.36-0.06=0.30（m）$$

$$\left(\frac{L_h}{V_h}\right)\times\left(\frac{\rho_L}{\rho_V}\right)^{1/2}=\left(\frac{0.00119}{0.350}\right)\times\left(\frac{1360}{5.952}\right)^{1/2}=0.0034\times228.495^{1/2}=0.0514$$

通过以上数据，查图 2-2 得

$$C_{20}=0.0625$$

$$C=C_{20}\left(\frac{\sigma_{m}}{20}\right)^{0.2}=0.0625\times\left(\frac{16.299}{20}\right)^{0.2}=0.06$$

$$u_{max}=C\sqrt{\frac{\rho_{L}-\rho_{V}}{\rho_{V}}}=0.06\times\sqrt{\frac{1360-5.952}{5.952}}=0.905\ （m/s）$$

$u=(0.6\sim0.8)u_{max}$，取

$$u=0.7\times u_{max}=0.7\times0.905=0.634\ （m/s）$$

估算塔径　　　　$$D_{精馏段}=\sqrt{\frac{4V_{S}}{\pi u}}=\sqrt{\frac{4\times0.350}{3.14\times0.634}}\approx0.84\ （m）$$

（2）提馏段塔径的确定

初设塔板间距 $H'_{T}=0.36m$，取板上液层高度 $h'_{1}=0.06m$，则

$$H'_{T}-h'_{1}=0.36-0.06=0.30\ （m）$$

$$\left(\frac{L'_{h}}{V'_{h}}\right)\times\left(\frac{\rho'_{L}}{\rho'_{V}}\right)^{1/2}=\left(\frac{0.00249}{0.313}\right)\times\left(\frac{1395}{7.677}\right)^{1/2}=0.00796\times181.712^{1/2}=0.107$$

通过以上数据，查图 2-2 得

$$C_{20}=0.0575$$

$$C=C_{20}\left(\frac{\sigma_{m}}{20}\right)^{0.2}=0.0575\times\left(\frac{15.476}{20}\right)^{0.2}=0.0546$$

$$u_{max}=C\sqrt{\frac{\rho'_{L}-\rho'_{V}}{\rho'_{V}}}=0.0546\times\sqrt{\frac{1395-7.677}{7.677}}=0.734\ （m/s）$$

$u'=(0.6\sim0.8)u'_{max}$，取

$$u'=0.7\times u'_{max}=0.7\times0.734=0.514\ （m/s）$$

估算塔径　　　　$$D_{提馏段}=\sqrt{\frac{4V'_{S}}{\pi u'}}=\sqrt{\frac{4\times0.298}{3.14\times0.514}}=0.859\ （m）$$

按照标准塔塔径对精馏塔全塔进行塔径圆整，圆整后精馏塔塔径为 D

$$D=0.900m$$

则塔截面积

$$A_{T}=\frac{\pi}{4}D^{2}=\frac{3.14}{4}\times0.9^{2}=0.636\ （m^{2}）$$

空塔气速

$$u=\frac{V_{S}}{A_{T}}=\frac{0.346}{0.636}=0.544\ （m/s）$$

2.6.5.3　精馏塔有效高度

（1）精馏段有效高度

$$Z_{精}=(N_{精}-1)H_{T}=11\times0.36=3.96\ （m）$$

（2）提馏段有效高度

$$Z_{提}=(N_{提}-1)H_{T}=35\times0.36=12.6\ （m）$$

出于对设备维修的考虑，在进料板位置架设一人孔，其高度为 0.8m，故精馏塔总的有效高度

$$Z=Z_{精}+0.8+Z_{提}=3.96+0.8+12.6=17.36\ （m）$$

2.6.6　溢流装置工艺尺寸

2.6.6.1　精馏段溢流装置计算

选用单流型弓形降液管，不设进口堰，各项计算如下。

(1) 堰长 l_W

取 $l_W = 0.7D = 640\text{mm} = 0.64\text{m}$。

(2) 溢流堰高度 h_W

由公式

$$h_W = h_L - h_{OW}$$

进行计算，按照公式

$$h_{OW} = \frac{2.84}{1000} E \left(\frac{L_h}{l_W}\right)^{2/3}$$

计算平直堰、堰上液层高度 h_{OW}，可近似取 $E=1$，因 $l_W = 0.64\text{m}$

$$L_h = 0.000119 \times 3600 = 4.284 \text{（m}^3/\text{h）}$$

故

$$h_{OW} = \frac{2.84}{1000} \times 1 \times \left(\frac{4.284}{0.64}\right)^{2/3} = 0.0101 \text{（m）}$$

取板上清液层高度

$$h_L = 60\text{mm} = 0.06\text{m}$$
$$h_W = h_L - h_{OW} = 0.06 - 0.0101 = 0.0499 \text{（m）}$$

(3) 弓形降液管宽度 W_d 和面积 A_f

由 $l_W/D = 0.7$，查图 2-6 得

$$A_f/A_T = 0.09, \ W_d/D = 0.15$$

故

$$A_f = 0.09 \times 0.636 = 0.057 \text{（m}^2\text{）}$$
$$W_d = 0.15 \times 0.9 = 0.135 \text{（m）}$$

依据公式

$$\theta = \frac{3600 A_f H_T}{L_h} \geqslant 3 \sim 5$$

验证液体在降液管中的停留时间是否合理，即

$$\theta = \frac{3600 A_f H_T}{L_h} = \frac{3600 \times 0.057 \times 0.36}{4.284} = 17.244 \text{（s）} > 5\text{s}$$

故可用。

(4) 降液管底隙高度 h_O

根据公式

$$h_O = \frac{L_h}{3600 l_W u_{0'}}$$

取

$$u_{0'} = 0.08\text{m/s}$$

则

$$h_O = \frac{L_h}{3600 l_W u_{0'}} = \frac{4.284}{3600 \times 0.64 \times 0.08} = 0.0232 \text{（m）}$$
$$h_W - h_O = 0.0499 - 0.0232 = 0.0267 \text{（m）} > 0.006\text{m}$$

故降液管底隙高度设计合理。

2.6.6.2　提馏段溢流装置计算

选用单流型弓形降液管，不设进口堰，各项计算如下。

（1）堰长 l'_W

取 $l'_W = 0.7D = 640\text{mm} = 0.64\text{m}$。

（2）溢流堰高度 h'_W

由公式

$$h'_W = h'_L - h'_{OW}$$

进行计算，按照公式

$$h'_{OW} = \frac{2.84}{1000}E\left(\frac{L'_h}{l'_W}\right)^{2/3}$$

计算平直堰、堰上液层高度 h'_{OW}，可近似取 $E = 1$，因 $l'_W = 0.64\text{m}$

$$L'_h = 0.00249 \times 3600 = 8.964 \ (\text{m}^3/\text{h})$$

故

$$h'_{OW} = \frac{2.84}{1000} \times 1 \times \left(\frac{8.964}{0.64}\right)^{2/3} = 0.0165 \ (\text{m})$$

取板上清液层高度

$$h'_L = 60\text{mm} = 0.06\text{m}$$

$$h'_W = h'_L - h'_{OW} = 0.06 - 0.0165 = 0.0435 \ (\text{m})$$

（3）弓形降液管宽度 W'_d 和面积 A'_f

由 $l'_W/D = 0.7$，查图 2-6，得

$$A'_f/A'_T = 0.09, \quad W'_d/D = 0.15$$

故

$$A'_f = 0.09 \times 0.636 = 0.057 \ (\text{m}^2)$$

$$W'_d = 0.15 \times 0.9 = 0.135 \ (\text{m})$$

依据公式

$$\theta' = \frac{3600A'_f H'_T}{L'_h} \geqslant 3 \sim 5$$

验证液体在降液管中的停留时间是否合理，即

$$\theta' = \frac{3600A'_f H'_T}{L'_h} = \frac{3600 \times 0.057 \times 0.36}{8.964} = 8.241 \ (\text{s}) > 5\text{s}$$

故可用。

（4）降液管底隙高度 h'_O

根据公式

$$h'_O = \frac{L'_h}{3600 l'_W u'_{0'}}$$

取

$$u'_{0'} = 0.12\text{m/s}$$

则

$$h'_O = \frac{L'_h}{3600 l'_W u'_{0'}} = \frac{8.964}{3600 \times 0.64 \times 0.12} = 0.0324 \ (\text{m})$$

$$h'_W - h'_O = 0.0435 - 0.0324 = 0.0111 \ (\text{m}) > 0.006\text{m}$$

故降液管底隙高度设计合理。

2.6.7 塔板布置

2.6.7.1 塔板的分块

因为 $D \geqslant 800\text{mm}$，故通过查塔板溢流类型图可得，适合采用分块式塔板。

2.6.7.2 边缘区域宽度确定

根据经验，取 $W_S = W'_S = 0.065\text{m}$，$W_c = 0.035\text{m}$。

2.6.7.3 开孔区面积计算

开孔区面积 A_a 按照如下公式计算

$$A_a = 2\left[x\sqrt{r^2-x^2}+\frac{\pi r^2}{180}\arcsin\frac{x}{r}\right]$$

$$x = \frac{D}{2}-(W_d+W_S) = \frac{0.900}{2}-(0.135+0.065) = 0.25 \text{ （m）}$$

$$r = \frac{D}{2}-W_c = \frac{0.900}{2}-0.035 = 0.415 \text{ （m）}$$

故

$$
\begin{aligned}
A_a &= 2\left(x\sqrt{r^2-x^2}+\frac{\pi r^2}{180}\arcsin\frac{x}{r}\right)\\
&= 2\times\left(0.25\times\sqrt{0.415^2-0.25^2}+\frac{3.14\times0.415^2}{180}\arcsin\frac{0.25}{0.415}\right)\\
&= 2\times\left(0.25\times\sqrt{0.172-0.0625}+\frac{3.14\times0.172}{180}\times37.0427\right)\\
&\approx 0.3875 \text{ （m}^2\text{）}
\end{aligned}
$$

2.6.7.4 筛孔计算及其排列

本设计例题所处理的物系属于无腐蚀性体系，可选用 $\delta=3\text{mm}$ 碳钢板，取筛孔直径 $d_0=5\text{mm}$。筛孔按照正三角形排列，取孔中心距 t 为

$$t = 3d_0 = 3\times5 = 15 \text{ （mm）}$$

取筛孔数目 n 为

$$n = \frac{1.155A_a}{t^2} = \frac{1.155\times0.3875}{0.015^2} = 1990 \text{ （个）}$$

开孔率为

$$\phi = 0.907\left(\frac{d_0}{t}\right)^2 = 0.907\times\left(\frac{0.005}{0.015}\right)^2 = 10.1\%$$

精馏段内气体通过筛孔的气速为

$$u_0 = \frac{V_S}{A_0} = \frac{0.346}{0.101\times0.3875} = 8.841 \text{ （m/s）}$$

提馏段内气体通过筛孔的气速为

$$u_0' = \frac{V_S'}{A_0'} = \frac{0.298}{0.101\times0.3875} = 7.614 \text{ （m/s）}$$

2.6.8 筛板的流体力学验算

2.6.8.1 精馏塔流体力学性能

（1）精馏段塔板压降 Δp_p

精馏塔塔板压强降计算公式为

$$\Delta p_p = h_p\rho_L g$$

h_p 为精馏段塔板总阻力，其计算公式为

$$h_p = h_c+h_l+h_\sigma$$

① 干板阻力 h_c 干板阻力 h_c 的计算关系式为

$$h_c = 0.051\left(\frac{u_0}{c_0}\right)^2\left(\frac{\rho_V}{\rho_L}\right)\left[1-\left(\frac{A_0}{A_a}\right)^2\right]$$

通常，筛板的开孔率 $\phi=10.1\%\leqslant15\%$，故公式可简化为

$$h_c=0.051\left(\frac{u_0}{c_0}\right)^2\left(\frac{\rho_V}{\rho_L}\right)$$

由于 $d_0<10\text{mm}$，所以 c_0 可以通过干筛孔的流量系数图查得，$d_0/\delta=1.67$，$c_0=0.775$。

$$h_c=0.051\left(\frac{u_0}{c_0}\right)^2\left(\frac{\rho_V}{\rho_L}\right)=0.051\times\left(\frac{8.841}{0.775}\right)^2\times\frac{5.952}{1360}=0.0290\ (\text{m})$$

② 气体通过板上液层的阻力 h_1　气体通过液层的阻力 h_1 由如下公式计算

$$h_1=\beta h_L=\beta(h_W+h_{OW})$$

公式中的 β 为充气系数，其可以通过计算气相动能因子 F_0 由充气系数关联图来查得。

气相动能因子 F_0 计算如下

$$u_a=\frac{V_S}{A_T-A_f}=\frac{0.346}{0.636-0.057}=0.598\ (\text{m/s})$$

$$F_0=u_a\sqrt{\rho_V}=0.598\times\sqrt{5.952}=1.459\ (\text{m/s})$$

由 $F_0=1.459\text{m/s}$ 查充气关联系数图得，充气系数 $\beta=0.60$。

故气体通过液层的阻力为

$$h_1=\beta h_L=\beta(h_W+h_{OW})=0.60\times0.06=0.036\ (\text{m})$$

③ 液体表面张力造成的阻力 h_σ　阻力 h_σ 的计算公式为

$$h_\sigma=\frac{4\sigma_L}{\rho_L g d_0}=\frac{4\times16.299\times10^{-3}}{1360\times9.81\times0.005}=0.000977\ (\text{m})$$

总之，气体通过精馏段每层塔板的总阻力为

$$h_p=h_c+h_1+h_\sigma=0.0290+0.036+0.000977=0.066\ (\text{m})$$

则气体通过精馏段每层塔板的总压降为

$$\Delta p_p=h_p\rho_L g=0.066\times1360\times9.81=880.546\ (\text{Pa})\approx0.881\text{kPa}<0.9\text{kPa}$$

满足设计允许条件。

（2）提馏段塔板压降 $\Delta p_p'$

提馏段塔板压降计算公式为

$$\Delta p_p'=h_p'\rho_L'g$$

h_p' 为提馏段塔板总阻力，其计算公式为

$$h_p'=h_c'+h_1'+h_\sigma'$$

① 干板阻力 h_c'　干板阻力 h_c' 的计算关系式为

$$h_c'=0.051\left(\frac{u_0'}{c_0'}\right)^2\left(\frac{\rho_V'}{\rho_L'}\right)\left[1-\left(\frac{A_0'}{A_a'}\right)^2\right]$$

通常，筛板的开孔率 $\phi=10.1\%\leqslant15\%$，故公式可简化为

$$h_c'=0.051\left(\frac{u_0'}{c_0'}\right)^2\left(\frac{\rho_V'}{\rho_L'}\right)$$

由于 $d_0<10\text{mm}$，所以 c_0' 可以通过干筛孔的流量系数图查得，$d_0/\delta=1.67$，$c_0'=0.775$。

$$h_c'=0.051\left(\frac{u_0'}{c_0'}\right)^2\left(\frac{\rho_V'}{\rho_L'}\right)=0.051\times\left(\frac{1.998}{0.775}\right)^2\times\frac{7.318}{1395}=0.00178\ (\text{m})$$

② 气体通过板上液层的阻力 h_1'　气体通过液层的阻力 h_1' 由如下公式计算

$$h_1'=\beta'h_L'=\beta'(h_W'+h_{OW}')$$

公式中的 β' 为充气系数，其可以通过计算气相动能因子 F_0' 由充气系数关联图来查得。

气相动能因子 F_0' 计算如下

$$u_a' = \frac{V_S'}{A_T' - A_f'} = \frac{0.0782}{0.636 - 0.057} = 0.135 \ (\text{m/s})$$

$$F_0' = u_a' \sqrt{\rho_V'} = 0.135 \times \sqrt{7.318} = 0.365 \ (\text{m/s})$$

由 $F_0' = 0.365 \text{m/s}$ 查充气关联系数图得，充气系数 $\beta' = 0.81$。

故气体通过液层的阻力为

$$h_l' = \beta' h_L' = \beta'(h_W' + h_{OW}') = 0.81 \times 0.06 = 0.0486 \ (\text{m})$$

③ 液体表面张力造成的阻力 h_σ' 阻力 h_σ' 的计算公式为

$$h_\sigma' = \frac{4\sigma_L'}{\rho_L' g d_0} = \frac{4 \times 15.476 \times 10^{-3}}{1395 \times 9.81 \times 0.005} = 0.000905 \ (\text{m})$$

总之，气体通过提馏段每层塔板的总阻力为

$$h_p' = h_c' + h_l' + h_\sigma' = 0.00178 + 0.0486 + 0.000905 = 0.0513 \ (\text{m})$$

则气体通过提馏段每层塔板的总压降为

$$\Delta p_p' = h_p' \rho_L' g = 0.0513 \times 1395 \times 9.81 = 702.0379 \ (\text{Pa}) \approx 0.7 \text{kPa}$$

基本满足设计允许条件。

2.6.8.2 精馏塔液沫夹带现象验证

(1) 精馏段液沫夹带

液沫夹带量计算公式为

$$e_V = \frac{5.7 \times 10^{-6}}{\sigma_L} \left(\frac{u_a}{H_T - h_f}\right)^{3.2}$$

$$h_f = 2.5 h_L = 2.5 \times 0.06 = 0.15 \ (\text{m})$$

故 $\quad e_V = \frac{5.7 \times 10^{-6}}{\sigma_L} \left(\frac{u_a}{H_T - h_f}\right)^{3.2} = \frac{5.7 \times 10^{-6}}{16.299 \times 10^{-3}} \times \left(\frac{0.598}{0.36 - 0.15}\right)^{3.2}$

$\quad = 0.350 \times 10^{-3} \times 28.467 = 0.00997 \ [\text{kg(液)/kg(气)}] < 0.1 [\text{kg(液)/kg(气)}]$

在本设计中液沫夹带量 e_V 在允许范围内。

(2) 提馏段液沫夹带

液沫夹带量计算公式为

$$e_V' = \frac{5.7 \times 10^{-6}}{\sigma_L'} \left(\frac{u_a'}{H_T' - h_f'}\right)^{3.2}$$

$$h_f' = 2.5 h_L' = 2.5 \times 0.06 = 0.15 \ (\text{m})$$

故 $\quad e_V' = \frac{5.7 \times 10^{-6}}{\sigma_L'} \left(\frac{u_a'}{H_T' - h_f'}\right)^{3.2} = \frac{5.7 \times 10^{-6}}{15.476 \times 10^{-3}} \times \left(\frac{0.598}{0.36 - 0.15}\right)^{3.2}$

$\quad = 0.368 \times 10^{-3} \times 28.467 = 0.01048 [\text{kg(液)/kg(气)}] < 0.1 [\text{kg(液)/kg(气)}]$

在本设计中液沫夹带量 e_V 在允许范围内。

2.6.8.3 精馏塔液泛现象验证

(1) 精馏段液泛现象

为防止塔内发生液泛，降液管内液层高度 H_d 应服从如下关系

$$H_d \leqslant \varphi(H_T + h_W)$$

三氯硅烷-四氯硅烷物系具有一定的挥发性能，因而取其安全系数 $\varphi = 0.5$，即

$$\varphi(H_T + h_W) = 0.5 \times (0.36 + 0.0499) = 0.205 \ (\text{m})$$

降液管内液层高度 H_d 计算公式为

$$H_d = h_p + h_L + h_d$$

由于板上不设进口堰，h_d 可由如下公式计算

$$h_d = 0.153u_0'^2 = 0.153 \times 0.08^2 = 0.000979 \text{（m）}$$

$$H_d = h_p + h_L + h_d = 0.066 + 0.06 + 0.000979 = 0.127 \text{（m）}$$

由于

$$H_d \leqslant \varphi(H_T + h_W)$$

故精馏段内不会发生液泛的现象。

（2）提馏段液泛现象

为防止塔内发生液泛，降液管内液层高度 H_d' 应服从如下关系

$$H_d' \leqslant \varphi'(H_T' + h_W')$$

三氯硅烷-四氯硅烷物系具有一定的挥发性能，因而取其安全系数 $\varphi = 0.5$，即

$$\varphi'(H_T' + h_W') = 0.5 \times (0.36 + 0.0435) = 0.202 \text{（m）}$$

降液管内液层高度 H_d' 计算公式为

$$H_d' = h_p' + h_L' + h_d'$$

由于板上不设进口堰，h_d' 可由如下公式计算

$$h_d' = 0.153u_0'^2 = 0.153 \times 0.12^2 = 0.00220 \text{（m）}$$

$$H_d' = h_p' + h_L' + h_d' = 0.064 + 0.06 + 0.00220 = 0.126 \text{（m）}$$

由于

$$H_d' \leqslant \varphi'(H_T' + h_W')$$

故提馏段内不会发生液泛的现象。

2.6.8.4　精馏塔漏液现象验证

（1）精馏段漏液现象

筛板塔漏液点气速 $u_{0,\min}$ 计算为

$$u_{0,\min} = 4.4C_0 \sqrt{(0.0056 + 0.13h_L - h_\sigma)\frac{\rho_L}{\rho_V}}$$

$$= 4.4 \times 0.775 \sqrt{(0.0056 + 0.13 \times 0.06 - 0.000977) \times \frac{1360}{5.952}} = 5.745 \text{（m/s）}$$

实际孔速　$u_0 = 8.841 > u_{0,\min}$，稳定系数为

$$k = \frac{u_0}{u_{0,\min}} = \frac{8.841}{5.745} = 1.539 > 1.5$$

故本设计过程中不会出现漏液现象。

（2）提馏段漏液现象

筛板塔漏液点气速 $u_{0,\min}'$ 计算公式为

$$u_{0,\min}' = 4.4C_0 \sqrt{(0.0056 + 0.13h_L' - h_\sigma')\frac{\rho_L'}{\rho_V'}}$$

$$= 4.4 \times 0.775 \sqrt{(0.0056 + 0.13 \times 0.06 - 0.000905) \times \frac{1395}{7.677}} = 5.138 \text{（m/s）}$$

实际孔速 $u_0' = 7.614 > u_{0,\min}'$，稳定系数为

$$k' = \frac{u_0'}{u_{0,\min}'} = \frac{7.614}{5.138} = 1.482 < 1.5$$

故本设计过程中会出现轻微漏液现象。

2.6.9　精馏塔塔板负荷性能图

2.6.9.1　精馏段负荷性能图

（1）漏液线

由

$$u_{0,\min} = 4.4C_0\sqrt{(0.0056+0.13h_L-h_\sigma)\frac{\rho_L}{\rho_V}} = \frac{V_{S,\min}}{A_0}$$

$$h_L = h_W + h_{OW}$$

$$h_{OW} = \frac{2.84}{1000}E\left(\frac{L_h}{l_W}\right)^{2/3}$$

得

$$V_{S,\min} = u_{0,\min}A_0 = 4.4C_0\sqrt{(0.0056+0.13h_L-h_\sigma)\frac{\rho_L}{\rho_V}} \times A_0$$

$$= 4.4 \times 0.775 \times \sqrt{\left\{0.0056+0.13\times\left[0.0499+\frac{2.84}{1000}\times1\times\left(\frac{3600L_S}{0.64}\right)^{2/3}\right]-0.000977\right\}\times\frac{1360}{5.952}\times}$$

$$0.3875 \times 0.101$$

$$= 0.133 \times \sqrt{2.539+26.682L_S^{2/3}}$$

在操作范围内，任意取几个 L_S 值，由以上公式可计算出相对应的 V_S 数值，根据计算结果即可作出漏液线 1。

(2) 液沫夹带线

以 $e_V = 0.1\text{kg(液)/kg(气)}$ 为限，求 V_S-L_S 关系如下

由

$$e_V = \frac{5.7\times10^{-6}}{\sigma_L}\left(\frac{u_a}{H_T-h_f}\right)^{3.2}$$

$$u_a = \frac{V_S}{A_T-A_f} = \frac{V_S}{0.636-0.057} = 1.727V_S$$

$$h_f = 2.5h_L = 2.5\times(h_W+h_{OW})$$

$$h_W = 0.0499$$

$$h_{OW} = \frac{2.84}{1000}E\left(\frac{L_h}{l_W}\right)^{2/3} = \frac{2.84}{1000}\times1\times\left(\frac{3600L_S}{0.64}\right)^{2/3} = 0.898L_S^{2/3}$$

故

$$h_f = 2.5h_L = 0.125+2.245L_S^{2/3}$$

$$H_T-h_f = 0.235-2.245L_S^{2/3}$$

$$e_V = \frac{5.7\times10^{-6}}{\sigma_L}\left(\frac{u_a}{H_T-h_f}\right)^{3.2} = \frac{5.7\times10^{-6}}{16.299\times10^{-3}}\left(\frac{1.727V_S}{0.235-2.245L_S^{2/3}}\right)^{3.2} = 0.1$$

整理得

$$V_S = 0.797-7.612L_S^{2/3}$$

在操作范围内，任意取几个 L_S 值，由以上公式可计算出相对应的 V_S 数值，根据计算结果即可作出液沫夹带线 2。

(3) 液相负荷下限线

对于平直堰，取堰上液层高度 $h_{OW} = 0.006\text{m}$ 作为液相负荷下限条件。利用 h_{OW} 的计算公式

$$h_{OW} = \frac{2.84}{1000}E\left(\frac{L_h}{l_W}\right)^{2/3} = \frac{2.84}{1000}\times E\times\left(\frac{3600L_S}{0.64}\right)^{2/3} = 0.006$$

取 $E=1$

$$L_{S,\min} = \left(\frac{0.006\times1000}{2.84E}\right)^{3/2}\times\frac{l_W}{3600} = \left(\frac{0.006\times1000}{2.84\times1}\right)^{3/2}\times\frac{0.64}{3600} = 0.000546(\text{m}^3/\text{s})$$

在操作范围内，由以上公式即可作出液相负荷下限线 3。

（4）液相负荷上限线

液体在降液管中停留时间公式如下

$$\theta = \frac{A_f H_T}{L_S}$$

根据经验，液体应保证在降液管中停留时间不低于 $3\sim5s$，以停留时间 $\theta=5s$ 作为液体在降液管中的停留时间的上限，则

$$\theta = \frac{A_f H_T}{L_S} = 5$$

$$L_{S,max} = \frac{A_f H_T}{5} = \frac{0.057 \times 0.36}{5} = 0.0041 \quad (m^3/s)$$

在操作范围内，由以上公式即可作出液相负荷上限线 4。

（5）液泛线

液泛线的确定可根据公式

$$H_d = \varphi(H_T + h_W)$$

以及

$$H_d = h_p + h_L + h_d$$
$$h_p = h_c + h_l + h_\sigma$$
$$h_l = \beta h_L$$
$$h_L = h_W + h_{OW}$$

将这几个公式联立得

$$\varphi H_T + (\varphi - \beta - 1)h_W = (\beta + 1)h_{OW} + h_c + h_d + h_\sigma$$

忽略式中 h_σ，将 h_{OW} 与 L_S、h_d 与 L_S、h_c 与 V_S 的关系式代入上式，整理得 V_S 与 L_S 的如下关系式

$$aV_S^2 = b - cL_S^2 - dL_S^{2/3}$$
$$a = \frac{0.051}{(A_0 C_0)^2}\left(\frac{\rho_V}{\rho_L}\right)$$
$$b = \varphi H_T + (\varphi - \beta - 1)h_W$$
$$c = \frac{0.153}{(l_W h_0)^2}$$
$$d = 2.84 \times 10^{-3} E(1+\beta)\left(\frac{3600}{l_W}\right)^{2/3}$$

将有关数据代入，得

$$a = \frac{0.051}{(A_0 C_0)^2}\frac{\rho_V}{\rho_L} = \frac{0.051}{(0.101 \times 0.3875 \times 0.775)^2} \times \frac{5.952}{1360} = 0.243$$

$$b = \varphi H_T + (\varphi - \beta - 1)h_W = 0.5 \times 0.36 + (0.5 - 0.60 - 1) \times 0.0499 = 0.125$$

$$c = \frac{0.153}{(l_W h_0)^2} = \frac{0.153}{(0.64 \times 0.0232)^2} = 693.994$$

$$d = 2.84 \times 10^{-3} E(1+\beta)\left(\frac{3600}{l_W}\right)^{2/3} = 2.84 \times 10^{-3} \times 1 \times (1+0.60) \times \left(\frac{3600}{0.64}\right)^{2/3} = 1.437$$

故
$$0.243V_S^2 = 0.125 - 693.994L_S^2 - 1.437L_S^{2/3}$$

或
$$V_S^2 = 0.514 - 2855.94L_S^2 - 5.9136L_S^{2/3}$$

在操作范围内，任意取几个 L_S 值，由以上公式可计算出相对应的 V_S 数值，根据计算结果即可作出液泛线 5。

根据以上五条线的函数关系分别作出其对应的图形关系，见图 2-20。

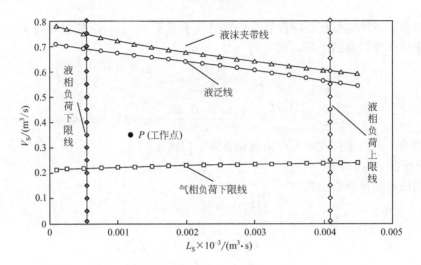

图 2-20 精馏段塔板负荷性能图

由塔板负荷性能图上可以看出：

① 任务规定的气、液负荷下的操作点 P（设计点），处于适合操作区内适中位置，未发生严重的漏液现象，不需要进行设计修正。

② 塔板的气相负荷上限由液泛线控制，操作下限由漏液线控制。

③ 按照规定的液气比，由附图查出塔板的气相负荷上限 $V_{S,\max}=0.435\mathrm{m^3/s}$，气相负荷下限 $V_{S,\min}=0.221\mathrm{m^3/s}$，故操作弹性为

$$\frac{V_{S,\max}}{V_{S,\min}}=\frac{0.435}{0.221}=1.968$$

2.6.9.2 提馏段负荷性能图

（1）漏液线

$$u'_{0,\min}=4.4C'_0\sqrt{(0.0056+0.13h'_L-h'_\sigma)\frac{\rho'_L}{\rho'_V}}=\frac{V'_{S,\min}}{A'_0}$$

$$h'_L=h'_W+h'_{OW}$$

$$h'_{OW}=\frac{2.84}{1000}E\left(\frac{L'_h}{l'_W}\right)^{2/3}$$

得

$$V'_{S,\min}=u'_{0,\min}\times A'_0=4.4C'_0\sqrt{(0.0056+0.13h'_L-h'_\sigma)\frac{\rho'_L}{\rho'_V}}\times A'_0=$$

$$=4.4\times0.775\times\sqrt{\left(0.0056+0.13\times\left(0.0435+\frac{2.84}{1000}\times1\times\left(\frac{3600L'_S}{0.64}\right)^{2/3}\right)-0.000905\right)\times\frac{1395}{7.677}}\times$$

$$0.3875\times0.101$$

$$=0.133\times\sqrt{1.881+21.280L'^{2/3}_S}$$

在操作范围内，任意取几个 L_S' 值，由以上公式可计算出相对应的 V_S' 数值，根据计算结果即可作出漏液线 1。

（2）液沫夹带线

以 $e_V' = 0.1\text{kg（液）}/\text{kg（气）}$ 为限，求 V_S'-L_S' 关系如下

$$e_V' = \frac{5.7 \times 10^{-6}}{\sigma_L'} \left(\frac{u_a'}{H_T' - h_f'}\right)^{3.2}$$

$$u_a' = \frac{V_S'}{A_T' - A_f'} = \frac{V_S'}{0.636 - 0.057} = 1.727 V_S'$$

$$h_f' = 2.5 h_L' = 2.5 \times (h_w' + h_{OW}')$$

$$h_w' = 0.0435$$

$$h_{OW}' = \frac{2.84}{1000} E \left(\frac{L_h'}{l_w'}\right)^{2/3} = \frac{2.84}{1000} \times 1 \times \left(\frac{3600 L_S'}{0.64}\right)^{2/3} = 0.898 L_S'^{2/3}$$

故

$$h_f' = 2.5 h_L' = 0.109 + 2.245 L_S'^{2/3}$$

$$H_T' - h_f' = 0.251 - 2.245 L_S'^{2/3}$$

$$e_V' = \frac{5.7 \times 10^{-6}}{\sigma_L'} \left(\frac{u_a'}{H_T' - h_f'}\right)^{3.2} = \frac{5.7 \times 10^{-6}}{15.476 \times 10^{-3}} \left(\frac{1.727 V_S'}{0.251 - 2.245 L_S'^{2/3}}\right)^{3.2} = 0.1$$

整理得

$$V_S' = 0.837 - 7.490 L_S'^{2/3}$$

在操作范围内，任意取几个 L_S' 值，由以上公式可计算出相对应的 V_S' 数值，根据计算结果即可作出液沫夹带线 2。

（3）液相负荷下限线

对于平直堰，取堰上液层高度 $h_{OW}' = 0.006\text{m}$ 作为液相负荷下限条件。利用 h_{OW} 的计算公式

$$h_{OW}' = \frac{2.84}{1000} E \left(\frac{L_h'}{l_w'}\right)^{2/3} = \frac{2.84}{1000} \times E \times \left(\frac{3600 L_S'}{0.64}\right)^{2/3} = 0.006$$

取 $E = 1$

$$L_{S,\min}' = \left(\frac{0.006 \times 1000}{2.84 E}\right)^{3/2} \times \frac{l_w'}{3600} = \left(\frac{0.006 \times 1000}{2.84 \times 1}\right)^{3/2} \times \frac{0.64}{3600} = 0.000546 \ (\text{m}^3/\text{s})$$

在操作范围内，由以上公式即可作出液相负荷下限线 3。

（4）液相负荷上限线

液体在降液管中停留时间公式如下

$$\theta' = \frac{A_f' H_T'}{L_S'}$$

根据经验，液体应保证在降液管中停留时间不低于 $3 \sim 5\text{s}$，以停留时间 $\theta' = 5\text{s}$ 作为液体在降液管中的停留时间的上限，则

$$\theta' = \frac{A_f' H_T'}{L_S'} = 5$$

$$L_{S,\max}' = \frac{A_f' H_T'}{5} = \frac{0.057 \times 0.36}{5} = 0.0041 \ (\text{m}^3/\text{s})$$

在操作范围内，由以上公式即可作出液相负荷上限线 4。

（5）液泛线

液泛线的确定可根据公式

$$H'_d = \varphi'(H'_T + h'_W)$$

以及

$$H'_d = h'_p + h'_L + h'_d$$
$$h'_p = h'_c + h'_1 + h'_\sigma$$
$$h'_1 = \beta' h'_L$$
$$h'_L = h'_W + h'_{OW}$$

将这几个公式联立得

$$\varphi' H'_T + (\varphi' - \beta' - 1)h'_W = (\beta' + 1)h'_{OW} + h'_c + h'_d + h'_\sigma$$

忽略式中 h'_σ，将 h'_{OW} 与 L'_S、h'_d 与 L'_S、h'_c 与 V'_S 的关系式代入上式，整理得 V'_S 与 L'_S 的如下关系式

$$a' V'^2_S = b' - c' L'^2_S - d' L'^{2/3}_S$$

$$a' = \frac{0.051}{(A'_0 C'_0)^2}\left(\frac{\rho'_V}{\rho'_L}\right)$$

$$b' = \varphi' H'_T + (\varphi' - \beta' - 1)h'_W$$

$$c' = \frac{0.153}{(l'_W h'_0)^2}$$

$$d' = 2.84 \times 10^{-3} E(1 + \beta')\left(\frac{3600}{l'_W}\right)^{2/3}$$

将有关数据代入，得

$$a' = \frac{0.051}{(A'_0 C'_0)^2}\left(\frac{\rho'_V}{\rho'_L}\right) = \frac{0.051}{(0.101 \times 0.3875 \times 0.775)^2} \times \frac{7.677}{1395} = 0.305$$

$$b' = \varphi' H'_T + (\varphi' - \beta' - 1)h'_W = 0.5 \times 0.36 + (0.5 - 0.60 - 1) \times 0.0435 = 0.132$$

$$c' = \frac{0.153}{(l'_W h'_0)^2} = \frac{0.153}{(0.64 \times 0.0324)^2} = 355.829$$

$$d' = 2.84 \times 10^{-3} E(1 + \beta')\left(\frac{3600}{l'_W}\right)^{2/3} = 2.84 \times 10^{-3} \times 1 \times (1 + 0.60) \times \left(\frac{3600}{0.64}\right)^{2/3} = 1.437$$

故

$$0.305 V'^2_S = 0.132 - 355.829 L'^2_S - 1.437 L'^{2/3}_S$$

或

$$V'^2_S = 0.433 - 1166.652 L'^2_S - 4.711 L'^{2/3}_S$$

在操作范围内，任意取几个 L'_S 值，由以上公式可计算出相对应的 V'_S 数值，根据计算结果即可作出液泛线 5。

根据以上五条线的函数关系分别作出的其对应的图形关系，见图 2-21。

由塔板负荷性能图上可以看出：

① 任务规定的气、液负荷下的操作点 P（设计点），处于适合操作区内适中位置，未发生严重的漏液现象，不需要进行设计修正。

② 塔板的气相负荷上限由液泛线控制，操作下限由液漏线控制。

③ 按照规定的液气比，由附图查出塔板的气相负荷上限 $V'_{S, max} = 0.330 \text{m}^3/\text{s}$，气相负荷下限 $V'_{S, min} = 0.196 \text{m}^3/\text{s}$，故操作弹性为

$$\frac{V'_{S, max}}{V'_{S, min}} = \frac{0.330}{0.196} = 1.684$$

精馏段设计计算结果汇总于表 2-4。

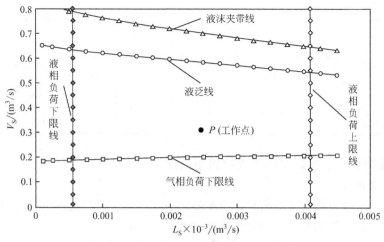

图 2-21　提馏段塔板负荷性能图

表 2-4　精馏段设计计算结果汇总

项目		符　号	单　位	计　算　数　据	
				精馏段	提馏段
各段平均压强		p_m	kPa	106.73	128.33
各段平均温度		t_m	℃	41.02	52.22
平均流量	气相	V_S	m³/s	0.350	0.313
	液相	L_S	m³/s	0.00119	0.00249
实际塔板数		N	块	12	36
板间距		H_T	m	0.36	0.36
塔的有效高度		Z	m	3.96	12.6
塔径		D	m	0.900	0.900
空塔气速		u	m/s	0.544	0.544
塔板液流形式				单溢流	单溢流
溢流装置	溢流管形式			弓形	弓形
	堰长	l_W	m	0.64	0.64
	堰高	h_W	m	0.0499	0.0435
	堰上液层高度	h_{OW}	m	0.0101	0.0165
	弓形降液管宽度	W_d	m	0.135	0.135
	降液管底隙高度	h_o	m	0.0232	0.0324
板上清液层高度		h_L	m	0.06	0.06
孔径		d_0	mm	5.0	5.0
孔间距		t	mm	15.0	15.0
孔数		n	个	1990	1990
开孔面积		A_a	m²	0.3875	0.3875
筛孔气速		u_0	m/s	8.841	7.614
每层塔板平均压降		Δh_p	kPa	0.881	0.702
液体在降液管中停留时间		θ	s	17.244	8.241
液沫夹带		e_V	kg(液)/kg(气)	0.00997	0.00649
负荷上限控制类型				液泛控制	液泛控制

续表

项目	符 号	单 位	计 算 数 据	
			精馏段	提馏段
负荷下限控制类型			漏液控制	漏液控制
气相最大负荷	$V_{S,max}$	m^3/s	0.435	0.330
气相最小负荷	$V_{S,min}$	m^3/s	0.221	0.196
操作弹性			1.968	1.684

2.6.10 热量衡算、接管选型和板式精馏塔高度

2.6.10.1 热量衡算

本设计采用全凝器进行冷却处理，全凝器使塔顶的蒸汽冷凝为液体，其中部分回流，部分作为产品。全凝器选用列管式固定管板换热器。

对全凝器作热量衡算，以 1h 为计算基准，并忽略热量损失。则

$$Q_C = VI_{VD} - (LI_{LD} + DL_{LD})$$

因 $V = L + D = (R+1)D$，带入上式并整理得

$$Q_C = (R+1)D(I_{VD} - I_{LD})$$

又

$$I_{VD} - I_{LD} = r$$

全凝器中冷却介质取地下深井水，深井水走管程，蒸汽走壳程，逆流流动进行传热。地下深井水的进口温度为 $t_1 = 4℃$，由经验数据取出口温度 $t_2 = 20℃$。

查《化学化工物性数据手册》可获得塔顶温度 $t_D = 34.35℃$ 时，$SiHCl_3$ 汽化热为 26.71kJ/mol，$SiCl_4$ 汽化热为 29.09kJ/mol。根据塔顶组成 $x_D = 0.938$，可计算得塔顶混合物的汽化热

$$r = 0.938 \times 26.71 + 0.062 \times 29.09 = 26.86 \quad (kJ/mol)$$

当 $t_1 = 4℃$ 时，深井水的比热容 $c_{pc_1} = 4.206kJ/(kg \cdot ℃)$

当 $t_2 = 20℃$ 时，深井水的比热容 $c_{pc_2} = 4.183kJ/(kg \cdot ℃)$

故平均比热容

$$c_{pc} = \frac{c_{pc_1} + c_{pc_2}}{2} = \frac{4.206 + 4.183}{2} = 4.195 \left[kJ/(kg \cdot ℃) \right]$$

所以热负荷

$$Q_C = Vr = 50.952 \times 10^3 \times 26.86 = 1.369 \times 10^6 \quad (kJ/h)$$

换热器传热面积的详细计算参见第 1 章。

2.6.10.2 接管选型

各接管直径由流体速度及其流量，按如下关系进行计算

$$d = \sqrt{\frac{4V_S}{\pi u}}$$

(1) 塔顶蒸汽出口管径

工业蒸汽的经验流速范围为 10～20 m/s，所以取蒸汽速度 $u_D = 12m/s$，则管径为

$$d_D = \sqrt{\frac{4V_S}{\pi u_D}} = \sqrt{\frac{4 \times 0.346}{3.14 \times 12}} = 0.192 \quad (m)$$

查 GB/T 8163—2018，选用 $\phi219mm \times 6mm$ 的热轧无缝钢管。

(2) 回流液管径

由于靠重力回流，所以选用回流液流速为 $u_R = 0.3m/s$，则管径

$$d_R = \sqrt{\frac{4L_S}{\pi u_R}} = \sqrt{\frac{4 \times 0.00119}{3.14 \times 0.3}} = 0.0711 \ (m)$$

查 GB/T 8163—2018 可知，选用 ϕ89mm×5.5mm 的热轧无缝钢管。

（3）进料管径

由于用泵进料，根据工业中流体的一般流速范围，进料流速取为 $u_F = 1.0$m/s。

$$F_S = \frac{FM_{LF}}{3600\rho_{LF}} = \frac{36.883 \times 160.320}{3600 \times 1388} = 1.18 \times 10^{-3} \ (m^3/s)$$

则管径

$$d_F = \sqrt{\frac{4F_S}{\pi u_F}} = \sqrt{\frac{4 \times 1.18 \times 10^{-3}}{3.14 \times 1.0}} = 0.0388 \ (m)$$

查 GB/T 8163—2018，选用 ϕ45mm×3mm 的热轧无缝钢管。

（4）釜液排出管径

釜液流出速度取 $u_W = 0.5$m/s。又

$$W_S = \frac{L'_S M_{LW}}{3600\rho_{LW}} = \frac{75.718 \times 169.957}{3600 \times 1402} = 2.55 \times 10^{-3} \ (m^3/s)$$

则管径

$$d_{W,L} = \sqrt{\frac{4W_S}{\pi u_W}} = \sqrt{\frac{4 \times 2.55 \times 10^{-3}}{3.14 \times 0.5}} = 0.079 \ (m)$$

查 GB/T 8163—2018，选用 ϕ89mm×4mm 的热轧无缝钢管。

（5）塔釜进气管径

由于操作条件下，进气量 $V' = 50.952$kmol/h，取 $u = 10$m/s，又

$$V'_S = 0.298 m^3/s$$

则管径

$$d_{W,V} = \sqrt{\frac{4V_S}{\pi u}} = \sqrt{\frac{4 \times 0.298}{3.14 \times 10}} = 0.195 \ (m)$$

查 GB/T 8163—2018，选用 ϕ219mm×6mm 的热轧无缝钢管。

经过以上各步计算，将计算结果汇总于表 2-5 中。

表 2-5　精馏塔接管尺寸表

序　号	名　称	选定流速/(m/s)	管规格/mm
1	塔顶蒸汽出口管	4	ϕ219×6
2	回流液接管	0.3	ϕ89×5.5
3	进料接管	1.0	ϕ45×3
4	釜液排出管	0.5	ϕ89×4
5	塔釜进气管	4	ϕ219×6

2.6.10.3　塔高

取塔顶空间（包括人孔和封头）$H_D = 1.5$m；塔底空间（包括一个人孔）$H_B = 1.9$m；在提馏段中部开设一人孔，人孔处的板间距为 $H_P = 0.800$m；进料位置板间距（包括一个人孔）$H_F = 0.800$m；取裙座高度 $H_座 = 2D = 2 \times 0.9 = 1.8$m，所以塔高

$$\begin{aligned}
H &= (N_P - N_F - n - 1)H_T + N_F H_F + n H_P + H_D + H_B + H_座 \\
&= (48 - 1 - 1 - 1) \times 0.36 + 1 \times 0.800 + 1 \times 0.800 + 1.5 + 1.9 + 1.8) \\
&= 23.0 \ (m)
\end{aligned}$$

精馏塔设计条件图见图 2-22。

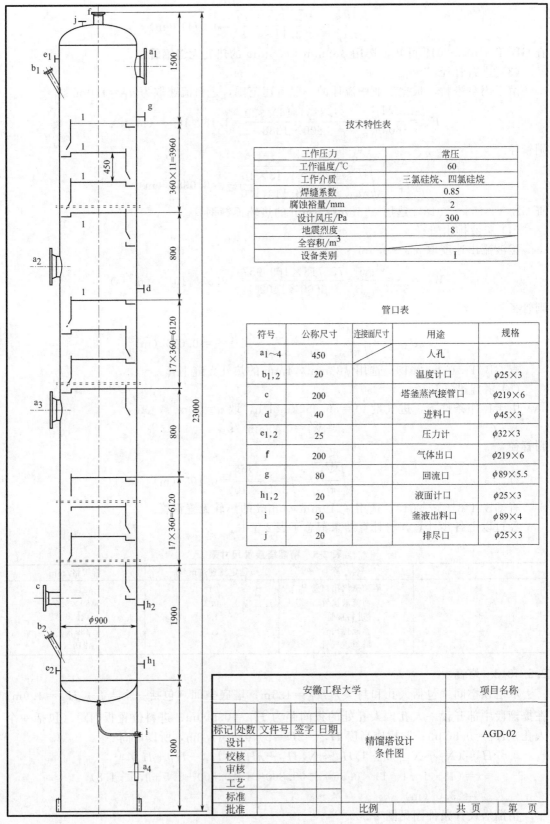

技术特性表

工作压力	常压
工作温度/℃	60
工作介质	三氯硅烷、四氯硅烷
焊缝系数	0.85
腐蚀裕量/mm	2
设计风压/Pa	300
地震烈度	8
全容积/m³	
设备类别	I

管口表

符号	公称尺寸	连接面尺寸	用途	规格
a₁~₄	450		人孔	
b₁,₂	20		温度计口	$\phi25\times3$
c	200		塔釜蒸汽接管口	$\phi219\times6$
d	40		进料口	$\phi45\times3$
e₁,₂	25		压力计	$\phi32\times3$
f	200		气体出口	$\phi219\times6$
g	80		回流口	$\phi89\times5.5$
h₁,₂	20		液面计口	$\phi25\times3$
i	50		釜液出料口	$\phi89\times4$
j	20		排尽口	$\phi25\times3$

安徽工程大学					项目名称
标记	处数	文件号	签字	日期	精馏塔设计 条件图
设计					AGD-02
校核					
审核					
工艺					
标准					
批准			比例		共 页　第 页

图 2-22　精馏塔设计条件图

2.7　Aspen 设计举例

设计要求同本书 2.6.1 小节。

2.7.1　简捷塔计算

① 建立和保存文件，启动 Aspen Plus，选择模板 General with Metric Units，将文件保存。

② 输入组分，如图 2-23 所示。

图 2-23　输入组分

③ 如图 2-24 所示，选择物性方法 SRK，查看方程的二元交互作用参数，出现二元交互作用参数页面，本例采用缺省值，不做修改。

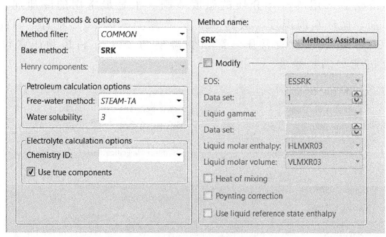

图 2-24　选择物性方法

④ 点击 NEXT 进入模拟环境。建立如图 2-25 所示的流程图，首先进行精馏塔简捷计算，其中 DSTWU 采用模块选项板中的 Columns/DSTWU/ICON1 图标。物流和塔名称通过选取相应目标后点击右键重命名进行操作。

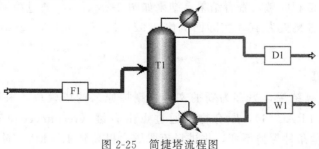

图 2-25　简捷塔流程图

⑤ 输入进料条件，双击 F1 流股，进入进料条件输入界面，根据 2.6.2 节的物料衡算结果，已知原料液处理量为 36.883kmol/h。选取泡点进料（蒸汽摩尔分数设为 0），输入物流 F1 物流数据如图 2-26 所示。

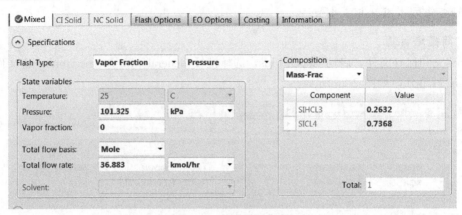

图 2-26　输入进料条件

⑥ 输入模块参数，双击 T1 模块，进入如图 2-27 所示界面。回流比输入 -1.2（表示实际回流比是最小回流比的 1.2 倍），轻关键组分为 $SiHCl_3$，重关键组分为 $SiCl_4$，根据 2.6.2 节计算结果，计算出两者在塔顶的回收率分别为 99.8％ 和 3.6％。压强设置要考虑塔顶冷凝器采用的冷却介质的温度范围。水是最常用的冷却剂，塔顶冷凝器选择水为冷却剂，循环水的温度一般为 32℃，合理温差为 20℃ 左右，因此塔顶回流罐温度应该在 52℃。若塔顶设置常压，馏出物温度为 32℃，将塔顶压强设为 186 kPa，馏出物温度为 52℃，满足要求。

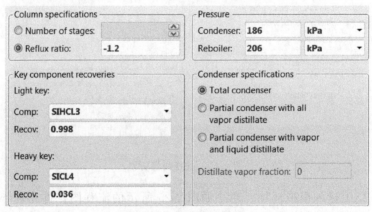

图 2-27　输入模块参数

⑦ 运行模拟，流程收敛，查看结果，结果如图 2-28 所示。通过简捷计算得到的初步结果为：塔板数 27，进料板为 10，实际回流比 2.92，$D/F = 0.333$。该结果将会在严格塔计算中作为初值。

2.7.2　严格塔计算

① 保存简捷计算结果，另存为新的文件，删掉原来的塔模块，采用 RADFRAC 模块（Columns/Radfrac/FRACT1），原有物流通过点击右键（reconnect-reconnect destination）连接到流程图，其他条件保持不变，将进料流股压力提高到 196 kPa（略大于塔顶压力＋进

Minimum reflux ratio:	2.4356	
Actual reflux ratio:	2.92272	
Minimum number of stages:	13.5437	
Number of actual stages:	26.5329	
Feed stage:	9.78399	
Number of actual stages above feed	8.78399	
Reboiler heating required:	372.321	kW
▶ Condenser cooling required:	337.849	kW
Distillate temperature:	52.0498	C
Bottom temperature:	80.992	C
Distillate to feed fraction:	0.333663	

图 2-28　模块 DSTWU 计算结果

料级数的压力降之和），防止进料压力低于进料级压力。同时将进料、塔顶、塔釜物流名称重新命名为 F2、D2、W2，塔名称重新命名为 T2。

② 输入模块参数。依次对 Configuration、Streams、Pressure 进行定义，如图 2-29～图 2-31 所示。配置与流股定义均输入简捷计算得到的初值。

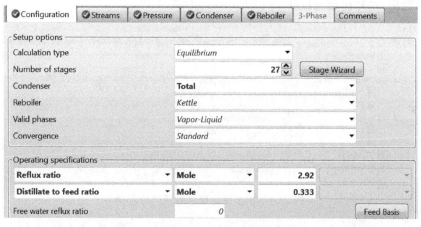

图 2-29　定义模块 RADFRAC 配置参数

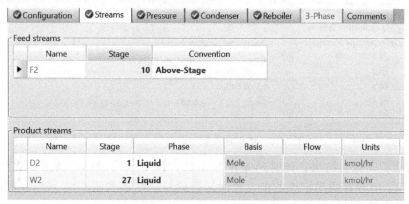

图 2-30　定义流股进料位置

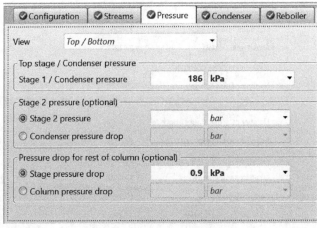

图 2-31　定义压力/压降参数

③ 运行模拟，流程收敛，查看物流结果，发现塔顶产品三氯硅烷质量分数未达到设计要求。

④ 添加塔内设计规定。Radfrac 模块可通过添加 Design Specs 达到分离要求，本例中要求塔顶三氯硅烷纯度为 0.924，塔底三氯硅烷纯度仅为 0.001，都可以通过设计规定达到，具体步骤如图 2-32～图 2-35 所示。分别添加两个设计规定和两个调节变量，调节变量为回流比和塔顶馏出/进料比值（D/F）。

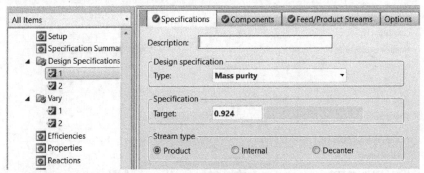

图 2-32　添加设计规定塔顶产品纯度

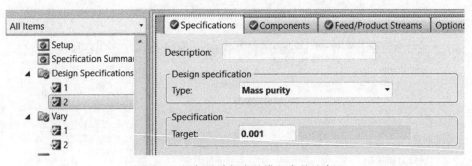

图 2-33　添加设计规定的塔釜产品纯度

⑤ 运行模拟，查看结果，此时回流比为 3.27，$D/F = 0.3288$，如图 2-36 和图 2-37 所示。将上述两个值替换塔规定中的值，再次运行模拟，结果如图 2-38 所示，此时塔顶和塔底产品纯度都达到了设计要求。

⑥ 精馏塔设计完成，保存 BKP 文件，然后进行下一步塔校核。

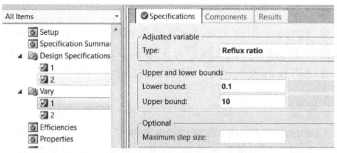

图 2-34　添加调节变量回流比范围

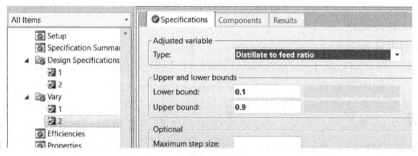

图 2-35　添加调节变量 D/F 变化范围

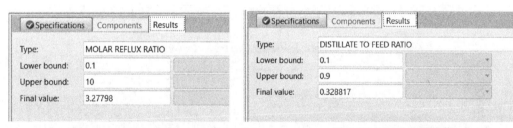

图 2-36　回流比的最终值　　　　　　　　　　图 2-37　D/F 的最终值

	S16	S17	S18	
Substream: MIXED				
Mole Flow kmol/hr				
SIHCL3	11.4121	11.381	0.0310754	
SICL4	25.4699	0.746451	24.7235	
Mass Frac				
SIHCL3	0.2632	0.923987	0.00100109	
SICL4	0.7368	0.0760129	0.998999	
Total Flow kmol/hr	36.882	12.1274	24.7546	
Total Flow kg/hr	5873.03	1668.39	4204.64	
Total Flow l/min	69.9783	20.4147	50.0345	
Temperature C	50.3749	33.0022	63.6811	
Pressure kPa	112.73	101.325	124.725	
Vapor Frac	0	0	0	
Liquid Frac	1	1	1	
Solid Frac	0	0	0	

图 2-38　添加设计规定后的模拟结果

2.7.3 精馏塔校核

板式塔校核标准（2019 全国化工设计大赛竞赛标准）：对于溢流型板式塔，降液管液位高度塔板间距的比值介于 0.2～0.5 之间；对于溢流型板式塔，降液管液体停留时间大于 4 秒；对于板式塔，每块塔板的液泛因子（flooding factor）均应介于 0.6～0.85，需要核算每块塔板的液泛因子。

（1）创建水力学数据

在 Blocks/T2/Column Internals/右键/New 创建水力学数据。水力学数据创建完毕后，自动跳转至 Sections 界面。因为进料版（第 10 块）将塔分成了精馏段与提馏段，点击 add new，添加分段，命名为 CS-1 与 CS-2。塔内件类型选择板式塔，塔板选择筛板（SIEVE）。另外，还有溢流数（Number of Passes），板间距，直径等。这些并不是最优的选择，需要我们进行手动修改优化。

（2）修改设计参数

在 Blocks/T2/Column Internals/Sections/CS1/Design Parameters 页面，对塔板设计参数进行修改。本例中将塔段 CS-1 的最大喷射液泛百分数（Maximum ％ jet flood）修改为 85％，将最大降液管持液量百分数（Maximum％ downcomer backup）修改为 80％。体系发泡因子（System foaming factor）应根据体系的不同进行修改，如图 2-39 所示。可以在 resources/help 中查找 foaming factor，Aspen 提供了 foaming factor 的建议值。其他采用默认值，对塔段 CS-2 也进行同样修改。

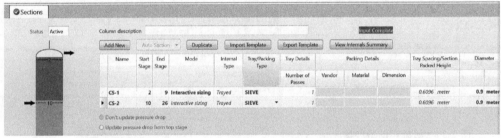

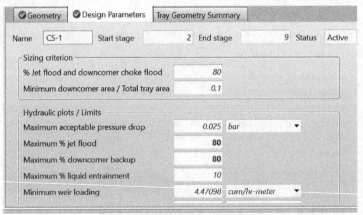

图 2-39　设计参数修改

（3）修改塔板几何参数

打开 Blocks/T2/Column Internals/Sections/CS1/Results/ByTray，可以查看其他水力学信息，例如可以查看每一块板的降液管停留时间。本例发现精馏段各塔板降液管停留时间（Side Downcomer Residence Time）最大为 3.71s，均小于设计要求的 4s。降液管液位高度

［Downcomer Backup（Aerated）］与塔板间距的比值达不到要求，液泛因子小于 30%。因此必须调整塔板几何参数，可调整的几何参数见图 2-40，包括塔径、降液管宽度（Side Downcomer Width）、堰长（Side Weir Length）、堰高（Weir Height）、降液管底隙高度（Downcomer Clearance）、塔板间距（Tray Spacing）。对于液泛因子影响较大的是塔径和塔板间距。对停留时间影响较大的因素有降液管宽度、塔板间距。对于降液管高度与塔板间距的比值，在前两项条件满足后一般符合要求，不需要额外去调整。

对于 CS-1 塔段，调整塔径与塔板间距，运行后液泛因子在 66%～67% 之间，符合 0.6～0.8 的要求。对于 CS-2 塔段，停留时间小于 4s，达不到设计要求，因此增加降液管宽度与塔板间距，最终三项指标符合要求。

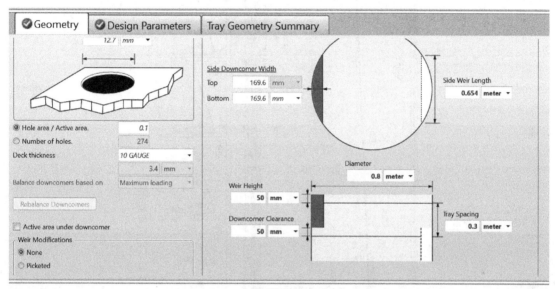

(a) CS-1(top)

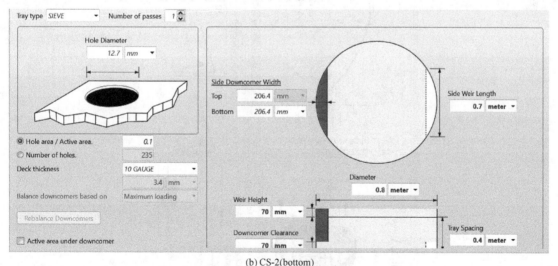

(b) CS-2(bottom)

图 2-40　塔板几何参数修改

进入 Blocks/T2/Column Internals/Hydraulic Plots 页面，查看负荷性能图（图 2-41），无警告和错误。

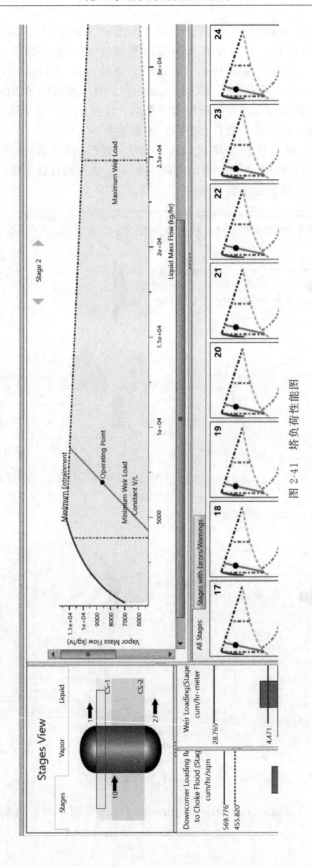

图 2-41 塔负荷性能图

（4）塔压校核

打开 Bloks/T2/Column Internals/INT1 页面（初始设计页面），将所有塔段的模式从 Interactive Sizing（交互设计模式）改为 Rating（核算模式）。在核算模式下，可以选择计算全塔压降，可从塔顶计算，也可从塔底开始计算。如果选择不计算，将以 Specifications/Setup/Pressure 页面指定的压力作为压降。这里选择从塔顶开始更新压力（Update Pressure Drop From Top Stage），需要重新运行计算。重新运行之后，可以在 Blocks/T1/Profiles 中查看新的压力分布图。

2.7.4　设计条件及结果一览表

① 设计条件：根据 Aspen 工艺计算结果给出工艺优化参数，如设计压力、设计温度、介质名称、组成、流量、塔板数（填料高度）、加料板位置等。

② 结构参数设计：设备结构的详细设计，如塔的尺寸、内件的结构与尺寸、开孔方位及尺寸等。

设计条件见表 2-6，结构参数结果见表 2-7。

表 2-6　设计条件一览表

项目	数据	项目	数据
设计压力/MPa	0.3	质量流量/(kg/h)	5873.19
设计温度/℃	100	理论塔板数	25
介质名称	硅烷气体	加料板位置	第10块塔板
进料组成(质量分数)/%	$SiCl_4$ 76.38% $SiHCl_3$ 23.62%		

表 2-7　塔工艺结构参数一览表

项目	数据	项目	数据
塔体内径 D_i/mm	800	堰长/m	0.654/0.7
塔体总高度 H/mm	9200	堰高/mm	50/70
塔体材料	Q345R	降液管底隙高度/mm	50/70
板间距/mm	300/400	开孔率	10%
溢流形式	单溢流	筛孔直径/mm	12.7

第3章 吸收塔工艺设计

3.1 概述

气体吸收过程是化工生产中常用的气体混合物的分离操作过程，其基本原理是利用气体混合物中各组分在特定液体吸收剂中的溶解度不同，实现各组分分离。

实际生产中，吸收过程所用的吸收剂常需要回收利用，故一般来说，完整的吸收过程应包括吸收和解吸两部分，因此在设计上应将两部分综合考虑，才能得到较为理想的设计结果。作为吸收过程的工艺设计，以期提高综合处理工程问题的能力，其一般性问题是在给定混合气体处理量、混合气体组成、温度、压力以及分离要求的条件下，完成以下工作：

① 根据给定的分离任务，确定吸收方案；
② 根据流程进行过程的物料及热量衡算，确定工艺参数；
③ 根据物料及热量衡算进行过程的设备选型或设备设计；
④ 绘制工艺流程图及主要设备的工艺条件图；
⑤ 编写工艺设计说明书。

3.2 设计方案的确定

3.2.1 装置流程的确定

工业上使用的吸收流程多种多样，可以从不同的角度进行分类，从选择的吸收剂的种类看，有仅用一种吸收剂的一步吸收流程和使用两种吸收剂的两步吸收流程；从所用的塔设备数量看，可分为单塔吸收流程和多塔吸收流程；从塔内气、液两相的流向可分为逆流吸收流程、并流吸收流程等基本流程；此外，还有用于特定条件下的部分溶剂循环流程。下面分别进行简要介绍。

(1) 一步吸收流程和两步吸收流程

一步吸收流程一般用于混合气体溶质浓度较低，同时过程分离要求不高，选用一种吸收剂即可完成吸收任务的情况。若混合气体中溶质浓度较高且要求也高，难以用一步吸收达到规定的吸收要求，或虽能达到分离要求，但过程的操作费用较高，从经济性的角度分析不够适宜时，可以考虑采用两步吸收流程。

(2) 单塔吸收流程和多塔吸收流程

单塔吸收流程是吸收过程中最常用的流程，如过程无特别要求，则一般采用单塔吸收流程。若过程的分离要求较高，使用单塔操作时，所需要的塔体过高，或采用两步吸收流程时，则需要采用多塔流程。

(3) 逆流吸收与并流吸收

吸收塔或再生塔内气、液相可以逆流操作也可以并流操作，由于逆流操作具有传质推动力大，分离效率高（具有多个理论级的分离能力）的显著优点而被广泛应用。工程上，如无特别需要，一般采用逆流吸收流程。

（4）部分溶剂循环吸收流程

由于填料塔的分离效率受填料层上的液体喷淋量影响较大，当液相喷淋量过小时，将降低填料塔的分离效率，因此当分离塔的液相负荷过小而难以充分润湿填料表面时，可以采用部分溶剂循环吸收流程，以提高液相喷淋量，改善塔的操作条件。

3.2.2　吸收剂的选择

对于吸收操作，选择适宜的吸收剂具有十分重要的意义。其对吸收操作过程的经济性有着十分重要的影响。一般情况下，选择吸收剂，要着重考虑如下问题。

① 对溶质的溶解度要大，以提高吸收速率并减少吸收剂的用量。

② 对溶质的选择性要好，对溶质组分以外其他组分的溶解度要很低或基本不吸收。

③ 挥发度要低，以减少吸收和再生过程中吸收剂的挥发损失。

④ 操作温度下，吸收剂应具有较低的黏度，且不易产生泡沫，以实现吸收塔内良好的气、液接触状况。

⑤ 对设备腐蚀性小或无腐蚀性，尽可能无毒。

⑥ 另外要考虑到价廉易得，化学稳定性好，便于再生，不易燃烧等经济和安全因素。

一般来说，任何一种吸收剂都难以满足以上所有要求，选用时应针对具体情况和主要矛盾，既考虑工艺要求又兼顾经济合理性。

3.2.3　吸收剂再生方法选择

依据所用的吸收剂不同可以采用不同的再生方法，工业上常用的吸收剂再生方法主要有减压再生、加热再生及汽提再生等。

（1）减压再生（闪蒸）

吸收剂的减压再生是最简单的吸收剂再生方法之一。在吸收塔内，吸收了大量的溶质的吸收剂进入再生塔并减压，使得溶入吸收剂中的溶质得以再生。该方法最适用于加压吸收，而且吸收后的后续工艺处于常压或较低压力的条件，如吸收操作处于常压条件下进行，若采用减压再生，那么解吸操作需在真空条件下进行，则过程可能不够经济。

（2）加热再生

加热再生也是吸收剂再生最常用的方法，吸收了大量溶质的吸收剂进入再生塔并加热使其升温，溶入吸收剂中的溶质得以解吸。由于再生温度必须高于吸收温度，因而，该方法最适用于常温吸收或接近于常温的吸收操作，否则，若吸收温度较高，则再生温度必然更高，从而，需要消耗更高品位的能量。一般采用蒸汽作为加热介质，加热方法可依据具体情况采用直接蒸汽加热或采用间接蒸汽加热。

（3）汽提再生

汽提再生是在再生塔的底部通入惰性气体，使吸收剂表面溶质的分压降低，使吸收剂得以再生。常用的汽提气体是空气和蒸汽。

3.2.4　塔设备的选择

对于吸收过程，能够完成其分离任务的塔设备有多种，如何从众多的塔设备中选择合适的类型是进行工艺设计的首要工作。进行这一项工作需要对吸收过程进行充分的研究，并经多方案对比方能得到较满意的结果。一般而言，吸收用塔设备与精馏过程所需要的塔设备具有相同的原则要求，即用较小直径的塔设备完成规定的处理量，塔板或填料层阻力要小，具有良好的传质性能，具有合适的操作弹性，结构简单，造价低，易于制造、安装、操作和维修等。

但作为吸收过程，一般具有操作液气比大的特点，因而更适用于填料塔。此外，填料塔阻力小，效率高，有利于过程节能，所以对于吸收过程来说，以采用填料塔居多。但在液体流量很低，难以充分润湿填料或塔径过大，使用填料塔不经济的情况下，以采用板式塔为宜。本章仅就填料吸收装置的工艺设计进行介绍。

3.2.5　操作参数选择

吸收过程的参数主要包括吸收（或再生）压力、吸收（或再生）温度以及吸收因子（或解吸因子）。这些条件的选择应充分考虑前后工序的工艺参数，从整个过程的安全性、可靠性、经济性出发，利用过程的模拟计算，经过多方案对比优化得出过程参数。

（1）操作压力选择

对于物理吸收，加压操作一方面有利于提高吸收过程的传质推动力而提高过程的传质效率，另一方面，也可以减小气体的体积流量、减小吸收塔径。所以对于物理吸收、加压操作十分有利。但工程上，专门为吸收操作而为气体加压，从过程的经济性角度看一般是不合理的，因而若在前一道工序的压力参数下可以进行吸收操作时，一般是以前道工序的压力作为吸收单元的操作压力。

对于化学吸收，若过程由质量传递过程控制，则提高操作压力有利，若为化学反应过程控制，则操作压力对过程的影响不大，可以完全根据前后工序的压力参数确定吸收操作压力，但加大吸收压力依然可以减小气相的体积流量，对减小塔径仍然是有利的。

对于减压再生（闪蒸）操作，其操作压力应依吸收剂的再生要求而定，逐次或一次从吸收压力减至再生操作压力，逐次闪蒸的再生效果一般要优于一次闪蒸的再生效果。

（2）操作温度选择

对于物理吸收而言，降低操作温度，对吸收有利。但低于环境温度的操作温度因其要消耗大量的制冷动力，一般是不可取的，所以一般情况下，取常温吸收较为有利。对于特殊条件的吸收操作必须采用低于环境的温度操作。

对于化学吸收，操作温度应根据化学反应的性质而定，既要考虑温度对化学反应速度常数的影响，也要考虑化学平衡的影响，使吸收反应具有适宜的反应速度。

对于再生操作，较高的操作温度可以降低溶质的溶解度，因而有利于吸收剂的再生。

（3）吸收因子和解吸因子选择

吸收因子 A 和解吸因子 S 是一个关联了气体处理量 G、吸收剂用量 L 以及气、液相平衡常数 m 的综合过程参数

$$A = \frac{L}{mG} \tag{3-1}$$

$$S = \frac{mG}{L} \tag{3-2}$$

式中　G——气体处理量，kmol/h；

L——吸收剂用量，kmol/h；

m——气-液相平衡常数。

吸收因子和解吸因子的大小对过程的经济性影响很大，选取较大的吸收因子，则过程的设备费用降低而操作费用升高，在设计上，两者的数值应以过程的总费用最低为目标进行优化设计后确定。从经验上看，吸收操作的目的不同，该值也有所不同。一般若以净化气体或提高溶质的回收率为目的，则 A 值宜在 1.2～2.0 之间，一般情况可近似取 $A=1.4$。对于解吸操作，解吸因子 S 值应在 1.2～2.0 之间。而对于制取液相产品为目的的吸收操作，A 值可以取小于 1。工程上更常用的确定吸收剂用量（或汽提气用量）的方法是利用过程的最

小液气比（对于再生产过程求最小气液比），进而确定适宜的液气比，即

$$\left(\frac{L_S}{V_B}\right)_{min} = \frac{Y_1 - Y_2}{X_{e1} - X_2} \tag{3-3}$$

$$\left(\frac{L_S}{V_B}\right) = (1.2 \sim 2.0)\left(\frac{L_B}{V_B}\right)_{min}$$

$$X_{e1} = \frac{Y_1}{m} \tag{3-4}$$

对于低浓度气体吸收过程，由于吸收过程中气液相量变化较小，则有

$$\left(\frac{L}{V}\right)_{min} = \frac{y_1 - y_2}{x_{e1} - x_2} \tag{3-5}$$

$$\left(\frac{L}{V}\right) = (1.2 \sim 2.0)\left(\frac{L}{V}\right)_{min} \tag{3-6}$$

$$x_{e1} = \frac{y_1}{m}$$

式中　　L_S——溶剂摩尔流量，kmol/s；

　　　　V_B——惰性气体摩尔流量，kmol/s；

　Y_1，Y_2——进、出口气体中溶质与惰性气体的摩尔比；

　　　　X_2——进口液相中溶质与溶剂的摩尔比；

　　　X_{e1}——与 Y_1 成平衡液相中溶质与溶剂的摩尔比；

　　　　L——液相摩尔流量，kmol/s；

　　　　V——气相摩尔流量，kmol/s；

　y_1，y_2——进、出口气体中的溶质摩尔分数；

　　　　x_2——进口液相中溶质摩尔分数；

　　　x_{e1}——与 y_1 成平衡的液相摩尔分数；

　　　　m——相平衡常数。

同样，对于解吸过程也可以用类似的方法确定最小液气比。

在以上问题的处理过程以及之后吸收、再生过程的计算中，均需要明确物系的气、液相平衡关系。气、液相平衡关系数据，可以查找有关数据手册或用经验关联式进行计算。

3.2.6　提高能量利用率

在进行吸收过程的方案设计时，为提高系统的能量利用率，降低过程的能量消耗，必须充分考虑利用系统内部的能量，一般应遵守以下原则。

① 吸收过程的压力　应尽量保持气体吸收前后压力一致，尽量避免气体减压后重新加压。

② 减小吸收过程的压力降　在设计吸收系统时，应尽量减小各部分的阻力损失，以减少气体输送过程的能量消耗。

③ 回收系统内部能量　吸收过程系统内部有时具有较高品位的能量，应该加以回收利用。例如加压吸收，应考虑回收系统的压力能（如采用水力透平），对于热效应较大的吸收过程通常采用热集成技术回收系统的热量。

3.3　填料塔的工艺设计

3.3.1　概述

填料塔是化工分离过程主体设备之一，与板式塔相比，具有生产能力大、分离效率

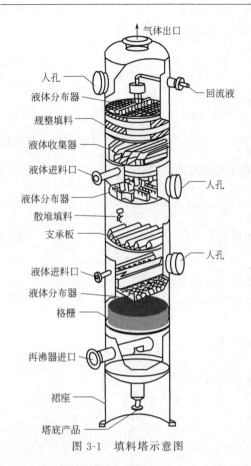

人孔
液体分布器
规整填料
液体收集器
液体进料口
液体分布器
散堆填料
支承板
液体进料口
液体分布器
格栅
再沸器进口
裙座
塔底产品

气体出口
回流液
人孔
人孔

图 3-1　填料塔示意图

高、压降小、操作弹性小、塔内持液量小等突出特点，因而在化工生产中得到了广泛的应用。填料塔结构如图 3-1 所示。填料塔的塔体为一圆形筒体，筒内分层装有一定高度的填料，气、液两相在填料塔内进行逆流接触传质，自塔上部进入的液体通过分布器均匀喷洒于塔截面上。在填料层内，液体沿填料表面呈膜状流下。液膜与填料表面的摩擦以及液膜与上升气体的摩擦使液膜产生流动阻力，形成了填料层的压降，并使部分液体停留在填料表面及空隙中，单位体积填料层中滞留的液体体积称为持液量，一般来说，适当的持液量对填料塔的操作稳定性和传质是有益的，但持液量过大将减小填料层的空隙和气相流通截面积，使压降增大，处理能力下降。各层填料之间设有液体再分布器，将液体重新均匀分布，以避免发生"壁流现象"。气体自塔下部进入，通过填料缝隙中自由空间，从塔上部排除。离开填料层的气体可能夹带少量雾状液滴，因此有时需要在塔顶安装除沫器。

填料塔的工艺设计内容是在明确了装置的处理量、分离要求、溶剂（或再生用惰性气体）用量、操作温度和操作压力及相应的相平衡关系的条件下，完成填料塔的工艺尺寸及其他塔内件设计，主要包括下列内容：

① 塔填料的选择；

② 塔径的计算；

③ 填料层高度的计算；

④ 液体分布器和液体再分布器的设计；

⑤ 气体分布装置的设计；

⑥ 填料支承装置的设计；

⑦ 塔层空间容积和塔顶空间容积的设计；

⑧ 填料层压降的计算。

以上的设计内容相互关联、制约，使得填料塔的设计工作较为复杂，有时需要经过多次的反复计算、比较才能得出较为满意的结果。

3.3.2　塔填料的选择

（1）塔填料的分类及结构

填料是填料塔的核心内件，有散装填料和规整填料。填料为气、液两相接触进行传质、传热提供了表面，与塔的其他内件共同决定了填料塔的性能，填料塔生产情况的好坏与是否正确选用填料有很大关系。常用散装填料的特点见表 3-1，其主要结构参数分别见表 3-2～表 3-5。常用规整填料的特点见表 3-6，其主要结构参数见表 3-7。

表 3-1　常用散装填料的特点

名　称	图　片	特　点
拉西环		填料环的外径与高度相等,结构简单、价廉,可由陶瓷、金属、塑料等制成。但由于拉西环的比表面积较小,传质效能较低,由于自身形状引起的沟流和壁流使气、液分布不均匀,相际接触不良
勒辛环		拉西环的衍生物,在其中增加一隔板,以增大填料的比表面积,与拉西环无本质区别,常用于塔内整砌堆积
十字隔环		对勒辛环的改进,类似地在环内添加隔板,通常用于整砌式,作第一层支承小填料用,压降相对较低,沟流和壁流较少
鲍尔环		在拉西环上作大改进,虽然环也是外径与高度相等,但环壁上开出两排带有内伸舌片的窗孔。这种结构改善了气、液分布,充分利用了环的内表面。与拉西环相比,处理量可增大 50% 以上,而压降低 50%
哈埃派克		在鲍尔环的基础上增加比表面积,具有阻力小、效率高、通量大、放大效应不明显等特点
阶梯环		吸取拉西环的优点又对鲍尔环进行改进,即环的高径比仅为鲍尔环的 1/2,在环的一端增加了锥形翻边。这样减少了气体通量,填料的强度也提高了,由于结构特点,使气、液分布均匀
短阶梯环		阶梯环的变种,高径比为 1∶3,成为短环填料,进一步改善传质性能
弧鞍环		填料在塔内呈相互搭接,形成联锁结构的弧形气道,有利于气、液流均匀分布,并减少阻力。与拉西环相比,性能较好,但易叠套,在叠紧处易造成沟流,液泛点高。在床层中比拉西环易破碎
矩鞍环		矩鞍环填料的形状介于环形与鞍形之间,因而兼有两者之优点,这种结构有利于液体分布和增加了气体通道。该填料比鲍尔环阻力小、通量大、效率高,填料强度和刚性较好

续表

名　称	图　片	特　点
异鞍环		在矩鞍环基础上的改进。将扇形面改为带锯齿边的贝壳状弧形面,并增加开孔使填料内外表面沟通,增加流体的自由通道,有利于液体分布和表面更新。所以它的处理能力高,压降小,传质性能有所改善
英特派克		用金属薄片冲成略带弧形的内外弯片,结构简单,强度高。是用于工业中的一种压降低、高效填料
共轭环		该填料综合了环形和鞍形填料的优点,采用共轭曲线肋片结构,两端外卷边及合适的长径比,填料间或填料与塔壁间均为点接触,不会产生叠套,孔隙均匀、阻力小,乱堆时取定向排列,故有规整填料的特点,有较好的流体力学和传质性能

表 3-2　环形填料结构参数

填料	公称直径 /mm	每立方米的个数	堆积密度 /(kg/m³)	孔隙率 /%	比表面积 /(m²/m³)	干填料因子 /m⁻¹
瓷拉西环	25	49000	505	0.78	190	400
	40	12700	577	0.75	126	305
	50	6000	457	0.81	93	177
	80	1910	714	0.68	76	243
钢拉西环	25	55000	640	0.92	220	290
	35	19000	570	0.93	150	190
	50	7000	430	0.95	110	130
	76	1870	400	0.95	68	80
塑料鲍尔环	16	143000	216	0.928	239	299
	25	55900	427	0.934	219	269
	38	13000	365	0.945	129	153
	50	6500	395	0.949	112.3	131
瓷阶梯环	50	9091	516	0.787	108.8	223
	50	9300	483	0.744	105.6	278
	76	2517	420	0.795	63.4	126
钢阶梯环	25	97160	439	0.93	220	273.5
	38	31890	475.5	0.94	154.3	185.5
	50	11600	400	0.95	109.2	127.4
塑料阶梯环	25	81500	97.8	0.9	228	312.8
	38	27200	57.5	0.91	132.5	175.8
	50	10740	54.3	0.927	114.2	143.1
	76	3420	68.4	0.929	90	112.3

表 3-3　矩鞍填料结构参数

填料材料	公称直径 /mm	每立方米 的个数	堆积密度 /(kg/m³)	孔隙率 /%	比表面积 /(m²/m³)	干填料因子 /m⁻¹
陶瓷	25	58230	544	0.722	200	433
	38	19680	502	0.804	131	252
	50	8243	470	0.728	103	216
	76	2400	537.7	0.752	76.3	179.4
塑料	16	365009	167	0.806	461	879
	25	97680	133	0.847	283	473
	76	3700	104.4	0.855	200	289

表 3-4　金属环矩鞍填料结构参数

公称直径 /mm	每立方米 的个数	堆积密度 /(kg/m³)	孔隙率 /%	比表面积 /(m²/m³)	干填料因子 /m⁻¹
25	101160	409	0.96	185	209.1
38	24680	365	0.96	112	126.6
50	10400	291	0.96	74.9	84.7
76	3320	244.7	0.97	57.6	63.1

表 3-5　球形填料结构参数

填料名称	公称直径 /mm	每立方米 的个数	堆积密度 /(kg/m³)	孔隙率 /%	比表面积 /(m²/m³)
TRI	45×50	11998	48	0.96	
Teller 花环	47	32500	111	0.88	185
	73	8000	102	0.89	127
	95	3600	88	0.9	94

表 3-6　常规整填料的特点

名　称	图　片	特　　点
格栅填料		有塑料格栅填料和金属格栅填料。格栅填料主要是以板片作为主要传质构件。板片垂直于塔截面,与气流和液流方向平行,上下两层交错45°叠放。格栅填料是一种高效、大通量、低压降、不堵塔的新型规整填料,对于煤气的冷却除尘、脱硫等具有较大的优越性
金属孔板波纹填料		是在金属薄板表面冲孔、轧制密纹、冲波纹、最后组装而成的规整填料,在塔内填装时,上下两盘交错90°叠放。具有阻力小、气液分布均匀、效率高、通量大、放大效应不明显等特点,应用于负压、常压和加压操作

名　称	图　片	特　　点
金属压延孔板波纹填料		将金属薄板先碾压出密度很高的小刺孔,再把刺孔板压成波纹板片组装成规整填料,由于表面特殊的刺孔结构而提高了填料的润湿性能,并能保持金属丝网波纹填料的性能
金属网孔(板网)波纹填料		在金属片上冲出菱形微孔同时拉伸成网板,兼有丝网和孔板波纹填料的优点

表 3-7　常用规整填料结构参数

填料名称	型号	孔隙率/%	比表面积/(m²/m³)	波纹倾角/(°)	峰高/mm
金属板波纹	125X	0.98	125	30	25
	125X	0.98	125	45	25
	250X	0.97	250	30	
	250X	0.97	250	45	12
	350X	0.94	350	30	
	350X	0.94	350	45	9
	500X	0.92	500	30	6.3
	500X	0.92	500	45	6.3
轻质陶瓷	125X	0.9	125	30	
	250Y	0.85	250	45	
	350Y	0.8	350	45	
陶瓷	400	0.7	400	45	
	450	0.75	450	30	
	470	0.715	470	30	

（2）塔填料的性能

① 对塔填料的基本要求　塔填料的性能主要指塔填料的流体力学性能和传质性能。性能优良的塔填料应具有良好的流体力学性能和传质性能，一般应具有以下特点：

a. 有较大的表面积；

b. 表面的湿润性能好，有效传质面积大；

c. 结构上应有利于气、液相的均匀分布；

d. 液相淋洒在填料层内的持液量适宜；

e. 具有较大的空隙率（孔隙率），气体通过填料层时压降小，不易发生液泛现象。

② 常用填料的性能　实际使用上，一般是从气、液相通量、分离效率、压力降及抗堵塞能力方面评价填料性能，基本规律如下。

a. 分离能力。同一系列填料中，小尺寸填料比表面积较大，具有较高的分离能力。

b. 处理能力和压力降。同一系列填料中，空隙率大者具有较小的压力降和较大的处理量，金属和塑料材质的填料与陶瓷填料相比，具有较小的压力降和较大的处理量。

c. 抗堵塞性能。比表面积小的填料具有较大的空隙率，具有较强的抗堵塞能力；金属和塑料材料的填料抗堵塞能力优于陶瓷填料。

对于不同类型的散堆填料，同样尺寸、材质的鲍尔环在同样的压强下，处理量比拉西环大 50% 以上，分离效率可以高出 30% 以上；在同样的操作条件下，阶梯环的处理量可以比鲍尔环大 20% 左右，效率较鲍尔环高 5%～10%；而环鞍、矩鞍型填料则具有更大的处理量和分离效率。若以拉西环的处理量进行对比，则在相同的压降（压力降）下，几种散堆填料的处理能力如表 3-8 所示。

表 3-8　常用散堆填料的相对处理能力　　　　　%

填料尺寸/mm	25	38	50
拉西环	100	100	100
矩鞍	132	120	123
鲍尔环	155	160	150
阶梯环	170	176	165
环鞍	2058	202	195

对于规整填料，丝网类填料的分离能力大于板波纹类填料，板波纹类填料较丝网类填料有较大的处理量和较小的压降。

（3）塔填料的选用

各种填料的结构差异较大，具有不同的优缺点，因此，在使用上，应根据具体情况选用不同的塔填料。在选择塔填料时，主要考虑如下几个问题。

① 选择填料材质　选用塔填料材质应根据吸收系统的介质以及操作温度而定。一般情况下，可以选用塑料、金属和陶瓷等材料。对于腐蚀介质，应采用相应的耐蚀材料，如陶瓷、塑料、玻璃、石墨、不锈钢等，对于温度较高的情况，要考虑材料的耐温性能。

② 填料类型的选择　填料类型的选择是一个较为复杂的问题，因为能够满足设计要求的塔填料不止一种，要在众多的塔填料中选择出最适宜的塔填料，需对这些填料在规定的工艺条件下，做出全面的技术经济评价，以较少的投资获得最佳的经济技术指标。由于所涉及的因素众多，因而这是一项复杂而又繁重的工作，一般的做法是根据生产经验，首先预选出几种最可能选用的填料，然后对其进行全面评价、确定。一般来说，同一类填料中，比表面积大的填料虽然具有较高的分离效率，但由于其在同样的处理量下，所需塔径较大，塔体造价升高。

③ 填料尺寸的选择　通常，散装填料与规整填料的规格表示方法不同，选择的方法亦不尽相同，现分别加以介绍。

a. 散装填料规格的选择。散装填料的规格通常是指填料的公称直径。工业塔常用的散装填料主要有 $DN16$、$DN25$、$DN38$、$DN50$、$DN76$ 等几种规格。同类填料，尺寸越小，分离效率越高，但阻力增加，通量减小，填料费用也增加很多。而大尺寸的填料应用于小直径塔中，又会产生液体分布不良及严重的壁流，使塔的分离效率降低。因此，对塔径与填料尺寸的比值要有一规定，常用填料的塔径与填料公称直径比值 D/d 的推荐值列于表 3-9。

表 3-9　塔径与填料公称直径的比值 D/d 的推荐值

填料种类	D/d 的推荐值
拉西环	$D/d \geqslant 20 \sim 30$
鞍环	$D/d \geqslant 15$
鲍尔环	$D/d \geqslant 10 \sim 15$
阶梯环	$D/d > 8$
环矩鞍	$D/d > 8$

b.规整填料规格的选择。工业上常用规整填料的型号和规格的表示方法很多,国内习惯用比表面积表示,主要有 125、150、250、350、500、700 等几种规格,同种类型的规整填料,其比表面积越大,传质效率越高,但阻力增加,通量减小,填料费用也明显增加。选用时应从分离要求、通量要求、场地条件、物料性质及设备投资、操作费用等方面综合考虑,使所选填料既能满足工艺要求,又具有经济合理性。

应予指出,一座填料塔可以选用同种类型、同一规格的填料,也可以选用同种类型、不同规格的填料;可以选用同种类型的填料,也可以选用不同类型的填料;有的塔段可选用规整填料,而有的塔段可选用散装填料。设计时应灵活掌握,根据技术经济统一的原则来选择填料的规格。

3.3.3　物料衡算与操作线方程

（1）物料衡算

逆流吸收塔,以惰性气体和吸收剂为基准,物料衡算式为

$$G = V_B(Y_1 - Y_2) = L_S(X_1 - X_2) \tag{3-7}$$

式中　G——被吸收的溶质量,kmol/h;

　　V_B——不含溶质的惰气流量,kmol/h,$V_B = V(1-y)$;

　　V——混合气体流量,kmol/h;

　　L_S——吸收剂流量,kmol/h,$L_S = L(1-x)$;

　　L——吸收液流量,kmol/h;

Y,X——气相和液相的摩尔比,$Y = y/(1-y)$,$X = x/(1-x)$;

y,x——气相和液相的摩尔分数。

下标:1—塔底;2—塔顶。

（2）操作线方程

$$Y = (L_S/V_B)X + [Y_2 - (L_S/V_B)X_2] \tag{3-8}$$

式(3-8)标绘在 X-Y 坐标图上即为吸收操作线,该线的斜率为 L_S/V_B,通过 $(X_1$、$Y_1)$ 与 $(X_2$、$Y_2)$ 两点。

3.3.4　最小吸收剂用量与吸收剂用量

（1）最小吸收剂用量

$$(L_S/V_B)_{min} = (Y_1 - Y_2)/(X_1^* - X_2)$$

$$L_{S,min} = V_B(Y_1 - Y_2)/(X_1^* - X_2) \tag{3-9}$$

式中　X_1^*——与 Y_1 平衡的液相组成（摩尔比分率）;

　　$L_{S,min}$——最小吸收剂用量,kmol/h。

若气液两相浓度很低,平衡关系符合亨利定律,也可用下式计算

$$L_{S,min}=V_B(Y_1-Y_2)/(Y_1/m-X_2) \tag{3-10}$$

若气、液平衡线为上凸形，则式(3-9)中的 X_1^* 应换为操作线与平衡线切点处，与切点气相组成 Y_e 相平衡的液相组成 X_e^*（摩尔比）。

（2）吸收剂用量 L_S

吸收剂用量直接影响吸收塔的尺寸、塔底液相浓度及操作费用，故应从设备费、操作费及工艺要求权衡决定。

一般经验数据 $L_S=(1.1\sim2.0)L_{S,min}$。

3.3.5　塔径的计算

填料塔塔径的计算有多种方法，目前较为流行的方法是计算填料塔的液泛点气体速度（简称泛点气速），并取泛点气速的某一倍数作为塔的操作速度（均指空塔气体速度），然后，依据气体的处理量确定塔径；也可用气相动能因子法确定空塔气速。

3.3.5.1　空塔气速的确定

（1）泛点气速的计算

泛点气速主要和塔的气、液相负荷，物件、填料的材质和类型以及规格有关，其计算方法不止一种，目前较为广泛使用的方法是利用埃克特（Eckert）泛点气速关联图或者采用 Bain-Hougen 的泛点气速关联式。

① 埃克特（Eckert）泛点气速关联图　对于散堆填料，常采用埃克特泛点气速关联图计算泛点气速。该关联是以 X 为纵坐标（见图 3-2）进行关联的。其中

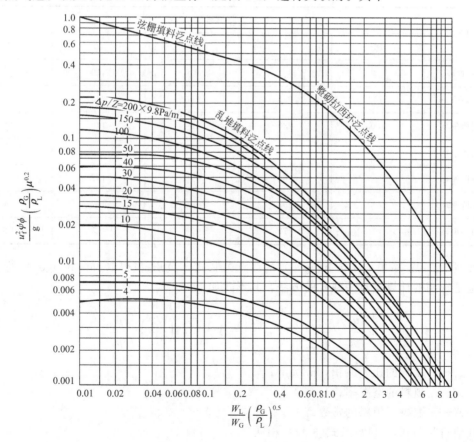

图 3-2　Eckert 泛点气速关联图

$$X=\left(\frac{W_{\text{L}}}{W_{\text{G}}}\right)\left(\frac{\rho_{\text{G}}}{\rho_{\text{L}}}\right)^{0.5} \tag{3-11}$$

$$Y=\frac{u_{\text{f}}^2\psi\phi\rho_{\text{G}}}{g\rho_{\text{L}}}\mu^{0.2} \tag{3-12}$$

式中　　W_{L}——液体的质量流速，kg/h；

$\quad\quad$ W_{G}——气体的质量流速，kg/h；

$\quad\quad$ ρ_{G}——气体密度，kg/m^3；

$\quad\quad$ ρ_{L}——液体密度，kg/m^3；

$\quad\quad$ ϕ——实验填料因子，m^{-1}；

$\quad\quad$ ψ——水密度与液体密度之比；

$\quad\quad$ u_{f}——泛点气速，m/s；

$\quad\quad$ μ——液体的黏度，mPa·s。

使用该图时，首先根据塔的气、液相负荷和气、液相密度计算横坐标参数 X，然后在图中散堆填料的泛点线上确定与其对应的纵坐标参数 Y，从而求得操作条件下的泛点气速 u_{f}。近年来的研究表明，式(3-12)中的实验填料因子应采用泛点填料因子，几种常见散堆填料的泛点填料因子数值见表 3-10。

表 3-10　常见散堆填料的泛点填料因子　　　　　　　　　　　　　　　m^{-1}

填料名称	填料尺寸/mm				
	16	25	38	50	76
瓷拉西环	1300	832	600	410	
瓷矩鞍	1100	550	200	226	
塑料鲍尔环	550	280	184	140	92
金属鲍尔环	410		117	160	
塑料阶梯环		260	170	127	
金属阶梯环		260	170	127	
金属环矩鞍		170	150	135	120

② 采用贝恩-霍根（Bain-hougen）的泛点关联式　贝恩-霍根（Bain-hougen）的泛点关联式也是常用的计算泛点关联式的方法，其形式如下

$$\lg\left[\frac{u_{\text{f}}^2}{g}\times\frac{a_{\text{t}}}{\varepsilon^3}\times\frac{\rho_{\text{G}}}{\rho_{\text{L}}}\times\mu^{0.2}\right]=A-1.75\left(\frac{W_{\text{L}}}{W_{\text{G}}}\right)^{\frac{1}{4}}\left(\frac{\rho_{\text{G}}}{\rho_{\text{L}}}\right)^{\frac{1}{8}} \tag{3-13}$$

式中　　a_{t}——填料的比表面积，m^2/m^3；

$\quad\quad$ ε——填料的空隙率；

$\quad\quad$ A——取决于填料的常数。

式中其他符号与式(3-11)及式(3-12)相同。

对于不同的填料塔，取不同的常数 A，常用塔填料的 A 值见表 3-11。

表 3-11　常用塔填料的 **A** 值

填料名称	A	填料名称	A
瓷拉西环	0.022	瓷阶梯环	0.2943
塑料鲍尔环	0.0942	塑料阶梯环	0.203
金属鲍尔环	0.1	金属阶梯环	0.106
瓷矩鞍	0.176	金属环矩鞍	0.06225
金属丝网波纹填料	0.30	塑料丝网波纹填料	0.4201
金属网孔波纹填料	0.155	金属孔板波纹填料	0.291
塑料孔板波纹填料	0.291		

（2）气相动能因子法

气相动能因子，定义为

$$F = u\sqrt{\rho_G} \tag{3-14}$$

式中　F——气相动能因子，$(m/s) \cdot (kg/m^3)^{0.5}$；

　　　u——操作空塔气速，m/s；

　　　ρ_G——气体密度，kg/m^3。

气相动能因子也是填料塔的重要操作参数，不同填料常用的气相动能因子的近似值见表 3-12 和表 3-13。

表 3-12　散堆填料常用的气相动能因子　　　　　　　　$(m/s) \cdot (kg/m^3)^{0.5}$

填料尺寸/mm	25	38	50
金属鲍尔环	0.37～2.68		1.34～2.93
矩鞍	1.19	1.45	1.7
鞍环	1.76	1.97	2.2

表 3-13　规整填料常用的气相动能因子　　　　　　　　$(m/s) \cdot (kg/m^3)^{0.5}$

填料	规格	动能因子	填料	规格	动能因子
金属孔板波纹	125Y	3	塑料孔板波纹	125Y	3
	250Y	2.6		250Y	2.6
	350Y	2		350Y	2
	500Y	1.8		500Y	1.8
	125Y	3.5		125Y	3.5
	250X	2.8		250X	2.8

3.3.5.2　塔径的计算

塔径为

$$D = \sqrt{\frac{4V_S}{\pi u}} \tag{3-15}$$

式中　D——塔径，m；

　　　V_S——气体体积流量，m^3/s；

　　　u——空塔气速，m/s。

将计算所得的塔径数值圆整后得到实际塔径。

通常用泛点气速确定空塔气速。泛点气速是填料塔操作气速的上限,填料塔的操作空塔气速必须小于泛点气速,操作空塔气速与泛点气速之比称为泛点率。

对于散堆填料,其泛点率的经验值为

$$u/u_f = 0.5 \sim 0.85$$

对于规整填料,其泛点率的经验值为

$$u/u_f = 0.6 \sim 0.95$$

泛点率的选择主要考虑填料塔的操作压力和物系的发泡程度两方面的因素。设计中,对于加压操作的塔,应取较高的泛点率;对于减压操作的塔,应取较低的泛点率。对于易起气泡沫的物系,泛点率应取低限值;对于不易起泡的物系,取较高值。

3.3.5.3 液体喷淋密度的验算

填料塔的液体喷淋密度是指单位时间、单位塔截面上液体的喷淋量,其计算式为

$$U = \frac{L_S}{0.785D^2} \tag{3-16}$$

式中 U——液体喷淋密度,$m^3/(m^2 \cdot h)$;

L_S——液体喷淋量,m^3/h;

D——填料塔直径,m。

为使填料能获得良好的润湿,塔内液体喷淋量应不低于某一极限值,此极限值称为最小喷淋密度,以 U_{min} 表示。

对于散装填料,其最小喷淋密度通常采用下式计算,即

$$U_{min} = L_{W,min} a \tag{3-17}$$

式中 U_{min}——最小喷淋密度,$m^3/(m^2 \cdot h)$;

$L_{W,min}$——最小润湿速率,$m^3/(m \cdot h)$;

a——填料的总比表面积,m^2/m^3。

最小润湿速率是指在塔的截面上,单位长度填料周边的最小液体体积流量。其值可由经验公式计算(见有关填料手册),也可采用一些经验值。对于直径不超过 75mm 的散装填料,可取最小润湿速率 $L_{W,min}$ 为 $0.08m^3/(m \cdot h)$;对于直径大于 75mm 的散装填料,取 $L_{W,min} = 0.12m^3/(m \cdot h)$。

对于规整填料,其最小喷淋密度可从有关填料手册中查得,设计中,通常取 $U_{min} = 0.2$。

实际操作时采用的液体喷淋密度应大于最小喷淋密度。若液体喷淋密度小于最小喷淋密度,则需进行调整,重新计算塔径。

3.3.6 填料层高度的计算

填料层高度的计算分为传质单元数法和等板高度法。在工程设计中,对于吸收、解吸及萃取等过程中的填料塔的设计,多采用传质单元数法;而对于精馏过程中的填料塔的设计,则习惯于用等板高度法。

(1)传质单元数法

采用传质单元数法计算填料层高度的基本计算式为

$$Z = H_G N_G = H_L N_L = H_{OG} N_{OG} = H_{OL} N_{OL} \tag{3-18}$$

式中 Z——填料层高度,m;

H_G——气相传质单元高度,m;

N_G——气相传质单元数;

H_L——液相传质单元高度,m;

N_L——液相传质单元数；

H_{OG}——气相总传质单元高度，m；

N_{OG}——气相总传质单元数；

H_{OL}——液相总传质单元高度，m；

N_{OL}——液相总传质单元数。

　　实际计算中，由于气液相界面上的浓度不易确定，所以通常以气相或液相总传质单元高度和总传质单元数计算填料层高度，即

$$Z = H_{OG} N_{OG} \tag{3-19}$$
$$Z = H_{OL} N_{OL} \tag{3-20}$$

　　① 传质单元数的计算　传质单元数的计算方法在参考文献［12］的吸收一章中已详尽介绍，在此不再赘述。

　　② 传质单元高度计算　传质过程的影响因素十分复杂，对于不同的物系、不同的填料以及不同的流动状况和操作条件，传质单元高度各不相同，迄今为止，尚无通用的计算方法和计算公式。目前，在进行设计时多选用一些经验公式进行计算，其中应用较为普遍的是修正的恩田公式：

　　气相传质系数

$$k_G = 0.237 \left(\frac{W_V}{a\mu_V} \right)^{0.7} \left(\frac{\mu_V}{\rho_V D_V} \right)^{\frac{1}{3}} \left(\frac{a D_V}{RT} \right) \Psi^{1.1} \tag{3-21}$$

　　液相传质系数

$$k_L = 0.0095 \left(\frac{W_L}{a_w \mu_L} \right)^{\frac{2}{3}} \left(\frac{\mu_L}{\rho_L D_L} \right)^{-0.5} \left(\frac{\mu_L g}{\rho_L} \right)^{\frac{1}{3}} \Psi^{0.4} \tag{3-22}$$

　　填料润湿表面积

$$a_w = a \left\{ 1 - \exp \left[-1.45 \left(\frac{\delta_c}{\delta} \right)^{0.75} \left(\frac{W_L}{a\mu_L} \right)^{0.1} \left(\frac{W_L^2 a}{\rho_L^2 g} \right)^{-0.05} \left(\frac{W_L^2}{\rho_L \delta a} \right)^{0.2} \right] \right\} \tag{3-23}$$

式中　k_G——气相传质系数，$kmol/(m^2 \cdot s \cdot kPa)$；

　　　　k_L——液相传质系数，m/s；

　　　　a_w——单位体积填料润湿比表面积，m^2/m^3；

　　　　a——填料比表面积，m^2/m^3；

　　　　W_V——气相质量流量，$kg/(m^2 \cdot h)$；

　　　　W_L——液相质量流量，$kg/(m^2 \cdot h)$；

　　　　T——气体温度，K；

　　　　R——气体常数，$8.314 kJ/(kmol \cdot K)$；

　D_V，D_L——溶质在气相和液相中的扩散系数，m^2/s；

　μ_L，μ_V——液体、气体的黏度，$kg/(m \cdot h)$ $[1 Pa \cdot s = 3600 kg/(m \cdot h)]$；

　　　　g——重力加速度，$1.27 \times 10^8 m/h^2$；

　　　　ρ_L——液体密度，kg/m^3；

　　　　ρ_V——气体密度，kg/m^3；

　　　　δ——液体表面张力，kg/h^2 $(1 dyn/cm = 12960 kg/h^2)$；

　　　　δ_c——填料材质的临界表面张力，kg/h^2；

　　　　Ψ——填料的形状修正系数。

　　不同的填料的形状修正系数见表 3-14。

表 3-14 不同填料的形状修正系数

填料	圆球	圆棒	拉西环	弧鞍	开孔环
Ψ	0.72	0.75	1	1.19	1.45

不同填料材质的临界表面张力 δ_c 的数值表 3-15。

表 3-15 不同填料材质的临界表面张力   dyn/cm

材质	δ_c	材质	δ_c	材质	δ_c
表面涂石蜡	20	石墨	56	钢	75
聚四氯乙烯	18.5	陶瓷	61	聚乙烯[①]	75
聚苯乙烯	31	玻璃	73	聚苯烯[①]	54
聚丙烯	33	聚氯乙烯	40		

① 经余水处理。

依据以上各式，分别求得 k_G、k_L 和 a_w 后，即可以求得传质过程的体积传质系数

$$k_{Ga} = k_G a_w \tag{3-24}$$
$$k_{La} = k_L a_w \tag{3-25}$$

总传质单元高度计算式为

$$H_{OG} = V/(K_{Ya}\Omega) = V/(K_{Ga}P\Omega) \qquad 1/(K_{Ga}) = 1/(k_{Ga}) + 1/(Hk_{La})$$
$$H_{OL} = L/(K_{Xa}\Omega) = L/(K_{La}C\Omega) \qquad 1/(K_{La}) = H/(k_{Ga}) + 1/(k_{La})$$

式中　K_{Ya}——推动力为气相摩尔组成差；

K_{Xa}——液相摩尔组成差；

K_{Ga}——气相分压差；

K_{La}——液相摩尔浓度差的总传质系数；

P——总压；

C——液相摩尔浓度；

Ω——塔截面积。

修正的恩田公式只适用于 $u \leqslant u_f$ 的情况，当 $u > 0.5u_f$ 时，需要按下式进行校正，即

$$k'_{Ga} = [1 + 9.5(u/u_f - 0.5)^{1.4}] k_{Ga}$$
$$k'_{La} = [1 + 2.6(u/u_f - 0.5)^{2.2}] k_{La}$$

(2) 理论板当量高度（HETP）法

理论板当量高度法是依据气、液相之间质量传递平衡级的概念，求取填料层高度的方法。利用该方法，填料层高度为

$$Z = H_T N_T \tag{3-26}$$

式中　H_T——理论板当量高度，m；

N_T——理论板数，无量纲。

其中，理论板数可以通过吸收塔的模拟计算求得，也可以利用图解法确定，特别对于低浓度气体吸收，当气、液相平衡关系符合亨利定律时，理论板数就可以用下式求得：

当 $A \neq 1$ 时

$$N_T = \frac{1}{\ln A} \ln\left[\left(1 - \frac{1}{A}\right)\frac{y_1 - mx_2}{y_2 - mx_2} + \frac{1}{A}\right] \tag{3-27}$$

$A = 1$ 时

$$N_T = \frac{y_1 - mx_2}{y_2 - mx_2} - 1 \tag{3-28}$$

理论板当量高度的值与填料塔内的物质性质、气液流动状态、填料的特性等多种因素有关，一般来源于实际数据或由实验关联式进行估算。在实际缺乏可靠数据时，也可以取表 3-16 所列近似值作为参考。

表 3-16　某些填料的 HETP 数据

填料类型	填料尺寸/mm		
	25	38	50
	等板高度/mm		
矩鞍	430	550	750
鲍尔环	420	540	710
环鞍	430	530	650

应予指出，采用上述方法计算出填料层高度后，还应留出一定的安全系数。根据设计经验，填料层的设计高度一般为

$$Z' = (1.2 \sim 1.5)Z$$

式中　Z'——设计时的填料层高度，m；

　　　Z——工艺计算得到的填料层高度，m。

3.3.7　填料层的分段

液体沿填料层下流时，有逐渐向塔壁方向集中的趋势，形成壁流效应。壁流效应造成填料层气、液分布不均匀，使传质效率降低。因此，设计时，每隔一定的填料层高度需要设置液体收集再分布装置，即将填料层分段。

对于常见的散堆填料塔，当填料层高度较高时，其填料的分段高度如表 3-17 所示。

表 3-17　填料层的分段高度

填料种类	填料高度/塔径	分段高度/m	填料种类	填料高度/塔径	分段高度/m
拉西环	2.5~3	<4	鲍尔环	5~10	<6
矩鞍环	5~8	<6	阶梯环	8~15	<6

对于规整填料，其分段高度如表 3-18 所示。

表 3-18　规整填料分段高度推荐值

填料类型	分段高度/m
250Y 板波纹填料	6.0
500Y 板波纹填料	5.0
500(BX)丝网波纹填料	3.0
700(CY)丝网波纹填料	1.5

3.3.8　塔附属空间高度

塔的附属空间高度主要包括塔的上部空间高度、安装液体分布器和液体再分布器（包括液体收集器）所需的空间高度、塔的底部空间高度以及塔的裙座高度。塔上部空间高度是指塔填料层以上，应有一足够的空间高度，以使随气流携带的液滴能够从气相中分离出来，该

高度一般取 1.2～1.5m。安装液体再分布器所需的塔空间高度，依据所用分布器的形式而定，应根据实际情况确定，一般需要 1～1.5m 的空间高度。塔的底部空间高度的取法与精馏塔的取法相同。

3.3.9 填料塔内件的类型与设计

3.3.9.1 液体初始分布器工艺设计

液体初始分布器设置于填料塔内填料层顶部，用于将塔顶端液体均匀地分布在填料表面上，液体初始分布器的好坏对填料塔的效率影响很大，因而液体分布装置的设计十分重要。对于大直径低填料层的填料塔，特别需要性能良好的液体初始分布装置。

液体分布器的性能主要由分布器的布液点密度（即单位面积上的布液点数）、各布液点的布液均匀性、各布液点上液相组成的均匀性决定，设计液体分布器主要是确定决定这些参数的结构尺寸。

为使液体分布器具有较好的分布性能，必须合理地确定布液孔数，布液孔数应依所用填料所需的质量分布要求决定。在通常情况下，满足各种填料质量分布要求的适宜喷淋点密度见表 3-19 和表 3-20。在选择填料的喷淋点密度时应遵守填料的效率越高，所需的喷淋点密度越大这一规律。根据所选择的填料，确定单位面积的喷淋点后，再根据塔的截面积就可求得分布器的布液孔数。

表 3-19　苏尔寿公司的规整填料的喷淋点密度推荐值

填 料 类 型	喷淋点密度/[点/m² (塔截面)]
250Y 板波纹填料	≥100
500(BX)丝网波纹填料	≥200
700(CY)丝网波纹填料	≥300

表 3-20　Eckert 的散装填料的喷淋点密度推荐值

塔径/mm	喷淋点密度/[点/m² (塔截面)]
400	330
750	170
≥1200	42

液体分布器的类型较多，有不同的分类方法，一般多以液体流动的推动力分类。若按流动的推动力分类，可分为重力式和压力式两类。若按结构类型分类，则可分为多孔型和溢流型。

(1) 多孔型液体分布器

多孔型液体分布器主要有排管式、环管式、筛孔盘式以及槽式等类型。其共同点在于都是利用分布器下方的液体分布孔将液体均匀地分布在填料层上。因而其液体流出方式均为孔流型，这里对几种常见的多孔型液体分布器的结构和设计做简单的介绍。

① 排管式液体分布器　排管式液体分布器的液体分布推动力可以是重力也可以是压力。

重力型排管式分布器主要由进液口、液位保持管、液体分配管和布液支管组成，进液口一般呈漏斗形，其内部放置金属丝网过滤器，以防止固体杂质进入分布器堵塞液体分布孔；液位保持管的作用是使分布器内保持一定的液位，为液位分布提供推动力；而液体分配管的作用是将液体均匀地分配到各布液支管中，液位保持管和液体分配管一般用圆形或方形钢管制成；布液支管由圆管制成，其下方开孔形成布液点。

　　这种分布器具有较高的液体分布质量,适合于与规整填料配合使用,用于中等以下液体负荷且无固体杂质条件下,一般用于塔顶液体回流分布器。

　　压力型排管式液体分布器的结构与重力型排管式分布器大体相同,其差别在于没有液位保持管,而是直接利用压力能将液体引入液体分配管。这种分配器因易受系统压力波动的影响,故其液体分布质量较差,一般用于萃取和吸收填料塔。排管式液体分布器的设计主要包括如下内容。

　　a.液体分配管与布液支管尺寸。液体分配管长度由塔径决定,一般在能够实现顺利安装的前提下,尽可能长些;管径由管内适宜流速决定,一般取其管内的最大流速不大于0.3m/s。布液支管是一组安装在液体分配管上的圆形钢管,各支管的外端点均位于以塔中心为圆心、半径小于塔内径的圆周上,各支管长度可根据塔内径、各支管的排数以及支管间距确定,不同塔内径下,所需的设计参数可以参考表 3-21。

表 3-21　排管式液体分布器工艺设计参考数据

塔径/mm	主管直径/mm	支管排数	管外缘直径/mm	最大体积流量/(m³/h)
400	50	3	360	3
500	50	3	460	5
600	50	4	560	7
700	50	4	660	9.5
800	50	5	760	12.5
900	50	5	860	16
1000	50	5	960	20
1200	75	7	1140	28
1400	75	7	1340	38.5
1600	100	5	1540	50
1800	100	6	1740	64
2000	100	6	1940	78
2400	150	7	2340	112
2800	150	8	2740	154

　　布液管直径由液体流量决定,适宜的管内流速在 0.1m/s 左右,一般情况下内管流速不得大于 0.3m/s,同时,管内径不得小于 15mm 和大于 45mm。

　　b.液位保持管尺寸及孔径。对于重力式排管液体分布器,液位保持管的高度由液体最大流量下的最高液位决定,一般为最高液位的 1.12~1.15 倍。液位保持管的管径依管内的适宜流速决定,一般取其流速在 0.3m/s 左右。

　　布液孔的直径可以根据液体的流量及液位保持管选定的液体高度计算,公式如下

$$V_S = \frac{\pi}{4} d^2 nk \sqrt{2gh} \tag{3-29}$$

式中　d——布液孔直径,m;

　　　V_S——液体流量,m³/s;

　　　n——开孔数目;

　　　k——孔流系数,通常取 0.55~0.65;

　　　h——液体高度,m;

g——重力加速度，m/s。

液体高度的确定应和布液孔的直径协调设计，使各项参数均在适宜的范围内。最高液位的范围通常在 $200\sim500mm$ 之间，而布液孔的直径宜在 $3\ mm$ 以上。

对于压力型排管式分布器，其布液孔的直径也可采用式(3-29)计算，但应将式中的液位高度用分布器的液体流动压力降代替，即

$$h=\frac{\Delta p}{\rho_{L}g} \tag{3-30}$$

式中　Δp——分布器压力降，Pa；

　　　ρ_{L}——液体密度，kg/m^3。

设计中，液体流量 V_S 为已知，给定开孔上方的液位高度 h（或已知分布器的工作压力差 Δp），依据式(3-29)或式(3-30)，可设定开孔数目 n，计算布液孔的直径 d；亦可设布液孔的直径 d，计算开孔数目 n。

② 槽式孔流型液体分布器　其靠重力分布液体，因而属重力型液体分布器。其中，二级槽式分布器具有良好的布液性能，结构简单，气相阻力小，应用较为广泛，而单级槽式液体分布器空间占位低，常在塔内空间高度受到限制时使用。其主要由主槽和分槽组成，液体物料由主槽上的加料管加入主槽中，然后，通过主槽的布液结构按比例分配到各支槽中，并通过各支槽上的布液结构均匀地分布在填料层表面上。

a. 主槽结构。主槽为矩形敞开槽，其长度由塔径和分槽的数量及各分槽的位置决定，设计时一般应使其保持在 $200\sim300mm$ 之间，一般不大于 $350mm$。其宽度由槽内液体流速决定，一般要求该流速在 $0.24\sim0.30m/s$ 之间。主槽的布液结构是在对应于各分槽的位置处开一定数量的液体分布孔，由于各分槽的长度不同，所以分配的液量不同，因而各分槽处的开孔数目或布液孔的直径也不相同，开孔数目、布液孔的直径及液体高度的对应关系见式(3-29)，设计时可由该式协调处理三者间的关系。

主槽的分布孔可以开在主槽底部，但当液相中含有固体杂质时，为防止堵塞，也可开在主槽侧壁上，此时应在主槽上设置导液装置。

b. 分槽结构。分槽的数量由塔径、液相负荷、喷淋点数、液体在槽内的流速以及气相流通截面积等因素决定。

分槽的长度由塔径及排列情况而定，分槽的宽度主要由液体在槽内的流速决定，其数值通常为 $30\sim60mm$，分槽的高度也和主槽设计一样，由该分槽的液相最大负荷下的液体高度决定。该高度的确定也应和布液孔开孔数目及布液孔的直径利用式(3-29)进行协调，使各项指标均能在合适的范围内。一般来说，布液孔开孔数目由分布点密度决定。布液孔直径应在 $3mm$ 以上，通过调节布液孔的直径使最高液位在 $200mm$ 左右，分槽的高度大约为最大液体高度的 1.25 倍。

分槽布液结构依据实际需要有不同的结构形式，主要有底孔式、内管式、侧孔管式、侧孔槽式几类，见图3-3～图3-6。底孔式结构简单，易于加工，但其分布点位置受分槽位置限制，使用不够灵活，且底孔易堵塞；侧孔式虽然较为复杂，但由于其分布点可以根据需要灵活设置，因此具有优良的分布性能。

③ 筛孔盘式孔流型液体分布器　这种分布器主要由底盘和升气管组成，底盘固定在塔圈上，升气管通常为圆形或矩形，见图3-7和图3-8。液相通过底盘或升气管侧壁上的开孔，分布在填料表面上。显然当液相中含有较多固体杂质时，宜采用升气管侧壁开孔结构。此外为增加操作弹性，也可采用图3-9和图3-10所示的结构。

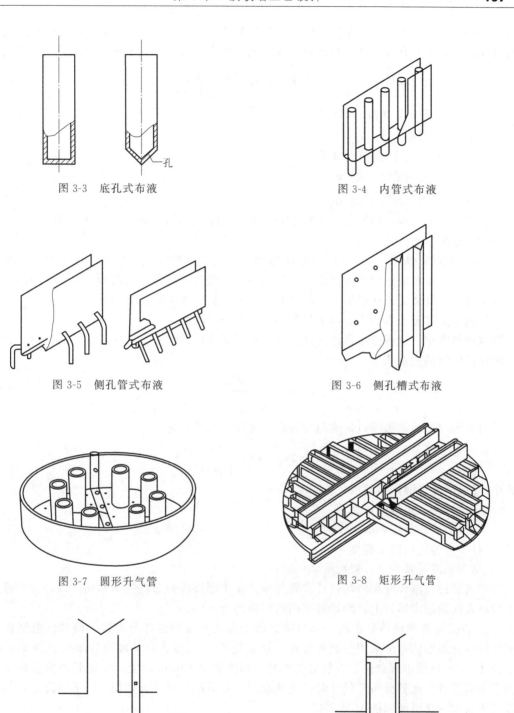

图 3-3　底孔式布液　　　　　　　　　　图 3-4　内管式布液

图 3-5　侧孔管式布液　　　　　　　　　图 3-6　侧孔槽式布液

图 3-7　圆形升气管　　　　　　　　　　图 3-8　矩形升气管

图 3-9　导液管开孔　　　　　　　　　　图 3-10　侧壁多排开孔

　　升气管应对上升气相有较好的分布性能、阻力小，同时也要考虑便于安排布液孔，在满足布液孔要求的条件下，尽可能增大升气管面积。一般升气管面积不得小于塔总面积的15％，如果该面积过小，将会造成较大的流动阻力。

　　升气管高度可由液体分布所需的最大液位高度决定，最大液位高度与布液孔径间的关系式见式(3-29)。由于升气管面积受分布液点要求限制，有时该面积可能较小，因而产生较大的气相阻力，此时在计算液位高度时应考虑到气相通过分布器的阻力，该阻力的计算式为

$$\Delta p = 0.04\left(\frac{\rho_G}{\rho_L}\right)\left(\frac{V_S}{A}\right) \tag{3-31}$$

式中　　Δp——升气管压降，kPa；

V_S——气相流速，m^3/s；

A——升气管总面积，m^2；

ρ_G——气相密度，kg/m^3；

ρ_L——液相密度，kg/m^3。

盘式液体分布器，应安装在填料层上方 150～300mm 处，以利于气体流动。

(2) 溢流型液体分布器

① 槽式溢流型液体分布器　其结构与槽式孔流型结构类似，其差别仅在于布液结构不同，它将孔流型布液点变为溢流堰口。溢流堰口一般为倒三角形或矩形。由于三角形堰口随液位的升高，液体流通面积加大，故这种开口形式具有较大的操作弹性。

溢流型液体分布器适用于高液量和易堵塞的场合，但其布液质量不如槽式孔流型。常用于散堆填料塔中。这种分布器的设计主要是确定溢流口的尺寸，对于矩形堰溢流口，其宽度与液位高度间的关系式为

$$b = \frac{3V_S}{2\sqrt{2g}\ \phi H^{\frac{3}{2}}} \tag{3-32}$$

对于倒三角形堰溢流口，夹角与液位高度间的关系式为

$$a = 2\arctan\left(\frac{V_S}{2.36\phi H^{2.5}}\right) \tag{3-33}$$

式中　　b——矩形溢流口宽度，m；

a——倒三角溢流口夹角，(°)；

V_S——液相负荷，m^3/s；

H——溢流口液位高度，m；

ϕ——流量系数（一般可取 $\phi=0.6$）。

槽式溢流型液体分布器的设计步骤与槽式孔流型液体分布器基本相同，该种分布器安装于填料表面的限定器以上，距填料表面的距离约为 50mm。

② 盘式溢流型液体分布器　其结构类似于盘式孔流型液体分布器，两者的差别在于溢流型液体分布器的布液采用溢流管或升气管上端开 V 形溢流口。溢流管采用直径 20mm 以上的开 60°斜口的小管制作，一般溢流管斜口高出底盘 20mm 以上，溢流管的数量依布液点密度要求设置。此种分布器设计时，应注意留有足够的气体流通面积，一般情况下，气体有效流通面积占总塔面积的 15%～45%。

3.3.9.2　液体收集及再分布装置

当填料层较高，需要多段设置时，或填料层间有侧线进料或出料时，在各段填料层之间要设液体收集及再分布装置，其目的是使液体重新分布，同时将上段填料流下的流体收集后充分混合，使进入下段填料层的液体具有均匀的浓度，并重新分布在下端填料层上。

液体收集再分布器的种类很多，大体可以分为两类，一类是液体收集器与液体再分布器各自独立，分别承担液体收集和再分布任务，对于这种结构，原则上，前述的各种液体分布器，都可以与液体收集器组合成液体收集再分布装置。另一类是集液体收集和再分布功能于

一体而制成的液体收集再分布器。这种液体收集再分布器结构紧凑，安装空间高度低，常用于塔内空间高度受到限制的场合。

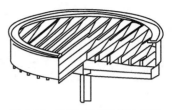

图 3-11　百叶窗式液体收集器

（1）百叶窗式液体收集器

百叶窗式液体收集器见图 3-11，主要由收集器筒体、集液板和集液槽组成。集液板由下端带导液槽的倾斜放置的一组挡板组成，其作用在于收集液体，并通过其下的导液槽将液体汇集于集液槽中，集液槽是位于导液槽下面的横槽或沿塔周边设置的环形槽，液体在集液槽中混合后，沿集液槽的中心管进入液体再分布器，进行液相的充分混合和再分布。

与百叶窗式集液器配合使用的液体再分布器可以是管式或槽式，可按需要选择。

（2）多孔盘式液体再分布器

多孔盘式液体再分布器是集液体收集和再分布功能于一体的液体收集再分布装置，这种液体收集再分布器具有结构简单、紧凑，安装空间高度低等优点，是工程中常用的液体再分布器装置之一，其结构与盘式液体分布器类似，设计方法基本相同，但有时为了结构上的需要，常将升气管制成矩形，并在升气管上方设遮挡板，以防止液体落入升气管。另外，这种分布器通常采用多点进料进行液体的预分布，以使盘上液面高度保持均匀，从而改善液体的分布性能。

（3）截锥式液体再分布器

截锥式液体再分布器是一种最简单的液体再分布器，多用于小塔径（$D<0.6\text{m}$）的填料塔，以克服壁流作用对传质效率的影响。该种分布器锥体与塔壁的夹角一般为 $35°\sim45°$，截锥口直径为塔径的 $70\%\sim80\%$。

3.3.9.3　气体分布装置

为使气相在塔内能够稳定均匀分布必须有合适的气体分布器。一般来说，实现气相均匀分布要比液相容易一些，故气体入塔的分布装置也相对简单一些。但对于大塔径、低压力降的填料塔来说，设置性能良好的气相分布装置仍然是十分重要的。

一般情况下，对于直径小于 2.5m 的小塔多采用简单的进气分布装置，见图 3-12。直径在 1m 以下的塔可采用图 3-12(a) 或（b）所示的结构，气体进口气速可按 10~18m/s 设计。进气口位置应在填料层以下约一个塔径的距离，且高于塔釜液面 300mm 以上。图 3-12(b)、(c) 是具有缓冲挡板的进气装置，由于挡板的作用，使入塔气体分成两股，呈环流向上，使气体分布较为均匀。

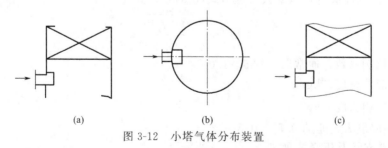

(a)　　　　　　　　　(b)　　　　　　　　　(c)

图 3-12　小塔气体分布装置

对于直径大于 2.5m 的大塔，则需要性能更好的气体分布装置，常用的结构见图 3-13。

3.3.9.4　除沫装置

气体在塔顶离开填料层时，带有大量的液沫和雾滴，为回收这部分液相，常需要在塔顶设置除沫器，常用的除沫器有如下几种。

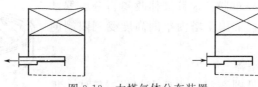

图 3-13　大塔气体分布装置

（1）折流板式除沫器

折流板式除沫器是一种利用惯性使液滴得以分离的装置，除沫器结构见图 3-14，折流板常用 50mm×50mm×3mm 的角钢制成，能除去尺寸在 50μm 以上的液滴，压力降一般为 50～100Pa，一般在小塔中使用。

（2）旋流板式除沫器

该除沫器由几块固定的旋流板片组成，见图 3-15。气体通过旋流板时，产生旋转流动，造成了一个离心力场，液滴在离心力作用下，向塔壁运动，实现了气、液分离。这种除沫器，效率较高，但压降稍大（约 300Pa 以内），适用于大塔径、净化要求高的场合。

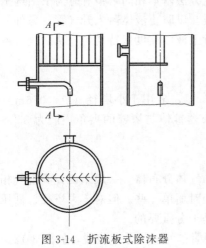

图 3-14　折流板式除沫器

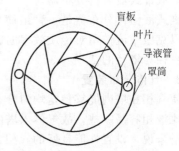

图 3-15　旋流板式除沫器

（3）丝网除沫器

丝网除沫器是最常用的除沫器，这种除沫器由金属丝网卷成高度为 100～150mm 的盘状，其安装方式有多种。气体通过除沫器的压降约为 120～250Pa。丝网除沫器直径由气体通过丝网的最大气速决定，该最大气速由式（3-34）计算

$$u = k\sqrt{\frac{\rho_L - \rho_G}{\rho_G}} \tag{3-34}$$

式中　k——比例系数，通常取 0.085～1.0；

　　　ρ_L——液体密度，kg/m³；

　　　ρ_G——气相密度，kg/m³。

实际气速取最大气速的 0.75～0.8。

3.3.9.5　填料支承及压紧装置

（1）填料支承装置

填料支承装置的作用是支承填料以及填料层内液体的重量，由于填料支承装置本身对塔内气、液的流动状态也会产生影响，因此除考虑其流体流动的影响外，一般情况下填料支承装置应满足以下要求：

- 有足够的强度和刚度，以支持填料及其所持液体的重量（持液量）；
- 有足够的开孔率（一般要大于填料的孔隙率），以防首先在支承处发生液泛；
- 结构上应有利于气、液相的均匀分布，同时不至于产生较大的阻力（一般阻力不大于 20Pa）；
- 结构简单，易于加工制造和安装。

常用的填料支承装置有栅格形、驼峰形等。

① 栅格形支承装置　栅格形支承装置（见图 3-16）结构简单，使用较多，特别适合规整填料的支承。栅条间距约为填料外径的 0.6～0.8 倍，为提高栅格的自由截面率，也可采用较大间距，并在其上预先散布较大尺寸的填料，而后再放置小尺寸填料。栅格形支承装置多分块制作，而后组装，每块宽度约为 300～400mm，可以通过人孔进行装卸。对于直径较大的塔，应加设中间支承架，支承架的结构和数量，应通过强度设计后确定。

图 3-16　栅格形支承装置

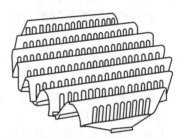
图 3-17　驼峰形支承装置

② 驼峰形支承装置　驼峰形支承装置（见图 3-17）适合于散堆填料的支承，一般用于直径在 1.5m 以上的大塔，采用分块制作，每块的宽度约为 290mm，高度约为 300mm，各块间留有 10mm 的间隙，使液相流动。驼峰侧壁开有条形圆孔，大小约为 25mm，以填料不至于漏出为限。此种支承装置，具有气体流通自由截面率大、阻力小、承载能力强、气液两相分布效果好等优点，是一种性能优良的填料支承装置。

（2）填料限定装置

为保证工作状态下填料床层能够稳定，防止高气相负荷或负荷突然变动时填料层发生松动，破坏填料层结构，甚至造成填料流失，必须在填料层顶部设置填料限定装置。填料限定装置可分为两类，由放置于填料层上端，仅靠自身重力将填料压紧的填料限定装置，称为填料压板；将填料限定装置固定于塔壁上，称为床层限定板。填料压板常用于金属和塑料填料，以防止由于填料层膨胀，改变其初始堆积状态而造成的流体分布不均匀现象。

① 填料压板　填料压板主要有两种形式，一种是栅条形压板（见图 3-18），另一种是丝网压板（见图 3-19）。栅条形压板的栅条间距为填料直径的 0.6～0.8 倍。丝网压板是将金属

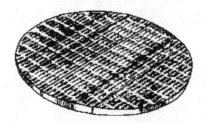
图 3-18　栅条形压板

图 3-19　丝网压板

丝编织的大孔金属网焊接于金属支承圈上而制成的，网孔的大小应以填料不能通过为限。填料压板的重量要适当，过重可能会压碎填料，过轻，则难以起到作用，一般需按 $1100N/m^2$ 设计，必要时需加装压铁以满足重量要求。

② 床层限定板　床层限定板可以采用与填料压板类似的结构，但其重量较轻，一般每平方米重量约 300N。

3.3.10　填料层压降的计算

气体通过填料塔的压力降，对填料塔的操作影响较大，若气体通过填料塔的压力降大，则塔操作过程的动力消耗大，特别是负压操作过程更是如此，这将增加塔的操作费用。对于需要加热的再生过程，气体通过填料塔时的压力降大，必然使塔釜液温度升高，从而消耗更高品位的热能，也将会使吸收过程的操作费用增加。气体通过填料塔的压力降主要包括气体进入填料塔的进口压力降和出口压力降、通过液体分布器及再分布器的压力降、通过填料支承及压紧装置的压力降、通过除沫器的压力降以及通过填料层的压力降等。

① 气体进口和出口压力降　气体进口和出口压力降可以按流体流动的局部阻力的计算方法进行计算。

② 气体通过液体分布器及再分布器的压力降　气体通过液体分布器及再分布器的压力降较小，一般可以忽略不计。

③ 气体通过填料支承及压紧装置的压力降　气体通过填料支承及压紧装置的压力降一般也可以忽略不计。

④ 气体通过除沫器的压力降　气体通过除沫器的压力降一般可近似取为 $120\sim250Pa$。

⑤ 气体通过填料层的压力降　气体通过填料层的压力降与多种因素有关，对于气体与液体逆流接触的填料塔，气体通过填料层的压力降与填料的类型、尺寸、物性、液体喷淋密度（单位时间、单位塔截面上的喷淋量）以及空塔气速有关。

压力降的计算可以利用 Eckert 通用关联图。Eckert 通用关联图（见图 3-2）上的泛点线下部是一组等压线，用于计算散堆填料在不同操作条件下其通过填料层时的压力降。计算时，先求出横坐标的值，再根据操作空塔气速及有关物性数据，求出纵坐标的值。通过查图得出交点的等压线数值，即得出每米填料层压降值。但需注意，利用 Eckert 通用关联图计算压力降时，应使用压降填料因子。各种不同填料的压降填料因子见表 3-22。

表 3-22　不同填料的压降填料因子　　　　　　　　　　　　　　m^{-1}

填料名称	填料尺寸/m				
	16	25	38	50	76
瓷拉西环	1050	576	450	288	
瓷矩鞍	700	215	140	160	
塑料鲍尔环	343	232	114	125/110	62
金属鲍尔环	306		114	98	
塑料阶梯环		176	116	89	
金属阶梯环			118	82	
金顺环矩鞍		138	93.4	71	36

3.4　设计举例

（1）设计条件（见表 3-23）

表 3-23　设计条件

气体处理量 V_s	10000m³/h	
进料组成(质量分数)/%	氨气	空气
	5%	95%
年开工时间	300 天×24h	
总压 P	130kPa	
回收率 Φ_A	95%	

（2）设计方案的确定

用水吸收氨气（属于易溶气体的吸收），为了提高传质效率，应该选用逆流吸收流程。用水作为吸收剂廉价、经济。

（3）填料的选择

对于水吸收氨气的过程，操作温度、操作压力较低，工业上常用选用聚丙烯散装阶梯环填料。在塑料散装填料中，塑料阶梯环填料的整合性能较好，故选用 $DN38$ 聚丙烯阶梯环填料。

（4）基础物性数据

① 液相物性数据　对低浓度吸收过程，溶液的物性数据可以近似地取纯水的物性数据，由手册查得 20 ℃时的水的有关物性如下：

密度为　　　　　　　　　　$\rho_L = 998.2 \text{kg/m}^3$

摩尔质量为　　　　　　　　$M_s = 18.02 \text{kg/kmol}$

黏度为　　　　　　$\mu_L = 0.001 \text{Pa·s} = 3.6 \text{kg/(m·h)}$

表面张力　　　　$\sigma_L = 72.6 \text{dyn/cm} = 940896 \text{kg/h}^2$

NH$_3$ 在水中的扩散系数为　$D_L = 1.76 \times 10^{-5} \text{cm}^2/\text{s} = 6.34 \times 10^{-6} \text{m}^2/\text{h}$

② 气相物性数据　混合气体的平均摩尔质量为

$$M_{Vm} = \sum y_i M_i = 17 \times 0.05 + 0.95 \times 29 = 28.4$$

混合气体的平均密度为

$$\rho_{Vm} = \frac{PM_{Vm}}{RT} = \frac{130 \times 28.4}{8.314 \times 293} = 1.52 \ (\text{kg/m}^3)$$

混合气体的黏度可近似取为空气的黏度，查手册得 20℃空气的黏度为

$$\mu_v = 1.81 \times 10^{-5} \text{Pa·s} = 0.065 \text{kg/(m·h)}$$

查手册得氨气在空气中的扩散系数为

$$D_V = 0.17 \text{cm}^2/\text{s} = 0.0612 \text{m}^2/\text{h}$$

③ 气液相平衡数据　查手册得氨气的溶解度系数为

$$H = 0.725 \text{kmol/(kPa·m}^3)$$

计算得亨利系数为

$$E = \rho_L / (HM_S) = 998.2 / (0.725 \times 18.02) = 76.41 \quad (\text{kPa})$$

相平衡常数为

$$m = E/P = 76.41 / 130 = 0.588$$

（5）物料衡算

进塔气体摩尔比为

$$Y_1 = y_1 / (1 - y_1) = 0.05 / (1 - 0.05) = 0.0526$$

出塔气体的摩尔比

$$Y_2 = Y_1 (1 - \Phi_A) = 0.0526 \times (1 - 0.95) = 0.00263$$

进塔惰性气体流量为

$$V = \frac{10000}{22.4} \times \frac{273}{273 + 20} \times \frac{130}{101} \times (1 - 0.05) = 508.6 \quad (\text{kmol/h})$$

该吸收过程属于低浓度，平衡关系为直线，最小液气比按下式计算，即

$$(L/V)_{\min} = (Y_1 - Y_2) / (Y_1 / m - X_2)$$

对于纯溶剂吸收过程，进塔液相组成为

$$X_2 = 0$$

$$(L/V)_{\min} = (0.0526 - 0.00263) / (0.0526 / 0.588 - 0) = 0.5586$$

取实际液气比为最小液气比的 1.8 倍，则可以得到吸收剂用量为

$$L/V = 1.8 (L/V)_{\min}$$
$$L = 1.8 \times 508.6 \times 0.5586 = 511.39 \quad (\text{kmol/h})$$

由公式得

$$V(Y_1 - Y_2) = L(X_1 - X_2)$$
$$X_1 = 508.6 \times (0.0526 - 0.00263) / 511.39 = 0.05$$

（6）填料塔的工艺尺寸的计算

① 塔径的计算　采用 Eckert 通用关联图计算泛点气速。

气相质量流量为

$$W_V = 10000 \times 1.52 = 15200 \quad (\text{kg/h})$$

液相质量流量可近似按水的流量计算，即

$$W_L = 511.39 \times 18.02 = 9215.25 \quad (\text{kg/h})$$

Eckert 通用关联图的横坐标为

$$\frac{W_L}{W_V} \left(\frac{\rho_{Vm}}{\rho_L} \right)^{0.5} = \frac{9215.25}{15200} \times \left(\frac{1.52}{998.2} \right)^{0.5} = 0.024$$

查图 3-2 得

$$(u_f^2 \phi \psi / g)(\rho_V / \rho_L) \mu_L^{0.2} = 0.22$$

查表 3-10 得 $\phi = 170 \text{m}^{-1}$，则

$$u_f = \left(\frac{0.22g\rho_L}{\phi\psi\rho_V\mu_L^{0.2}}\right)^{0.5} = \left[(0.22 \times 9.81 \times 998.2)/(170 \times 1 \times 1.52 \times 1^{0.2})\right]^{0.5} = 2.89 \text{ (m/s)}$$

操作气速　　　　　　　　$u = 0.8u_f = 0.8 \times 2.89 = 2.31 \text{ (m/s)}$

塔径　　　　$D = (4V_S/\pi u)^{0.5} = \left(\frac{4 \times 10000}{3.14 \times 2.31 \times 3600}\right)^{0.5} = 1.24 \text{ (m)}$

圆整塔径，取 $D = 1.4\text{m}$。

泛点率校核

$$u = 10000/(3600 \times \pi/4 \times 1.4^2) = 1.81 \text{ (m/s)}$$

$$u/u_f = 1.81/2.89 = 62.5\% \text{ （允许的范围为 } 0.5 \sim 0.85\text{）}$$

填料规格校核

$$D/d = 1400/38 = 36.84 > 8$$

经以上校核可知，填料塔径直径选用 $D = 1400\text{mm}$ 合理。

② 填料层高度计算

$$Y_1^* = mX_1 = 0.588 \times 0.05 = 0.0294$$

$$Y_2^* = 0$$

式中，Y_1^*、Y_2^* 分别为与 X_1、X_2 相平衡的气相组成。

脱吸因子为

$$S = mV/L = 0.588 \times 508.6/511.39 = 0.584$$

气相总传质单元数为

$$N_{OG} = 1/(1-S)\ln\left[(1-S)(Y_1 - Y_2^*)/(Y_2 - Y_2^*) + S\right]$$
$$= 1/(1-0.584)\ln\left[(1-0.584) \times 0.0526/0.00263 + 0.584\right] = 5.26$$

气相总传质单元高度采用修正的恩田关联式(3-23) 计算

$$a_w = a\left\{1 - \exp\left[-1.45\left(\frac{\delta_c}{\delta}\right)^{0.75}\left(\frac{W_L}{a\mu_L}\right)^{0.1}\left(\frac{W_L^2 a}{\rho_L^2 g}\right)^{-0.05}\left(\frac{W_L^2}{\rho_L \delta a}\right)^{0.2}\right]\right\}$$

查表 3-15 得

$$\delta_c = 33\text{dyn/cm} = 427680\text{kg/h}^2$$

液体质量通量为

$$W_L = 9215.25/0.785 \times 1.4^2 = 5989.4 \text{ [kg/(m}^2 \cdot \text{h)]}$$

$$\alpha_w = 132.5 \times \left\{1 - \exp\left[-1.45\left(\frac{427680}{940896}\right)^{0.75}\left(\frac{5989.4}{132.5 \times 3.6}\right)^{0.1}\right.\right.$$
$$\left.\left.\left(\frac{5989.4^2 \times 132.5}{998.2^2 \times 1.27 \times 10^8}\right)^{-0.05}\left(\frac{5989.4^2}{998.2 \times 940896 \times 132.5}\right)^{0.2}\right]\right\}$$
$$= 37.8 \text{ (m}^2/\text{m}^3)$$

气膜吸收系数由式(3-21) 计算

$$k_G = 0.237 \left(\frac{W_V}{a\mu_V}\right)^{0.7} \left(\frac{\mu_V}{\rho_V D_V}\right)^{\frac{1}{3}} \left(\frac{aD_V}{RT}\right) \Psi^{1.1}$$

气相质量流率为

$$W_V = 15200/(0.785 \times 1.4^2) = 9879.1 \ [kg/(m^2 \cdot h)]$$

查表 3-14 得：$\Psi = 1.45$，则

$$k_G = 0.237 \left(\frac{9879.1}{132.5 \times 0.065}\right)^{0.7} \left(\frac{0.065}{1.52 \times 0.0612}\right)^{\frac{1}{3}} \left(\frac{132.5 \times 0.0612}{8.314 \times 293}\right) 1.45^{1.1}$$

$$= 0.146 \ [kmol/(m^2 \cdot h \cdot kPa)]$$

液膜吸收系数由式(3-22)计算

$$k_L = 0.0095 \left(\frac{W_L}{a_w \mu_L}\right)^{\frac{2}{3}} \left(\frac{\mu_L}{\rho_L D_L}\right)^{-0.5} \left(\frac{u_L g}{\rho_L}\right)^{\frac{1}{3}} \Psi^{0.4}$$

$$= 0.0095 \left(\frac{5989.4}{37.8 \times 3.6}\right)^{\frac{2}{3}} \left(\frac{3.6}{998.2 \times 6.34 \times 10^{-6}}\right)^{-0.5} \left(\frac{3.6 \times 1.27 \times 10^8}{998.2}\right)^{\frac{1}{3}} 1.45^{0.4}$$

$$= 0.445 \ (m/h)$$

则

$$k_{Ga} = k_G a_w$$

得

$$k_{Ga} = 0.146 \times 37.8 = 5.52 \ [kmol/(m^3 \cdot h \cdot kPa)]$$

$$k_{La} = k_L a_w$$

得

$$k_{La} = 0.445 \times 37.8 = 16.82 l/h$$

因为

$$u/u_f = 62.5\% > 50\%$$

由

$$k'_{Ga} = [1 + 9.5(u/u_f - 0.5)^{1.4}] k_{Ga}, k'_{La} = [1 + 2.6(u/u_f - 0.5)^{2.2}] k_{La}$$

$$k'_{Ga} = 8.37 kmol/(m^3 \cdot h \cdot kPa)$$

$$k'_{La} = 17.27 \ kmol/(m^3 \cdot h \cdot kPa)$$

则

$$K_{Ga} = \frac{1}{\dfrac{1}{k'_{Ga}} + \dfrac{1}{H k'_{La}}}$$

计算得

$$K_{Ga} = 5.02 kmol/(m^3 \cdot h \cdot kPa)$$

气相总传质单元高度为

$$H_{OG} = V/(K_{Ga} P\Omega) = 508.6/(5.02 \times 130 \times 0.785 \times 1.4^2) = 0.51 \ (m)$$

计算填料层的高度为

$$Z = H_{OG} N_{OG} = 0.51 \times 5.26 = 2.68 \ (m)$$

设计填料层的高度为

$$Z' = 1.4 \times 2.68 = 3.75 \ (m)$$

圆整后，取 $Z' = 4m$。

查表 3-17 得散装填料分段高度推荐值 $h/D = 8 \sim 15$，$h_{max} \leqslant 6m$，取 $h/D = 10$，则

$$h = 10 \times 1400 = 14000 \ (\text{mm})$$

计算得填料层高度为 4000mm，小于 14000mm，故不需分段。

（7）塔附属空间高度

塔上部空间高度，可取 1.3m，塔底液相停留时间按 5min 考虑，则塔釜液所占空间高度为

$$h_1 = \frac{5 \times 60 \times \dfrac{9215.25}{998.2 \times 3600}}{\pi/4 \times 1.4^2} = 0.5 \ (\text{m})$$

考虑到气相接管所占空间高度，底部空间高度可取 0.7m，所以塔的附属空间高度可以取为 2.0m。

（8）初始分布器和再分布器

① 液体初始分布器

a. 布液孔数。根据该物系性质可选用盘式液体分布器，按 Eckert 建议值，应取喷淋点密度为 42 点/m²，因该塔液相负荷较大，设计时取 100 点/m²，则总布液孔数为

$$n = 100 \times \pi/4 \times 1.4^2 = 1.54 \times 100 = 154 \ （个）$$

b. 液体保持管高度。取布液孔直径为 5mm，则液位保持管中的液位高度可由式得出

$$h = \left(\frac{4V_s}{\pi d^2 nk}\right)^2 \Big/ 2g = \left(\frac{4 \times \dfrac{9215.25}{998.2 \times 3600}}{3.14 \times (0.005^2 \times 154 \times 0.65)}\right)^2 \Big/ (2 \times 9.81) = 0.087 \ (\text{m})$$

则液位保持管高度为

$$h' = 1.15 \times 87 = 100 \ (\text{mm})$$

② 液体再分布器　由于填料层高度不高，可不设液体再分布器。

本装置由于直径较小，可采用简单的进气分布装置，同时，对排放的净化气体中的液相夹带要求不严，故可不设除液沫装置。

（9）填料塔接管尺寸计算

a. 为防止流速过大引起管道冲蚀、磨损、振动和噪声，液体流速一般不超过 3m/s，气体流速一般不超过 50m/s。

取气体流速为 20m/s，气体进出口管管径为

$$d = \sqrt{\frac{4V_S}{\pi u}} = \sqrt{\frac{4 \times 10000/3600}{3.14 \times 20}} = 0.42 \ (\text{m})$$

故管子的公称直径圆整为 400mm。

b. 取液体流速为 0.5m/s，液体进出口管管径为

$$d = \sqrt{\frac{4V_S}{\pi u}} = \sqrt{\frac{4 \times \dfrac{9215.25}{998.2 \times 3600}}{3.14 \times 0.5}} = 0.08 \ (\text{m})$$

故管子的公称直径为 80mm。

（10）填料层压降的计算

填料塔的压力降为

$$\Delta p_f = \Delta p_1 + \Delta p_2 + \Delta p_3 + \sum \Delta p$$

① 气体进出口压力降　取气体进出口接管的内径为 426mm，则气体的进出口流速为 20m/s，则进口压力降为

$$\Delta p_1 = 0.5 \times \frac{1}{2} \times \rho \mu^2 = 0.5 \times \frac{1}{2} \times 1.52 \times 20^2 = 152 \ (Pa)$$

出口压力降为

$$\Delta p_2 = 1 \times \frac{1}{2} \times \rho \mu^2 = 1 \times \frac{1}{2} \times 1.52 \times 20^2 = 304 \ (Pa)$$

② 填料层压力降　采用 Eckert 通用关联图计算填料层压降

横坐标为

$$\frac{W_L}{W_V} \left(\frac{\rho_{Vm}}{\rho_L} \right)^{0.5} = \frac{9215.25}{15200} \times \left(\frac{1.52}{998.2} \right)^{0.5} = 0.024$$

查表 3-22 得：$\phi = 116 m^{-1}$，则纵坐标为

$$\frac{u^2}{g} \frac{\phi \psi}{\rho_L} \rho_V \mu_L^{0.2} = \frac{2.89^2 \times 116 \times 1}{9.81} \times \frac{1.52}{998.2} \times 3.6^{0.2} = 0.194$$

查图 3-2 得，$\dfrac{\Delta p}{Z} = 981 Pa/m$，则填料层压降为

$$\Delta p_3 = 981 \times 4 = 3924 \ (Pa)$$

③ 其他塔内件的压力降　其他塔内件的压力降 $\sum \Delta p$ 较小，在此可以忽略。
于是得吸收塔的总压力降为

$$\Delta p_f = 152 + 304 + 3924 = 4380 \ (Pa)$$

表 3-24　设计一览表

吸收塔类型：聚丙烯散装阶梯环吸收填料塔		
混合气处理量：10000m³/h		
工　艺　参　数		
名称	清水	氨气
操作压力/kPa	130	130
操作温度/℃	20	20
流速/(m/s)	0.5	20
液体密度/(kg/m³)	998.2	1.52
质量流量/(kg/h)	9215.25	15200
进料管管径	DN80	DN400
出口管径	DN80	DN400
扩散系数/(m²/h)	6.34×10⁻⁶	0.0612
黏度/(kg/m·h)	3.6	0.065
表面张力/(kg/h²)	940896	
塔径/mm	1400	
填料层高度/mm	4000	
分布点数	154	
塔的附属空间高度/m	2.0	
填料层压降/Pa	4380	

吸氨塔设计条件图见图 3-20。

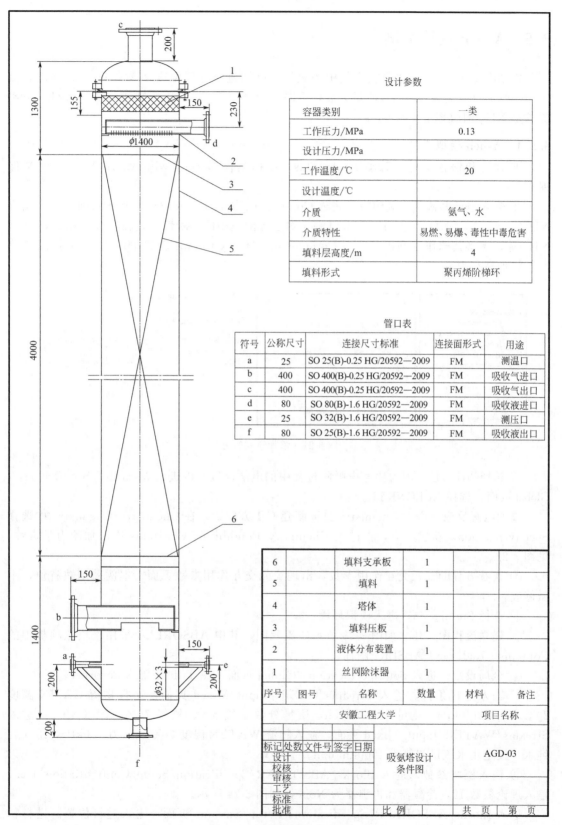

设计参数

容器类别	一类
工作压力/MPa	0.13
设计压力/MPa	
工作温度/℃	20
设计温度/℃	
介质	氨气、水
介质特性	易燃、易爆、毒性中毒危害
填料层高度/m	4
填料形式	聚丙烯阶梯环

管口表

符号	公称尺寸	连接尺寸标准	连接面形式	用途
a	25	SO 25(B)-0.25 HG/20592—2009	FM	测温口
b	400	SO 400(B)-0.25 HG/20592—2009	FM	吸收气进口
c	400	SO 400(B)-0.25 HG/20592—2009	FM	吸收气出口
d	80	SO 80(B)-1.6 HG/20592—2009	FM	吸收液进口
e	25	SO 32(B)-1.6 HG/20592—2009	FM	测压口
f	80	SO 25(B)-1.6 HG/20592—2009	FM	吸收液出口

6		填料支承板	1		
5		填料	1		
4		塔体	1		
3		填料压板	1		
2		液体分布装置	1		
1		丝网除沫器	1		
序号	图号	名称	数量	材料	备注
		安徽工程大学		项目名称	
标记 处数 文件号 签字 日期			吸氨塔设计条件图	AGD-03	
设计					
校核					
审核					
工艺					
标准					
批准		比例		共 页 第 页	

图 3-20 吸氨塔设计条件图

3.5 Aspen 设计举例

用 20℃、150kPa 的水吸收空气中的氨气。已知进料空气温度 20℃，压力 130kPa，流量 10000m³/h，含氨气 5％（质量分数，下同），空气 95％。年开工时间 300 天×24h，分离要求是 NH_3 回收率至少为 95％。

3.5.1 Aspen 模拟

① 建立和保存文件。启动 Aspen Plus，选择模板 General with Metric Units，将文件保存。

② 输入组分并添加亨利组分。进入 Component/Specification/Selection 页面，输入组分 NH_3、O_2、N_2、NH_4^+、OH^-、H_2O 等，对于稀溶液中的不凝性、超临界气体如 O_2、N_2、NH_3 等，需将其选作亨利组分。在 Components/Henry Comps 新建 HC-1。本例按图 3-21 所示添加亨利组分。

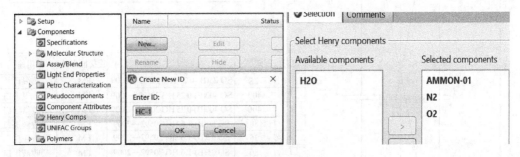

图 3-21 添加亨利组分

③ 选择物性方法。因为要考虑吸收过程中的电解反应所以进入 Methods｜Specifications｜Global 页面，选择 ELECNRTL。

添加电解反应，进入 Chemistry 页面新建 C-1 方程式，在 Chemistry/Chemistry 中选择 Specify reaction，新建反应，再进入 Chemistry/Equilibrium Constants 中添加动力学常数，见图 3-22。

④ 查看方程的二元交互作用参数，出现二元交互作用参数页面，本例采用缺省值，不做修改。

⑤ 选择 Simulation，进入模拟环境。

⑥ 建立流程图。建立如图 3-23 所示的流程图，其中 ABSORBER 采用模块选项板中的 Columns｜RadFrac｜ABSBR1 图标。

⑦ 全局设定。进入 Set/Specifications/Global 页面，在 Title 中输入 absorber。

⑧ 输入进料条件。进入 Streams/GASIN/Input/Mixed 页面，输入物流 GASIN 温度 20℃，压力 130kPa，流量 10000m³/h，质量分数氨气 5％、氮气 76％、氧气 19％，进入 Streams/WATER/Input/Mixed 页面，输入物流 WATER 温度 20℃，压力 150kPa，组成为纯水，设定用水流量初值为 1000kmol/h。

⑨ 输入模块参数。进入 Blocks/ABSORBER/Specification/Setup/ConfiguRation 页面，输入理论板数 12，冷凝器和再沸器为 None，如图 3-24 所示。

进入 Blocks/ABSORBER/Specifications/Setup/Streams 页面，输入进料位置。进料物流 GASIN 的进料位置为 12，物流 WATER 的进料位置为 1，如图 3-25 所示。

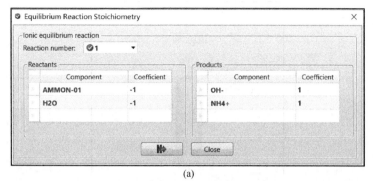

(a)

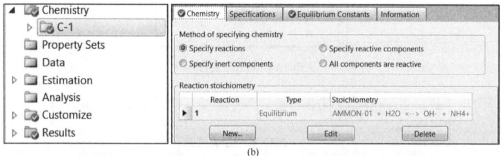

(b)

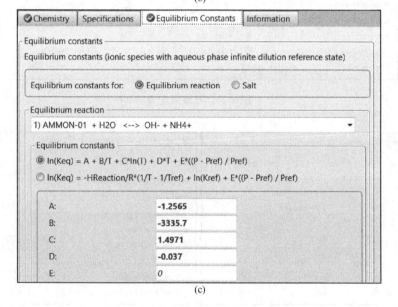

(c)

图 3-22　添加电解反应及输入平衡常数

进入 Blocks/ABSORBER/Specifications/Setup/Pressure 页面，输入 ABSORBER 第一块塔板压力 101.325kPa，塔体压降为 0.2bar，如图 3-25 所示。

对于宽沸程物系，在使用 RadFrac 模块模拟时需指定以下两种情况中的一种：

a. 算法（Algorithm）：在 Blocks/ABSORBER/Convergence/Convergence/Basic 页面中选择算法 Sum-Rate，但前提是先选用收敛方法 Custom 才可进行选择。

b. 收敛（Convergence）：在 Blocks/ABSORBER/Specification/Setup/Configuration 页面选择 Convergence 为 Standard，并将 Blocks/ABSORBER/Convergence/Advanced 页面中左列第一个选项 Absorber 的 No 改成 Yes。

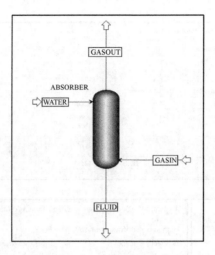

图 3-23 吸收塔流程

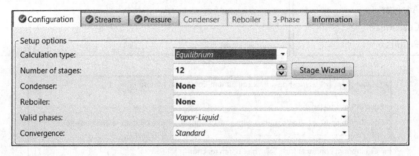

图 3-24 吸收塔配置

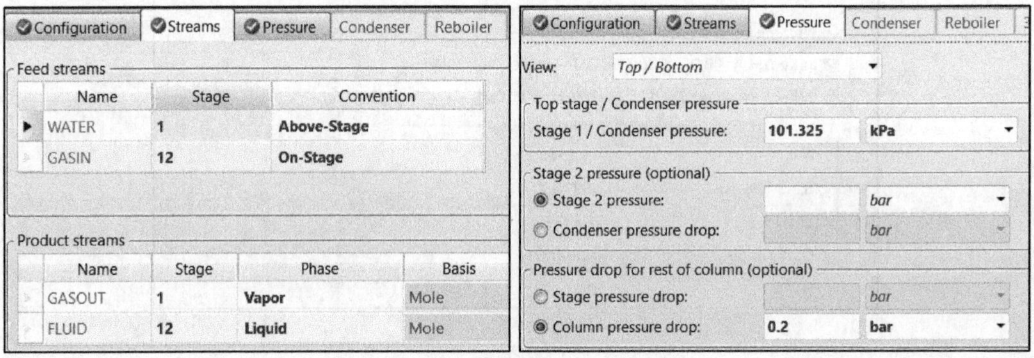

图 3-25 吸收塔流股和压力指定

对于本例，可按照本条方法进行选择，若运行后流程不收敛，还可将 Blocks/ABSORB-ER/Convergence/Convergence/Basic 页面中的 Maximum iteration 设置为 200，分别如图 3-26 和图 3-27 所示。

在 Blocks/ABSORBER/Specifications/Reactions/Specifications 中添加反应，反应发生在 1~12 块塔板之间。Chemistry ID 选择 C-1 反应。

⑩ 运行模拟。点击 next，出现 Required Input Complete 对话框，点击 OK，运行模拟，流程收敛。进入 Blocks/ABSORBER/Stream results/Material 页面，可查看塔顶气相中氨气

图 3-26　改变迭代次数

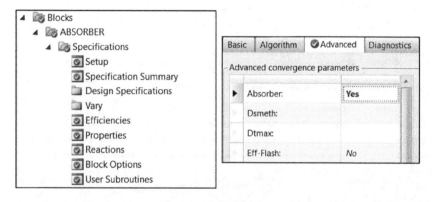

图 3-27　高级选项设置

的摩尔流量为 0.093kmol/h，浓度为 0.000186（摩尔分数），回收率为 99.72%，回收率及塔顶体积分数均满足设计要求。

⑪ 优化。进入 Model Analysis Tools/Sensitivity 中，Vary 页面设置以水流量大小为自变量，Define 页面定义塔顶采出气中氨气的摩尔分数、摩尔流量以及进口气体中氨气的摩尔流量，Tabulate 页面给出要得到的出口气体中氨气摩尔分数和氨气的吸收率表达式。Vary、Define、Tabulate 定义如图 3-28 所示。灵敏度分析结果如图 3-29。

由结果可得出最佳水流量的大小为 740kmol/h，此时氨气的回收率为 95.3%，达到设计要求。

3.5.2　Aspen 校核

2019 全国化工设计大赛填料塔设计要求为

a. 对于填料塔，每段填料的高度应在 4～6m，段间设置液体再分布器。

b. 对于填料塔，整个填料层的能力因子（Fractional Capacity）均应介于 0.4～0.8 之间。

① 新建塔段 CS-1，在 Geometry 页选择 CMR 填料（聚丙烯阶梯环），填料大小选择 NO-2A。填料层高度输入 4m（来自 3.4 节计算结果），如图 3-30 所示。也可输入等板高度 HETP（ln HETP＝$h-1.292\ln\sigma_L+1.47\ln\eta_L$，$\sigma_L$ 为液相表面张力，N/m；η_L 为液相黏度，Pa·s；h 为常数，可查填料手册）。

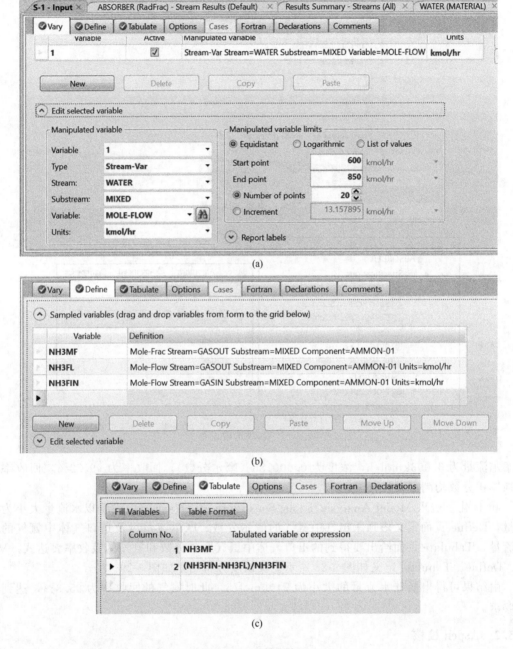

图 3-28 灵敏度定义

② 在 Design Parameters 页面修改设计参数，如图 3-31 所示。% Approach to maximum capacity 设为 80%；System foaming factor 设为 0.85；压降计算方法选择 Eckert。

③ 在 CS-1/Results 查看结果，如图 3-32 所示，发现最大能力因子超过范围。

④ 校核模式。回到 CS-1/Geometry 页面，将 mode 改为校核模式。圆整塔直径为 1.4m，再次运行结果，最大能力因子降为 68.66%。总压力降为 0.0022 MPa，在填料允许的压降范围内。

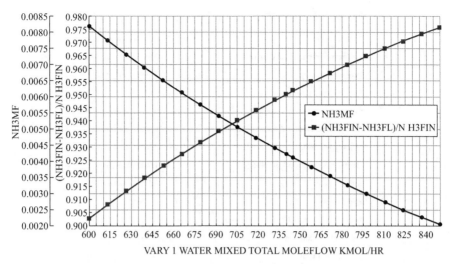

图 3-29 灵敏度分析结果

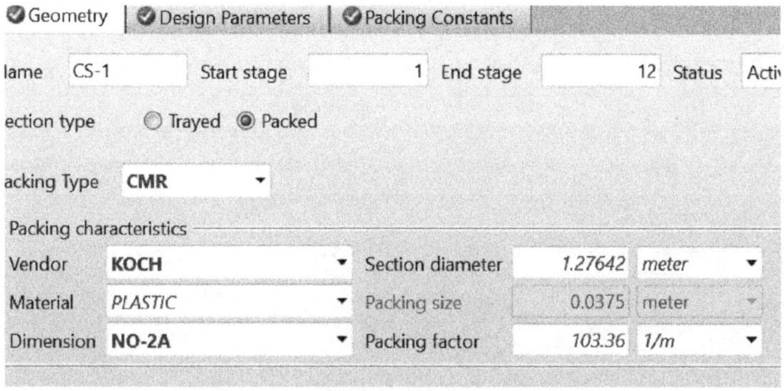

图 3-30 几何参数

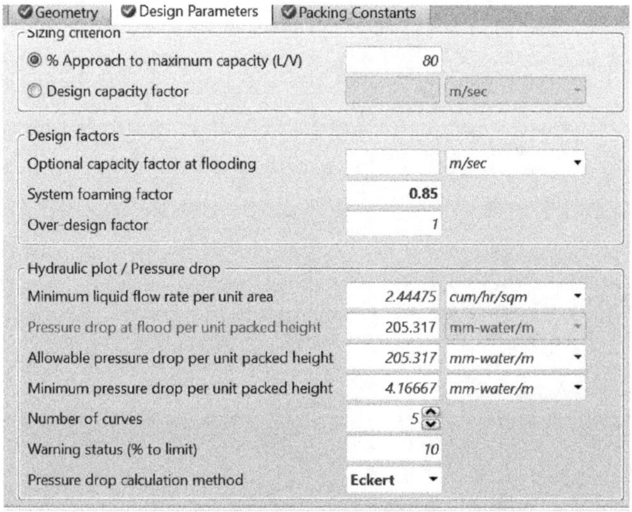

图 3-31 设计参数

Summary	By Stage	Messages		
Section height	4	meter
Maximum % capacity (constant L/V)	82.6108	
Maximum capacity factor	0.0972689	m/sec
Section pressure drop	0.0396102	bar
Average pressure drop / Height	100.978	mm-water/m
Average pressure drop / Height (Frictional)	99.8107	mm-water/m
Maximum stage liquid holdup	3.19895	l
Maximum liquid superficial velocity	11.6815	cum/hr/sqm
Surface area	0.0164	sqcm/cc
Void fraction	0.93	
1st Stichlmair constant	0.881109	
2nd Stichlmair constant	-0.0608523	
3rd Stichlmair constant	1.91265	

图 3-32　填料塔设计结果

第4章 列管式换热器机械设计

4.1 概述

列管式换热器主要由管束、管板、折流板、壳体和封头（或称壳盖）等部分组成。管束由许多平行排列的管子组成，管子固定在管板上，管板和外壳连接在一起。管外设折流板是为了增加流体在管外空间的流速，并且流体能多次错流流过管束以改善给热情况。折流板的安装固定是通过拉杆和定距管束实现的。在换热器的外壳和封头装有流体的进出管，封头与管板之间的空间构成流体的分配室（亦称管箱），有时在壳体和封头还装有检查孔，为安装测量仪表用的接口管以及排液孔和排气孔。此外，还有封头与壳体的连接附件法兰，承托设备重量的支座等。

列管式换热器的机械设计主要包括两方面，一方面是工艺结构与机械结构设计，工艺结构部分已在工艺计算中确定的尺寸，在机械结构设计中还需要做某些校核、修正。另一方面是换热器受力元件如封头、管箱、壳体、膨胀节、管板、管子等的应力计算和强度校核，以保证换热器安全运行。

列管式换热器机械设计主要包括以下内容：
① 壳体和管箱壁厚计算；
② 管子与管板连接结构设计；
③ 壳体与管板连接结构设计；
④ 管板厚度计算；
⑤ 折流板、支持板等零部件的结构设计；
⑥ 换热管与壳体在温差和流体压力联合作用下的应力计算；
⑦ 管子拉脱力和稳定性校核；
⑧ 判断是否需要膨胀节，如需要，则选择膨胀节结构形式并进行有关的计算；
⑨ 接管、接管法兰、容器法兰、支座等的选择及开孔补强设计等。

4.2 列管式换热器的结构设计

4.2.1 管程结构

4.2.1.1 换热管

在换热器工艺设计中已确定的有换热管的规格、长度、根数、排列方式、中心距等，在结构设计中主要关注换热管的具体布置，固定管板式换热器的布管限定圆直径 D_L 不得大于 $D_i - 2b$，其中 D_i 为壳体内直径，b 为最外层换热管外表面至壳体内壁的最短距离，b 通常取 0.5 倍的换热管外径，且不小于 8mm。

4.2.1.2 管箱结构

壳体直径较大的换热器大多采用管箱结构。管箱位于管壳式换热器的两端，管箱上设有一段短节，具有保证管箱必要的深度以安装接管和改变流体流向。椭圆形封头比平盖受力好得多，所以椭圆形封头管箱是用得最多的一种结构形式，可用于单程或多程管箱。图 4-1 为双程封头管箱，图 4-2 为轴向开管口的单程封头管箱。封头管箱优点是结构简单，便于制造，适于高压、清洁介质；缺点是检查管子和清洗管程时必须拆下连接管道和管箱。

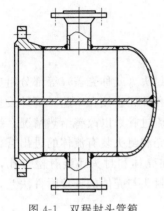

图 4-1　双程封头管箱

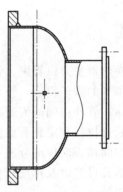

图 4-2　单程封头管箱

　　封头管箱结构包括管箱法兰、短节、封头、分程隔板等。管箱法兰通常采用长颈对焊法兰和平焊法兰。椭圆形封头及短节的直径均等于壳体的直径。分程隔板的位置尺寸由排管图确定。短节长度尺寸要介于最小长度和最大长度之间，最小长度 L_{min} 保证流体分布均匀、流速合理以及强度因素限制，最大长度 L_{max} 保证制造安装方便。一般工艺设计时考虑这个问题，设备设计时按 GB/T 151—2014 第 3.2 条进行核对。单程管箱采用轴向接管时，接管中心线上的管箱最小长度应大于或等于接管内直径的 1/3。

4.2.1.3　管板

　　管板是管壳式换热器最重要的零部件之一，管板同时承受管程、壳程的压力和温度作用，管板材料一般采用 Q345（锻），当换热介质有腐蚀性时，管板材料可采用不锈钢，当管板厚度较大时，整体不锈钢管板价格贵，工程上往往采用复合钢板。延长部分兼作法兰的管板是常用的一种管板结构，与容器法兰相配，所以管板的多个结构尺寸如管板外径、中心圆直径、管板上螺栓孔的数量、孔径等均参考容器法兰的尺寸。

4.2.2　壳程结构

4.2.2.1　弓形折流板

　　折流板的作用是改变壳程介质的流向，增加管间流速，以达到增加传热效果的目的。弓形折流板是最为常用的一种形式，它的结构如图 4-3 所示。在工艺设计里已确定好折流板的间距、折流板的缺口高度、折流板的排列方式。在机械设计中还需要确定的尺寸有折流板的外径、折流板的厚度、折流板的管孔大小。

图 4-3　弓形折流板

　　（1）折流板的外径

　　折流板的外径按表 4-1 确定。

表 4-1　折流板的外径　　　　　　　　　　　　　mm

公称直径 DN	<400	400~500	500~900	900~1300	1300~1700	1700~2000	2000~2300	2300~2600
折流板名义外直径	$DN-2.5$	$DN-3.5$	$DN-4.5$	$DN-6$	$DN-8$	$DN-10$	$DN-12$	$DN-14$
允许误差	0 -0.5		0 -0.8		0 -1.2		0 -1.4	0 -1.6

（2）折流板的厚度

折流板的厚度与壳体直径及折流板间距有关，并取决于它所支承的质量。板厚增大，管束不易激发振动，其最小厚度可按表 4-2 选取。

表 4-2　折流板的最小厚度　　　　　　　　　　　mm

公称直径 DN	最大无支承间距					
	≤300	300~600	600~900	900~1200	1200~1500	>1500
<400	3	4	5	8	10	10
400~700	4	5	6	10	10	12
700~900	5	6	8	10	12	16
900~1500	6	8	10	12	16	16
1500~2000	10	12	16	20	20	20
2000~2600	12	14	18	20	20	22

（3）折流板的管孔

GB/T 151—2014 规定，当为Ⅱ级换热器时，管孔直径及允许偏差按表 4-3 选取。

表 4-3　折流板管孔直径及允许偏差　　　　　　　mm

管子外径 d_o	14	16	19	25	32	38	45	57
管孔直径 d	14.6	16.6	19.6	25.8	32.8	38.8	45.8	58.0
允许偏差	+0.4 0				+0.45 0		+0.5 0	

4.2.2.2　拉杆与定距管

折流板一般用拉杆和定距管固定在一起，如图 4-4(a) 所示，拉杆一端用螺纹拧入管板，每两块折流板之间的间距用定距管保证，每根拉杆上最后一块折流板用双螺母固定。当换热管外径小于或等于 14mm 时，将折流板与拉杆点焊在一起，不用定距管的结构形式来固定折流板，如图 4-4(b) 所示。

拉杆结构如图 4-5 所示。

拉杆直径、拉杆数量、拉杆尺寸在 GB/T 151—2014 已有规定，具体见表 4-4~表4-6。拉杆应尽量均匀布置在管束的外边缘，且占据换热管的位置。拉杆的尺寸按需要而定。

定距管需要确定的尺寸包括定距管的规格、定距管的长度。定距管的规格同换热管的规格尺寸，定距管的长度由折流板之间的距离确定。

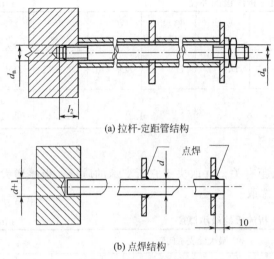

(a) 拉杆-定距管结构

(b) 点焊结构

图 4-4　折流板的固定

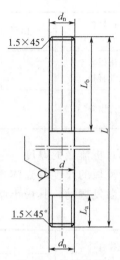

图 4-5　拉杆结构

表 4-4　拉杆直径　　　　　　　　　　　　　　mm

换热管外径	10	14	19	25	32	38	45	57
拉杆直径	10	12	12	16	16	16	16	16

表 4-5　拉杆数量

拉杆直径 /mm	公称直径 DN/mm						
	$DN<400$	$400{\leqslant}DN<700$	$700{\leqslant}DN<900$	$900{\leqslant}DN<1300$	$1300{\leqslant}DN<1500$	$1500{\leqslant}DN<1800$	$1800{\leqslant}DN<2000$
10	4	6	10	12	16	18	24
12	4	4	8	10	12	14	18
16	4	4	6	6	8	10	12

表 4-6　拉杆尺寸　　　　　　　　　　　　　　mm

拉杆直径 d	拉杆螺纹公称直径 d_n	L_a	L_b	管板上拉杆孔深
10	10	13	$\geqslant40$	16
12	12	15	$\geqslant50$	18
16	16	20	$\geqslant60$	20

4.2.2.3　旁路挡板、防冲板

为了防止壳程边缘介质短路而降低传热效率，需增设旁路挡板，以迫使壳程流体通过管束与管程流体进行换热。旁路挡板可用钢板或扁钢制成，其厚度一般与折流板相同。旁路挡板嵌入折流板槽内，并与折流板焊接。通常当壳体公称直径 $DN{\leqslant}500$mm 时，增设 1 对旁路挡板；$DN=500$mm 时，增设 2 对旁路挡板；$DN{\geqslant}1000$mm 时，增设 3 对旁路挡板。

为了防止壳程物料进口处流体对换热管表面的直接冲刷，引起侵蚀和振动，应在流体入口处装置防冲板，以保护换热管。设置防冲板有一定的条件，具体可参考 GB/T 151—2014 的相关规定。

4.2.2.4　接管

接管直径属于工艺尺寸，在第 2 章已介绍过。在机械设计中需要确定的还有接管长度与安装尺寸。

①　接管伸出壳体外壁的长度 e，主要考虑法兰形式、焊接操作条件、螺栓拆装、有无保温及保温厚度等因素。一般最短长度按式（4-1）计算后圆整到标准尺寸，常见接管高度为 150mm，200mm，250mm 和 300mm。

$$l \geqslant h + h_1 + \delta + 15 \tag{4-1}$$

式中　h——接管法兰高度，mm；

h_1——接管法兰的螺母高度，mm；

δ——保温层厚度，mm。

②　接管安装位置如图 4-6、图 4-7 所示。

壳程接管：

带补强圈　　　　　　　　　$L_1 \geqslant B/2 + b - 4 + C \tag{4-2}$

不带补强圈　　　　　　　　$L_1 \geqslant d_0/2 + b - 4 + C \tag{4-3}$

管箱接管：

带补强圈　　　　　　　　　$L_2 \geqslant B/2 + h_f + C \tag{4-4}$

不带补强圈　　　　　　　　$L_2 \geqslant d_0/2 + h_f + C \tag{4-5}$

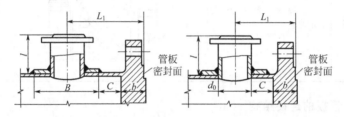

图 4-6　壳程接管安装位置

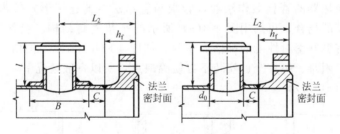

图 4-7　管箱接管安装位置

4.2.3　连接结构设计

4.2.3.1　壳体与管板的连接结构

壳体与管板的连接结构有两大类：一类是不可拆式，如固定管板换热器，管板与壳体采用焊接的方法连接；另一类是可拆式，如 U 形管式、浮头式及填料函式，管板本身不直接与壳体焊接，而是通过壳体上的法兰和管箱法兰夹持固定。不可拆连接在刚性换热器中经常采用。对壳体与管板采用焊接形式连接的结构，应根据设备直径的大小、压力的高低以及换热介质的毒性或易燃性等，考虑采用不同的焊接方式及焊接结构，实际使用中可按照表 4-7 选取。

表 4-7　壳体与管板常见焊接结构

管板兼作法兰		管板不兼作法兰	
结构形式	使用场合	结构形式	使用场合
	壳体壁厚小于或等于12mm;壳体设计压力不大于1MPa;壳程介质非易燃、非易挥发及有毒		设计压力不大于4MPa
	壳程设计压力在大于1MPa,小于4MPa范围		使用压力大于或等于6.4MPa
	壳程设计压力大于4MPa		壳程压力不大于4MPa,管箱为多层结构

4.2.3.2　管箱与管板的连接结构

　　管箱与管板的连接结构形式较多,随着压力的大小、温度的高低、介质特性以及对耐蚀性要求的不同,对连接处的密封要求、法兰的形式也不同。

　　固定管板式换热器的管板兼作法兰,管板与管箱法兰的连接形式较为简单。对压力不高、气密性要求高的场合,可选用图 4-8(a) 所示的平垫密封结构。当气密性要求较高时,密封面可采用具有良好密封性能的榫槽面密封,如图 4-8(b) 所示,但由于该密封结构的制造要求较高、加工困难、垫片窄、安装不方便等缺点,所以一般情况下,尽可能采用凸凹面的形式,如图 4-8(c) 所示。

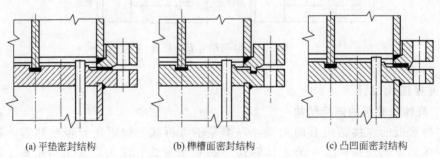

(a) 平垫密封结构　　　　(b) 榫槽面密封结构　　　　(c) 凸凹面密封结构

图 4-8　管箱与管板的连接密封面结构

　　当管束需经常抽出清洗、维修时,管板与壳体不采用焊接连接,而制成可拆式,管板固定在壳体法兰与管箱法兰之间,其夹持形式如图 4-9(a) 所示。当只有管程需要清洗而壳程不必拆卸时,采用螺栓连接,其形式如图 4-9(b) 所示。当管程与壳体之间的压差较大时

（管程压力高），则对密封面的要求、法兰的形式及连接方式亦不同，管程和壳程可采用不同的密封形式，如图 4-9(c) 所示。

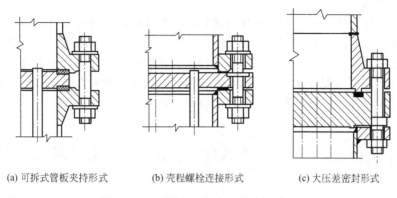

(a) 可拆式管板夹持形式　　　　(b) 壳程螺栓连接形式　　　　(c) 大压差密封形式

图 4-9　可拆式管板与法兰的连接形式

4.2.3.3　换热管与管板的连接结构

换热管与管板的连接是管壳式换热器设计、制造最关键的技术之一，是换热器发生事故最多的部位。所以换热管与管板连接质量的好坏，直接影响换热器的使用寿命。

换热管与管板的连接方法主要有强度胀接、强度焊接和胀焊并用。

（1）强度胀接

强度胀接是指保证换热管与管板连接的密封性能及抗拉脱强度的胀接。常用的胀接有非均匀胀接（机械滚珠胀接）和均匀胀接（液压胀接、液袋胀接、橡胶胀接和爆炸胀接等）两大类。强度胀接的结构形式和尺寸见图 4-10。

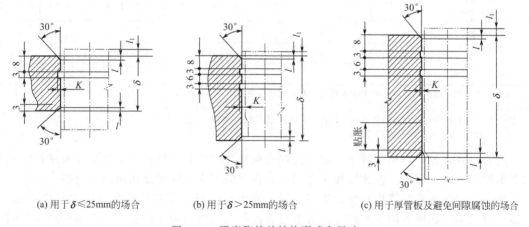

(a) 用于 $\delta \leqslant 25\text{mm}$ 的场合　　　(b) 用于 $\delta > 25\text{mm}$ 的场合　　　(c) 用于厚管板及避免间隙腐蚀的场合

图 4-10　强度胀接的结构形式和尺寸

机械滚珠胀接是最早的胀接方法，目前仍在大量使用。它利用胀管器伸入管板孔中的管子的端部，旋转胀管器使管子直径增大并产生塑性变形，而管板只产生弹性变形。取出胀管器后，管板弹性恢复，使管板与管子间产生一定的挤压力而贴合在一起，从而达到紧固与密封的目的。当管板与换热管胀接时，管板的硬度应大于换热管的硬度以保证管子发生塑性变形时管板仅发生弹性变形。

强度胀接一般用在换热管为碳素钢，管板为碳素钢或低合金钢的场合，主要适用于设计压力不超过 4.0MPa、设计温度不超过 300℃、操作中无剧烈振动、无过大温度波动及无明显应力腐蚀的场合。

（2）强度焊接

强度焊接是保证换热管与管板连接的密封性能及抗拉脱强度的一种焊接形式。强度焊接的结构形式和尺寸见图 4-11 和表 4-8。此法目前应用较为广泛。由于管孔不需要开槽，且对管孔的表面粗糙度要求不高，管子端部不需要退火和磨光，因此制造加工简单。强度焊接结构强度高，抗拉脱能力强；在高温高压下也能保证连接处的密封性能和抗拉脱能力。管子焊接处如有渗漏可以补焊或利用专用工具拆卸后予以更换。

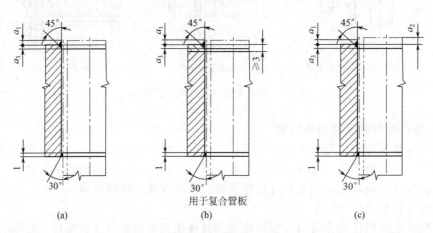

图 4-11　强度焊接的结构形式和尺寸

表 4-8　强度焊接的结构尺寸　　　　　　　　　　　　　　　　mm

换热管规格 外径×壁厚		10×1.0	12×1.0	14×1.5	16×1.5	19×2	25×2	32×2.5	38×3	45×3	57×3.5
换热管最 小伸出长度	a_1	0.5		1.0		1.5		2.0		2.5	3.0
	a_2	1.5		2.0		2.5		3.0		3.5	4.0
最小坡口深度 a_3		1.0				2.0			2.5		

注：1. 当工艺要求管端伸出长度小于表列值（如立式换热器要求平齐或稍低）时，可适当加大管板坡口深度或改变结构形式。

2. 当换热管直径和壁厚与表列值不同时，a_1、a_2、a_3 值可适当调整。

3. 图 4-11(c) 用于压力较高的工况。

优点：在高温、高压条件下，焊接连接能保持连续的紧密性；管板孔加工要求低，可节省孔的加工工时；焊接工艺比胀接工艺简单；在压力不太高时可使用较薄的管板。

缺点：当换热管与管板连接处焊接之后，管板与管子中存在的残余热应力与应力集中，在运行时可能引起应力腐蚀与疲劳；管子与管板孔之间的间隙中存在的不流动的液体与间隙外的液体有着浓度上的差别，还容易产生缝隙腐蚀。

除有较大振动及有缝隙腐蚀的场合，只要材料可焊性好，强度焊接可用于任何场合。管子与薄管板的连接应采用焊接方法。

（3）胀焊并用

胀接与焊接方法都有各自的优点与缺点，在有些情况下，例如高温、高压换热器管子与管板的连接处，在操作中受到反复热变形、热冲击、腐蚀及介质压力的作用，工作环境极其苛刻，很容易发生破坏。无论单独采用焊接或是胀接都难以解决问题。要是采用胀焊并用的方法，不仅能改善连接处的抗疲劳性能，而且还可消除应力腐蚀和缝隙腐蚀，提高使用寿命。因此目前胀焊并用方法已得到比较广泛的应用。

胀焊并用的方法，从加工工艺过程来看，主要有强度胀＋密封焊、强度焊＋贴胀、强度焊＋强度胀等几种形式。

4.2.4 标准件的选用

4.2.4.1 压力容器法兰

压力容器法兰分为平焊法兰和对焊法兰两类。平焊法兰分成甲、乙两种形式。甲型平焊法兰与乙型平焊法兰相比，区别在于乙型平焊法兰有一个厚度不小于 16mm 的圆筒形短节，因而，使乙型平焊法兰的刚性比甲型平焊法兰好。同时甲型的焊缝开 V 形坡口，乙型的焊缝开 U 形坡口，从这点来看乙型也比甲型具有较高的强度和刚度。长颈对焊法兰由于具有厚度更大的颈，因而增大了法兰盘的刚度，故规定用于更高的压力和温度范围。使用法兰标准确定法兰尺寸时，必须知道法兰公称直径和公称压力。美国标准直管螺纹 NPS 与常用的 DN 换算见表 4-9。

表 4-9　DN 与 NPS 的转换

DN25		NPS1		DN125		NPS5		DN400		NPS16	
DN	40	NPS	1.5	DN	150	NPS	6	DN	450	NPS	18
DN	50	NPS	2	DN	200	NPS	8	DN	500	NPS	20
DN	65	NPS	2.5	DN	250	NPS	10	DN	600	NPS	24
DN	80	NPS	3	DN	300	NPS	12	DN	800	NPS	32
DN	100	NPS	4	DN	350	NPS	14	DN	1000	NPS	40

设备法兰标准有：NB/T 47021《甲型平焊法兰》、NB/T 47022《乙型平焊法兰》、NB/T 47023《长颈对焊法兰》。

4.2.4.2 管法兰

新的《压力容器安全技术监察规程》提出压力容器优先推荐采用 HG/T 20592～20614（欧洲体系）以及 HG/T 20615～20635（美洲体系）管法兰、垫片紧固件标准。

4.2.4.3 支座

立式换热器一般采用耳座，卧式换热器采用鞍座。

（1）耳座（耳式支座）

耳座由筋板、垫板、支脚板组成，如图 4-12 所示。耳座结构简单、轻便，但对器壁会产生较大的局部应力。因此，当设备较大或器壁较薄时，应在支座与器壁间加一垫板。对于不锈钢制设备，当用碳钢制作支座时，也需在支座与器壁间加一个不锈钢垫板。

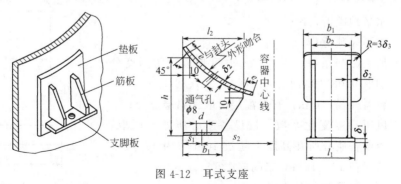

图 4-12　耳式支座

标准：NB/T 47065.3—2018。该标准分为 A 型（短臂）和 B 型（长臂）两类，每类又分为带垫板与不带垫板两种结构。A 型耳式支座的筋板底边较窄，地脚螺栓距容器壳壁较近，仅适用于一般的立式钢制焊接容器。B 型耳式支座有较宽的安装尺寸，故又叫长臂支座。当设备外面有保温层或者将设备直接放在楼板上时，宜采用 B 型耳式支座。标准耳式支座的材料为 Q235A·F，若有改变，需在设备装备图中加以注明。

耳式支座选用的方法：

① 根据设备估算的总重量，计算出耳式支座承受的实际载荷 Q(kN)，按此实际载荷 Q 值在 NB/T 47065.3—2018 中选取一标准耳式支座，并使 $Q \leqslant [Q]$（$[Q]$ 为支座允许载荷，查 NB/T 47065.3—2018 表2～表5）；校核耳式支座处圆筒所受的支座弯矩 M_L，使 $M_L \leqslant [M_L]$（$[M_L]$ 为耳式支座处圆筒的许用弯矩，查 NB/T 47065.3—2018 附录 C）。

每台设备可配置 2 个或 4 个支座，考虑到设备在安装后可能出现全部支座未能同时受力等情况，在确定支座尺寸时，一律按 2 个计算。小型设备的耳式支座，可以支承在管子或型钢制的立柱上。大型设备的支座往往搁在钢梁或混凝土制的基础上。

耳式支座实际承受载荷可按式(4-6) 计算

$$Q = \left[\frac{m_0 g + G_e}{kn} + \frac{4(Ph + G_e S_e)}{nD} \right] \times 10^{-3} \tag{4-6}$$

式中　Q——支座实际承受的载荷，kN；

　　　D——支座安装尺寸，mm；

　　　g——重力加速度，取 $g = 9.8 \mathrm{m^2/s}$；

　　　G_e——偏心载荷，N；

　　　h——水平力作用点至底板高度，mm；

　　　k——不均匀系数，安装 3 个支座时，取 $k=1$；安装 3 个以上支座时，取 $k=0.83$；

　　　m_0——设备总质量（包括壳体及其附件，内部介质及保温层的质量），kg；

　　　n——支座数量；

　　　S_e——偏心距，mm；

　　　P——水平力，取 P_w 和 $P_e + 0.25P_w$ 的大值，N。

当容器高径比不大于 5，且总高度 H_0（见图 4-13）不大于 10m 时，P_e 和 P_w 可分别按式(4-7) 和式(4-8) 计算，超出此范围的容器不推荐使用耳式支座。

$$P_e = \alpha m_0 g \tag{4-7}$$

$$P_w = 1.2 f_i q_0 D_0 H_0 \times 10^{-6} \tag{4-8}$$

式中　P_e——水平地震力，N；

　　　P_w——水平风载荷；

　　　α——地震影响系数，对 7、8、9 度地震设防烈度分别取 0.08 (0.12)、0.16 (0.24)、0.32；

　　　D_0——容器外径，mm，有保温层时取保温层外径；

　　　f_i——风压高度变化系数，按设备质心所处高度取，当设备质心所在高度不超过 10m 取为 1；质心高度在 10～15mm 之间取 1.14；

　　　q_0——10m 高度处的基本风压值，N/m²。

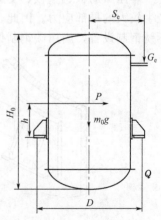

图 4-13　耳式支座结构尺寸

② 支座处圆筒所受的支座弯矩为

$$M_{L} = \frac{Q(L_2 - s_1)}{10^3}$$ (4-9)

L_2，s_1 查 NB/T 47065.3—2018 表 3～表 5。

耳式支座安装尺寸可按式(4-10) 计算

$$D = \sqrt{(D_i + 2\delta_n + 2\delta_3)^2 - (b_2 - 2\delta_2)^2} + 2(l_2 - s_1)$$ (4-10)

式中，D 为安装尺寸，δ_n 为壳体的名义厚度，b_2、δ_2、l_2、s_1、δ_3 为耳式支座安装尺寸，查化工标准零部件《耳式支座》部分。

(2) 鞍座

一台卧式容器的鞍式支座，一般情况下不宜多于 2 个。因为鞍座水平高度的微小差异都会造成各支座间的受力不均，从而引起筒壁内的附加应力。一般采用固定 F 型和滑动 S 型鞍式支座各一个，靠近管箱侧为固定鞍座。

换热器采用双鞍座时，鞍座与筒体端部的距离 A 可按下述原则确定（见图 4-14）：

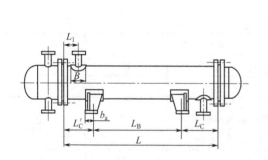

图 4-14　鞍式支座位置尺寸

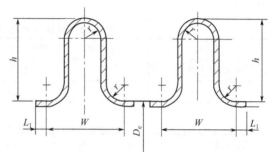

图 4-15　U 形膨胀节结构

当 $L \leqslant 3000$mm 时，取　　　　　$L_B = (0.4 - 0.6)L$ (4-11)

当 $L > 3000$mm 时，取　　　　　$L_B = (0.5 - 0.7)L$ (4-12)

并且　　　　　　　　　　　$L_C \approx L'_C$

L_C 必须满足壳程接管焊缝与支座焊缝间的要求，即

$$L_C = L_1 + \frac{B}{2} + b_a + C$$ (4-13)

式中　C——$C \geqslant 4\delta$，且 $\geqslant 50$mm；

　　　B——补强圈外径，mm。

其余符号见图 4-14。

4.2.4.4　膨胀节

膨胀节是一种能自由伸缩的弹性补偿元件，能有效地起到补偿轴向变形的作用。在壳体上设置膨胀节可以降低由于管束和壳体间热膨胀差所引起的管板应力、换热管与壳体上的轴向应力以及管板与换热管间的拉脱力。

膨胀节的结构形式较多，一般有波形（U 形）膨胀节、Ω 形膨胀节、平板膨胀节等。在实际工程应用中，U 形膨胀节应用得最为广泛，其次是 Ω 形膨胀节。前者一般用于需要补偿量较大的场合，后者则多用于压力较高的场合。U 形膨胀节结构如图 4-15 所示。

进行固定管板式换热器设计时，一般应先根据设计条件下（如设计压力、设计温度、壳程圆筒和换热管的金属温度等）换热器各元件的实际应力状况，判断是否需要设置膨胀节。

若由于管束与壳体间热膨胀差引起的应力过高,首先应考虑调整材料或某些元件尺寸或改变连接方式(如胀接改为焊接),或采用管束和壳体可以自由膨胀的换热器,如 U 形管式换热器、浮头式换热器等,使应力满足强度条件。如果不可能,或是虽然可能但不合理或不经济,则考虑设置膨胀节,以便得到安全、经济合理的换热器。

有关膨胀节设计计算参见 GB/T 16749《压力容器波形膨胀节》。

4.3 列管式换热器的强度计算

列管式换热器受力元件包括壳体、管箱、封头、管板、换热管、膨胀节、钩圈等。各受力元件都需要进行强度计算,以确保运行中的安全。

4.3.1 壳体、封头的强度计算

列管式换热器的外壳包括换热器的壳程和管箱,是承压设备,其壁厚设计及开孔补强应按 GB/T 150 进行计算;但壳体的最小厚度按 GB/T 151 的规定,不得小于表 4-10 或表 4-11 的规定值。

表 4-10 碳钢和低合金钢壳体的最小壁厚   mm

公称直径	400~700	700~1000	1000~1500	1500~2000	2000~2600
浮头式,U 形管式	8	10	12	14	16
固定式管板	6	8	10	12	14

表 4-11 高合金钢壳体的最小壁厚   mm

公称直径	400~500	500~700	700~1000	1000~1500	1500~2000	2000~2600
最小壁厚	3.5	4.5	6	8	10	12

4.3.2 管板的强度计算

管板是换热器的主要部件。管板的受力情况复杂,这种复杂性不仅体现在工作过程中,如管板两侧的压力差和管子与壳程之间的温度差,而且还来自如何简化管子对管板的支承作用、管板上的开孔对管板强度的削弱程度、管板兼法兰的法兰力矩等因素。由于管板的特殊性,无法采用经典的力学理论对管板进行精确设计,故一般用弹性理论设计管板,对管板的受力和结构进行简化。由于在设计时采用了不同的假定,从而得到不同的设计方法,具体可参考 GB/T 151。管板的强度计算工作量大,一般工厂采用强度计算软件包进行计算。为了节约设计时间,下面给出按国家标准计算的延长部分兼作法兰的固定式管板的厚度,见表 4-12。表中计算条件是:换热管材料为 10 钢,管板材料为 Q345,设计温度为 200℃。

表 4-12 管板厚度参考表   mm

序 号	设计压力	壳体内径×壁厚	管板厚度设计值	
			$\Delta t = \pm 50℃$	$\Delta t = \pm 10℃$
1	1.0	700×8	42.0	36.0
2	1.0	800×10	50.0	40.0
3	1.0	900×10	50.0	42.0
4	1.0	1000×10	50.0	44.0
5	1.0	1100×12	56.0	48.0

序　号	设计压力	壳体内径×壁厚	管板厚度设计值	
			$\Delta t = \pm 50℃$	$\Delta t = \pm 10℃$
6	1.0	1200×12	56.0	50.0
7	1.0	1300×12	58.0	52.0
8	1.0	1400×12	58.0	52.0
9	1.0	1500×12	60.0	54.0
10	1.0	1600×14	68.0	58.0
11	1.0	1700×14	68.0	60.0
12	1.6	700×10	52.0	48.0
13	1.6	800×10	54.0	50.0
14	1.6	900×10	54.0	52.0
15	1.6	1000×10	56.0	54.0
16	1.6	1100×12	64.0	60.0
17	1.6	1200×12	64.0	62.0
18	1.6	1300×14	72.0	66.0
19	1.6	1400×14	72.0	68.0
20	1.6	1500×14	72.0	68.0
21	1.6	1600×14	72.0	70.0
22	1.6	1700×14	72.0[①]	70.0
23	2.5	700×10	58.0	54.0
24	2.5	800×10	58.0	56.0
25	2.5	900×12	64.0	62.0
26	2.5	1000×12	66.0	64.0
27	2.5	1100×14	72.0	70.0
28	2.5	1200×14	74.0[①]	72.0
29	2.5	1300×14	76.0[①]	76.0
30	2.5	1400×16	82.0[①]	82.0
31	2.5	1500×16	84.0[①]	84.0
32	2.5	1600×18	86.0[①]	86.0
33	2.5	1700×18	92.0[①]	92.0
34	4.0	400×10	56.0	56.0
35	4.0	450×10	60.0	60.0
36	4.0	500×12	66.0	66.0
37	4.0	600×14	74.0	74.0
38	4.0	700×14	76.0	76.0
39	4.0	800×14	80.0	80.0
40	4.0	900×16	88.0[①]	88.0
41	4.0	1000×18	96.0[①]	96.0
42	4.0	1100×18	98.0[①]	98.0

续表

序　　号	设计压力	壳体内径×壁厚	管板厚度设计值	
			$\Delta t = \pm 50℃$	$\Delta t = \pm 10℃$
43	4.0	1200×20	104.0①	104.0
44	6.4	400×14	84.0	84.0
45	6.4	450×16	92.0	92.0
46	6.4	500×16	96.0	96.0
47	6.4	600×20	112.0	112.0
48	6.4	700×22	124.0	124.0
49	6.4	800×22	130.0	130.0

① 管板与换热管为焊接连接。

4.4　固定管板式换热器机械设计举例

　　换热器的机械设计是在工艺设计基础上进一步确定最终结构尺寸,这时既要考虑工艺计算结果,又要考虑强度计算。下面以第 1 章的变换气水冷式立式列管换热器为例,说明固定管板式换热器机械设计的内容与步骤。本例中部分零部件的强度计算采用目前通用的 SW6-98 强度计算包进行计算。

4.4.1　设计条件

　　工艺设计参数见表 4-13。

表 4-13　换热器工艺设计参数

参　　数		管程(热流体)	壳程(冷流体)	
流量/(kg/h)		95780	154433	
平均相对分子质量			18	
进/出口温度/℃		65/38	32/42	
压力/MPa		1.4	0.3	
物性	定性温度/℃			
	密度/(kg/m³)	12.83	993	
	比定压热容/[kJ/(kg·K)]	2.495	4.178	
	黏度/Pa·s	$1.58×10^{-5}$	$7.18×10^{-4}$	
	热导率/[W/(m·K)]	0.0806	0.622	
设备结构参数	形式	固定管板式	台数	1
	壳体内径/mm	1300	壳程数	1
	管长/mm	6000	管心距/mm	32
	管径/mm	φ25×2	管子排列	△
	管数目/根	1198	折流板数/个	16
	传热面积/m²	564.25	折流板间距/m	0.35
	管程数	1	材质	
流速/(m/s)		5.03	0.434	

续表

参　　　数	管程(热流体)	壳程(冷流体)
表面传热系数/[W/(m²·K)]	627.99	3135.8
污垢热阻/(m²·K/W)	1.719×10^{-4}	8.598×10^{-4}
阻力/Pa	2790.48	22133
热流量/(kJ/s)	1792.28	
传热温差/℃	12.65	
传热系数/[W/(m²·K)]	293.7	
裕度/%	14.5%	

4.4.2　材料选择

壳体及封头选用 Q345R (GB/T 713—2014)，换热管材料选用 00Cr17Ni14Mo2，管板及容器法兰选用 Q345R，管法兰选择 20 锻，接管采用 20 钢，其他不承受压力的材料选用 Q235B。

4.4.3　结构设计

4.4.3.1　管箱

管箱筒节、封头及其开孔补强的计算按 GB/T 150—2011《压力容器》第 5 章、第 8 章的有关章节，计算过程见强度计算部分。

管箱筒节的最小厚度不小于 GB/T 151—2014《热交换器》中表 8 或表 9 的规定。

本设备上管箱采用乙型平焊法兰 (NB/T 47022—2012)、椭圆形封头，封头上轴向开孔 DN450。

本设备下管箱采用乙型平焊法兰 (NB/T 47022—2012)、椭圆形封头，管箱筒节径向开孔。在设备设计中通过强度计算（开孔补强计算）最终确定下管箱筒节的长度。经强度计算下管箱筒节最短长度 800mm。

4.4.3.2　筒体

圆筒的厚度按 GB/T 150 第 5 章有关章节（计算过程见强度计算部分），但最小厚度不小于表 4-10 或表 4-11 的规定。

4.4.3.3　换热管

规格 $\phi25mm \times 2mm \times 6000mm$，标准号 GB/T 13296—2013、材料牌号 00Cr17Ni14Mo2。

4.4.3.4　管板

管板与换热管的连接方式，分为两类：一是不可拆式，如固定管板换热器；二是可拆式，如浮头式、U 形管式、填料函式等。

本设备壳程介质是冷却水，结垢不严重，管、壳程温差不大。可选用结构紧凑、制造简单、成本较低的固定管板式换热器，其管板延长部分兼作法兰。

管板与壳体连接结构形式按 GB/T 151 附录 G1.1 中　图 G1(b)。

(1) 管板厚度

经强度计算确定管板材料 Q345R，厚度 52mm（管板强度计算过程见强度计算部分）满足结构要求。

(2) 布管

① 布管方式　正三角形排列，流向垂直于折流板缺口；换热管中心距宜不小于 1.25 倍换热管外径，取管间距为 32mm，布管图如图 4-16 所示。

② 布管限定圆　布管区的最大直径必须小于布管限定圆（见图 4-17）的要求，以避免过分

靠近壳壁而影响制造和安装。对于固定管板换热器，设计时要限制管束最外层换热管外表面至壳体内壁的最短距离 $b_3 = 0.25d_0$，且不小于10mm，即 $D_L = D_i - 2b_3$，本设计取 D_L 为1280mm。

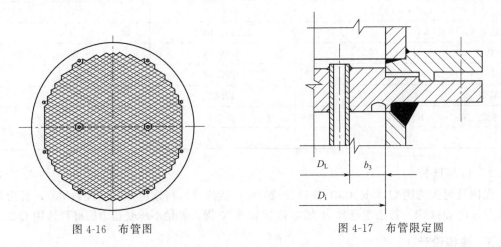

图 4-16　布管图　　　　　　　　　　　　图 4-17　布管限定圆

　　③ 壳程进出口处布管　壳程进出口处布管应考虑壳体内壁与管束之间的流通面积和介质进出口管处的流通面积相当。

（3）管孔

不锈钢换热管束按 I 级制造，管孔直径及允许偏差应符合表4-3的规定。

（4）管板密封面

管板与法兰连接的结构尺寸及制造、检验要求等按 NB/T 47020～47023 的规定。

4.4.3.5　换热管与管板的连接

换热管与管板的连接方式有胀接、焊接、胀焊并用等形式。本设备采用强度焊。

4.4.3.6　折流板

　　① 折流板形式　采用单拱形，缺口弦高260～580mm，且折流板的缺口切在排管中心线以下或切于两排管孔的小桥之间。

　　② 折流板间距　根据工艺计算结果，折流板间距取350mm，设备设计时要考虑两端折流板距管板的距离不影响工艺管口的布置并尽可能靠近壳程进出口接管，本设备两端折流板距管板的距离取480mm。折流板数量为15块。

　　③ 折流板厚度　本设备换热管无支承跨距830mm，按表4-2，厚度取10mm。

　　④ 折流板管孔　按表4-3，管孔直径 $\phi 25.8^{+0.3}$ mm。

　　⑤ 折流板外径　依据表4-1，外径确定为 $\phi 1294^{-0.8}$ mm。

折流板详细尺寸见图4-18。

4.4.3.7　拉杆及定距管

（1）拉杆的结构形式

折流板固定采用拉杆定距管结构，拉杆定距管结构见图4-4(a)。

（2）拉杆的直径和数量

按表4-4，换热管外径为25mm时，拉杆直径取16mm，根据表4-5，拉杆数量不少于8根，本设计取8根。

（3）拉杆尺寸

拉杆螺纹公称直径为M16，两端螺纹长度 L_a、L_b 分别取为20mm、60mm，见图4-19。拉杆长度 L 根据实际情况而定。最终拉杆规格有6根长度为5470mm，2根长度为5120mm。定距管的直径、厚度与换热管相同；长度根据折流板之间的距离、最后一块折流板距管板之间的距离等而定。最终得到的定距管数量及长度如下：

①定距管Ⅰ$\phi25\mathrm{mm}\times2\mathrm{mm}$，数量$=8$，$L=480\mathrm{mm}$；

②定距管Ⅱ$\phi25\mathrm{mm}\times2\mathrm{mm}$，数量$=2$，$L=830\mathrm{mm}$；

③定距管Ⅲ$\phi25\mathrm{mm}\times2\mathrm{mm}$，数量$=84$，$L=340\mathrm{mm}$；

④定距管Ⅳ$\phi25\mathrm{mm}\times2\mathrm{mm}$，数量$=26$，$L=690\mathrm{mm}$。

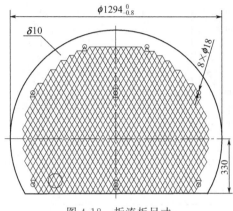

图 4-18　折流板尺寸

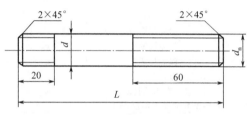

图 4-19　拉杆尺寸

（4）拉杆的布置

拉杆尽量布置在管束的外边缘，在不管区内或靠近折流板缺口处应布置适当数量的拉杆，任何折流板应不少于 3 个支承点。

4.4.3.8　防冲板

依据工艺、GB/T 151—2014《热交换器》第 5.11 条，决定是否设置防冲板。

4.4.3.9　工艺接管和法兰、垫片等标准件选用

①冷却水进口 a 处接管采用 $\phi273\mathrm{mm}\times6\mathrm{mm}$ 无缝钢管，配法兰 $PN0.6$，$DN250$，HG 20592—2009；

②排气孔 b 处采用 $\phi25\mathrm{mm}\times3.5\mathrm{mm}$ 无缝钢管，配法兰 $PN0.6$，$DN20$，HG 20592—2009；

③变换气出口 c 采用 $\phi480\mathrm{mm}\times10\mathrm{mm}$ 无缝钢管，配法兰 $PN1.6$，$DN450$，HG 20592—2009；

④冷却水出口 d 处接管采用 $\phi273\mathrm{mm}\times6\mathrm{mm}$ 无缝钢管，配法兰 $PN0.6$，$DN250$，HG 20592—2009；

⑤排液口 e 处采用 $\phi25\mathrm{mm}\times3.5\mathrm{mm}$ 无缝钢管，配法兰 $PN0.6$，$DN20$，HG 20592—2009；

⑥变换气进口 f 采用 $\phi480\mathrm{mm}\times12\mathrm{mm}$ 无缝钢管，配法兰 $PN1.6$，$DN450$，HG 20592—2009；

⑦排液口 g 处采用 $\phi25\mathrm{mm}\times3.5\mathrm{mm}$ 无缝钢管，配法兰 $PN1.6$，$DN20$，HG 20592—2009。

4.4.3.10　支座选用及安装位置确定

（1）支座选用

计算出耳式支座承受的实际载荷 $Q(\mathrm{kN})$，按此实际载荷 Q 值在标准 NB/T 47065.3—2018 中选取一标准耳式支座，并使 $Q\leqslant[Q]$；校核耳式支座处圆筒所受的支座弯矩 M_L，使 $M_\mathrm{L}\leqslant[M_\mathrm{L}]$。具体计算过程见表 4-14。

表 4-14 耳式支座计算过程

序号	项目	符号	单位	数据及来源	结果
一	设计参数				
	地震烈度			给定	8 级
	地面粗糙度			给定	B 类
	基本风压值	q_0	N/m		550
二	基本参数				
	容器内径	D_i	mm	给定	1300
	容器壁厚	δ_n	mm	给定	12
	容器总高度	H_0	mm		8100
	设备净重	m_1	kg	给定	13995
	设备容积	V	m³	给定	10
	介质密度	ρ	kg/m³	给定	1000
	介质质量	m_j	kg	ρV	10000
	保温层厚度	δ_b	mm		
	保温层密度	ρ_b	kg/m³		
	保温层质量	m_b	kg		
	设备总质量（包括壳体及其附件，内部介质及保温层的质量）	m_0	kg	$m_1+m_j+m_b$	23995
	重力加速度	g	m/s²		9.8
	偏心载荷	G_e	N		5000
	偏心距	S_e	mm		950
	容器外径	D_0	mm	$D_i+2(\delta_n+\delta_b)$	1324
	地震影响系数	α		给定	0.24
	地震载荷	P_e	N	$\alpha m_0 g$	56436.2
	风压高度变化系数	f_i		给定	1
三	支座参数				
	支座型号			NB/T 47065.3—2018 A4-Ⅱ	
	支座许用载荷（查 NB/T 47065.3 表3~表5）	$[Q]$	kN		90
	支座处筒体许用弯矩（查 NB/T 47065.3 表2、表 B.4）	$[M_L]$	kN·mm		19.2
	支座数量	n			4
	不均匀系数	k			0.83
	垫板厚度（查 NB/T 47065.3 表3~表5）	δ_3	mm		8
	筋板间距	b_2	mm		140
	筋板长度	L_2	mm		160
	底板螺孔位置	S_1	mm		70
四	支座校核				
	水平力作用点至底板高度	h	mm		300
	水平风载荷	P_w	N	式(4-8)	7078.1
	安装尺寸	D	mm	式(4-10)	1512.67
	地震、风组合水平载荷	P_{ew}	N	$P_e+0.25P_w$	58205.8
	水平力	P	N	$\max(P_w,P_{ew})$	58205.8
	支座实际承受载荷	Q	KN	式(4-6)	87.0185
	支座处筒体实际弯矩	M_L	kN·mm	$Q(L_2-s_1)/10^3$	7.83166

（2）支座位置的确定

支座位置及高度根据工艺条件确定。耳座的安装高度应是重心偏上的位置。一般根据工艺要求及现场情况定。

可见 $Q<[Q]$，$M_L<[M_L]$，支座校核合格。

4.4.3.11 膨胀节选用

固定管板式换热器，因管壳程之间存在温差，壳体与换热管都是固定连接，使用中存在膨胀变形差使换热管和壳体受到轴向载荷。在管板计算中，按有温差的各种工况计算出的壳体轴向力、换热管轴向应力、换热管与管板之间连接拉脱力中，有一个不满足强度条件时就需要设置膨胀节。SW6-2014 强度计算软件包计算补偿量不够就会提示设置膨胀节。本设备经 SW6-2014 强度计算软件包不需设置膨胀节，管板最小厚度 52mm。

4.4.4 强度计算

强度计算采用 SW6-2014 强度计算软件包计算，设计计算条件见表 4-15。计算包括前端管箱圆筒校核计算（见表 4-16）、前端管箱封头校核计算（见表 4-17）、壳程圆筒校核计算（见表 4-18）、开孔补强设计计算（见表 4-19）、管板校核计算。管板校核计算略，开孔补强选取接管口 f 进行补强计算。

表 4-15 固定管板换热器设计计算

设 计 计 算 条 件					
壳　　程			管　　程		
设计压力 p_s	0.33	MPa	设计压力 p_t	1.54	MPa
设计温度 t_s	60	℃	设计温度 t_t	100	℃
壳程圆筒内径 D_i	1300	mm	管箱圆筒内径 D_i	1300	mm
材料名称	Q345R（热轧）		材料名称	Q345R（热轧）	
简　　图					

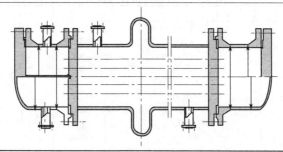

表 4-16 前端管箱圆筒校核计算

计 算 条 件			筒体简图
计算压力 p_c	1.54	MPa	
设计温度 t	100.00	℃	
内径 D_i	1300.00	mm	
材料	Q345R（热轧）（板材）		
试验温度许用应力 $[\sigma]$	170.00	MPa	
设计温度许用应力 $[\sigma]^t$	170.00	MPa	
试验温度下屈服点 σ_s	345.00	MPa	
钢板负偏差 C_1	0.00	mm	
腐蚀裕量 C_2	2.00	mm	
焊接接头系数 ϕ	1.00		

计 算 条 件		筒体简图
	厚度及质量计算	

计算厚度	$\delta = \dfrac{p_c D_i}{2[\sigma]^t \phi - p_c} = 5.92$	mm
有效厚度	$\delta_e = \delta_n - C_1 - C_2 = 10.00$	mm
名义厚度	$\delta_n = 12.00$	mm
质量	310.61	kg

	压力试验时应力校核	
压力试验类型	液压试验	
试验压力值	$p_T = 1.25 p \dfrac{[\sigma]}{[\sigma]^t} = 1.9250$（或由用户输入）	MPa
压力试验允许通过的应力水平 $[\sigma]_T$	$[\sigma]_T \leqslant 0.90 \sigma_s = 310.50$	MPa
试验压力下圆筒的应力	$\sigma_T = \dfrac{p_T (D_i + \delta_e)}{2 \delta_e \phi} = 126.09$	MPa
校核条件	$\sigma_T \leqslant [\sigma]_T$	
校核结果	合格	

	压力及应力计算	
最大允许工作压力	$[p_w] = \dfrac{2 \delta_e [\sigma]^t \phi}{D_i + \delta_e} = 2.595$	MPa
设计温度下计算应力	$\sigma^t = \dfrac{p_c (D_i + \delta_e)}{2 \delta_e} = 100.87$	MPa
$[\sigma]^t \phi$	170.00	MPa
校核条件	$[\sigma]^t \phi \geqslant \sigma^t$	
结论	筒体名义厚度大于或等于 GB/T 151 中规定的最小厚度 11.00mm，合格	

表 4-17　前端管箱封头校核计算

计 算 条 件			
计算压力 p_c	1.54	MPa	
设计温度 t	100.00	℃	椭圆封头简图
内径 D_i	1300.00	mm	
曲面高度 h_i	325.00	mm	
材料	Q345R（热轧）（板材）		
试验温度许用应力 $[\sigma]$	170.00	MPa	
设计温度许用应力 $[\sigma]^t$	170.00	MPa	
钢板负偏差 C_1	0.00	mm	
腐蚀裕量 C_2	2.00	mm	
焊接接头系数 ϕ	1.00		

	厚度及质量计算	
形状系数	$K = \dfrac{1}{6}\left[2 + \left(\dfrac{D_i}{2h_i}\right)^2\right] = 1.0000$	
计算厚度	$\delta = \dfrac{K p_c D_i}{2[\sigma]^t \phi - 0.5 p_c} = 5.90$	mm
有效厚度	$\delta_e = \delta_n - C_1 - C_2 = 8.00$	mm
最小厚度	$\delta_{min} = 1.95$	mm
名义厚度	$\delta_n = 10.00$	mm
结论	满足最小厚度要求	
质量	149.69	kg

	压 力 计 算	
最大允许工作压力	$[p_w] = \dfrac{2[\sigma]^t \phi \delta_e}{K D_i + 0.5 \delta_e} = 2.086$	MPa
结论	合格	

表 4-18　壳程圆筒校核计算

计　算　条　件			筒体简图
计算压力 p_c	0.33	MPa	
设计温度 t	60.00	℃	
内径 D_i	1300.00	mm	
材料	Q345R(热轧)(板材)		
试验温度许用应力 $[\sigma]$	170.00	MPa	
设计温度许用应力 $[\sigma]^t$	170.00	MPa	
试验温度下屈服点 σ_s	345.00	MPa	
钢板负偏差 C_1	0.00	mm	
腐蚀裕量 C_2	2.00	mm	
焊接接头系数 ϕ	0.85		

厚度及质量计算		
计算厚度	$\delta = \dfrac{p_c D_i}{2[\sigma]^t \phi - p_c} = 1.49$	mm
有效厚度	$\delta_e = \delta_n - C_1 - C_2 = 10.00$	mm
名义厚度	$\delta_n = 12.00$	mm
质量	3261.38	kg

压力试验时应力校核	
压力试验类型	液压试验
试验压力值	$p_T = 1.25 p \dfrac{[\sigma]}{[\sigma]^t} = 0.4125$(或由用户输入)　　MPa
压力试验允许通过的应力水平 $[\sigma]_T$	$[\sigma]_T \leqslant 0.90\sigma_s = 310.50$　　MPa
试验压力下圆筒的应力	$\sigma_T = \dfrac{p_T(D_i + \delta_e)}{2\delta_e \phi} = 31.79$　　MPa

压力试验时应力校核	
校核条件	$\sigma_T \leqslant [\sigma]_T$
校核结果	合格

压力及应力计算		
最大允许工作压力	$[p_w] = \dfrac{2\delta_e [\sigma]^t \phi}{D_i + \delta_e} = 2.206$	MPa
设计温度下计算应力	$\sigma^t = \dfrac{p_c(D_i + \delta_e)}{2\delta_e} = 21.62$	MPa
$[\sigma]^t \phi$	144.50	MPa
校核条件	$[\sigma]^t \phi \geqslant \sigma^t$	
结论	筒体名义厚度大于或等于 GB/T 151 中规定的最小厚度 11.00mm,合格	

表 4-19 开孔补强设计计算

接管:f,ϕ480mm×12mm			计算方法:GB/T 150—2011 等面积补强法,单孔		
设　计　条　件			简　　图		
计算压力 p_c	1.54	MPa			
设计温度	100	℃			
壳体型式	圆形筒体				
壳体材料 名称及类型	Q345R(热轧)				
	板材				
壳体开孔处焊接接头系数 ϕ	1				
壳体内直径 D_i	1300	mm			
壳体开孔处名义厚度 δ_n	12	mm			
壳体厚度负偏差 C_1	0	mm			
壳体腐蚀裕量 C_2	2	mm			
壳体材料许用应力 $[\sigma]^t$	170	MPa			
接管实际外伸长度	100	mm			
接管实际内伸长度	0	mm	接管材料 名称及类型	Q345R(热轧)	
接管焊接接头系数	1			板材	
接管腐蚀裕量	2	mm	补强圈材料名称	Q345R(热轧)	
凸形封头开孔中心至 封头轴线的距离		mm	补强圈外径	760	mm
			补强圈厚度	6	mm
接管厚度负偏差 C_{1t}	0	mm	补强圈厚度负偏差 C_{1r}	0	mm
接管材料许用应力 $[\sigma]^t$	170	MPa	补强圈许用应力 $[\sigma]^t$	170	MPa
开　孔　补　强　计　算					
壳体计算厚度 δ	5.915	mm	接管计算厚度 δ_t	2.075	mm
补强圈强度削弱系数 f_{rr}	1		接管材料强度削弱系数 f_r	1	
开孔直径 d	460	mm	补强区有效宽度 B	760	mm
接管有效外伸长度 h_1	74.3	mm	接管有效内伸长度 h_2	0	mm
开孔削弱所需的补强面积 A	2721	mm^2	壳体多余金属面积 A_1	1225	mm^2
接管多余金属面积 A_2	1178	mm^2	补强区内的焊缝面积 A_3	64	mm^2
$A_1+A_2+A_3=2467$mm^2,小于 A,需另加补强					
补强圈面积 A_4	1680	mm^2	$A-(A_1+A_2+A_3)$	253.8	mm^2
结论:补强满足要求。					

延长部分兼做法兰固定式管板计算过程略,管板名义厚度经计算取 52mm。

该变换器水冷器装配图见插图 1。

第5章 塔设备机械设计

5.1 概述

板式塔和填料塔的结构如图 5-1、图 5-2 所示。

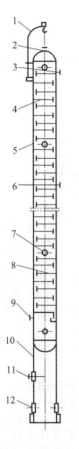

图 5-1 板式塔结构

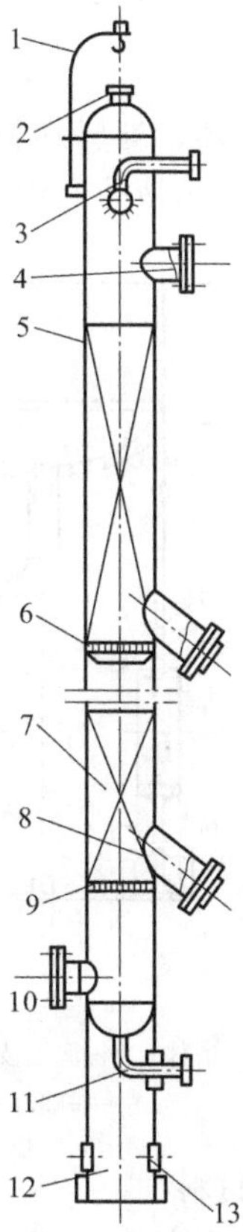

图 5-2 填料塔结构

1—吊柱；2—气体出口；3—回流液入口；
4—精馏段塔盘；5—壳体；6—料液进口；
7—人孔；8—提馏段塔盘；9—气体入口；
10—裙座；11—釜液出口；12—检查孔

1—吊柱；2—气体出口；3—喷淋装置；4—人孔；
5—壳体；6—液体再分配器；7—填料；8—卸填
料人孔；9—支承装置；10—气体入口；11—液体
出口；12—裙座；13—检查孔

在完成塔设备工艺设计要求后，进入机械设计阶段。塔设备机械设计应满足强度、刚度、稳定性等机械要求，确保塔设备安全、高效生产。

塔的机械设计的基本内容包括：塔设备的强度和稳定性计算、塔的结构设计。

塔的结构设计包括以下内容。

① 塔体与裙座结构设计。

② 塔内件结构设计：板式塔塔盘结构包括塔盘板、降液管、溢流堰及紧固件、支承件等；填料塔的填料支承装置、填料压板、液体分布装置、除沫装置等。

③ 设备零部件：包括接管、人孔、法兰、补强圈以及支承保温材料的支承圈，吊装塔盘用的吊柱及扶梯、平台等。

5.2　塔外部结构设计

5.2.1　塔体

塔体由圆形筒体和上下封头构成。筒体的直径、高度由工艺条件决定，筒体的厚度计算见 5.3。封头一般采用标准椭圆封头。

5.2.2　裙座

裙座由裙座体、地脚螺栓及地脚螺栓座组成，其结构见图 5-3。裙座体上开有通气孔、检查孔（人孔）、排液孔、引出通道孔和保温支承圈等。

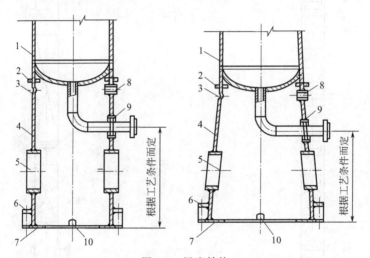

图 5-3　裙座结构

1—塔体；2—保温支承圈；3—保温时排气孔；4—裙座筒体；5—人孔；6—螺栓座；
7—基础环；8—有保温时排气孔；9—引出孔加强管；10—排液孔

5.2.2.1　裙座材料

裙座与介质不直接接触，也不承受容器内的介质压力，是非受压元件。但考虑到裙座对整个塔器而言是一个至关重要的元件，它支承塔器的主体，它的破坏直接影响塔器的正常使用；而且相对于整个塔设备而言，裙座材料消耗不多，提高对它的要求在经济上不会造成太大的浪费。所以裙座壳用钢按受压元件用钢要求选取。裙座的选材除满足载荷要求外，还要考虑到塔的操作工况、塔釜封头材料及使用环境等因素。塔釜设计温度 $t \leqslant -20℃$ 或是 $t >$ 250℃，塔釜封头材料为低合金高强度钢、高合金钢或塔体要整体热处理时，裙座壳顶部应增设与塔釜封头材质相同的过渡段。过渡段的设计温度应等于塔釜封头（或筒体）的设计温度。

过渡段长度按以下规定：

① 塔釜设计温度低于 $-20℃$ 或高于 350℃时，过渡段长度是保温层厚度的 4～6 倍，且不小于 500mm；

② 塔釜设计温度在 $-20\sim350℃$ 之间时，过渡段长度不小于 300mm。

5.2.2.2　裙座类型

裙座有圆筒形和圆锥形两种类型。一般来讲，只要条件允许，应尽可能采用圆筒形裙座，因为它制造加工方便，受力合理。与圆筒形裙座相比，圆锥形裙座可安置更多的地脚螺栓，稳定性好，适用于高径比大的容器。

如遇下列情况，应选用圆锥形裙座：需减小混凝土基础面的压应力；需增加裙座筒体断面惯性矩。当塔式容器直径较小，而且高度很大，使其承受的风载荷较大时，往往由于裙座的螺栓座基础环下的混凝土基础承受的应力过大，超出其极限值，故而要求增加其承压面积，此时即要求采用圆锥座。采用圆锥座时一般控制其半顶角在 $15°$ 范围内。

5.2.2.3　裙座的高度

裙座高度是指从塔底封头切线至基础环之间的高度，即由塔底封头切线至出料管中心线的高度和出料管中心线至基础环的高度两部分组成。

就单塔来说，保证出料管能出料，人能进去安装检修就可以，即根据引出管的直径、检查孔的大小和高度以及地脚螺栓座的高低来确定。但一般塔都与其他设备相连接，这时要求工艺设计者根据现场条件定出各管线走向、标高，考虑联合平台等相关因素进而确定裙座高度。同时对于需要保温的塔，还要考虑塔体最底层保温圈的设置是否会影响到裙座高度的确定。为降低裙座与底部封头连接焊缝的温差应力，必须对裙座加以保温，一般塔体的保温层延伸到裙座与塔釜封头的连接焊缝下 4 倍保温层厚度的距离为止。总的原则是依据工艺设计要求裙座尽可能低，同时在结构上不干涉，便于制造。

5.2.2.4　裙座与塔体的连接

裙座与塔体的连接采用焊接，焊接接头可采用对接形式或搭接形式。推荐采用对接形式。采用对接形式时，裙座壳的外径宜与相连塔壳封头外径相等。裙座筒体与塔釜封头的焊接接头应采用全焊透的连续焊，且与塔釜封头外壁圆滑过渡。裙座与塔体的对接接头形式及尺寸见图5-4。

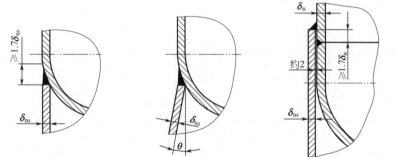

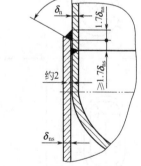

图 5-4　裙座与塔体的对接接头形式及尺寸　　　图 5-5　裙座与塔壳筒体的搭接接头形式及尺寸

采用搭接形式时，搭接部位可在塔壳圆筒上，也可在塔壳封头上。搭接部位在塔壳筒体上时，搭接焊缝至封头与圆筒连接的环向连接焊缝距离不应小于 1.7 倍的壳体厚度（见图5-5），且搭接角焊缝必须填满，封头的环向连接焊缝应磨平并按 NB/T 47013 要求 100%RT 或 UT 检测。

搭接部位在塔壳封头上时的结构见图5-6。当封头由多块板拼接制成时，拼接焊缝处的裙座壳宜开缺口，缺口形状及尺寸见图5-7及表5-1。

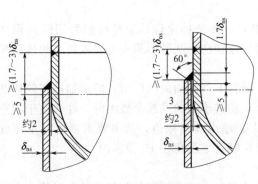

图 5-6　裙座壳与塔壳封头的搭接接头

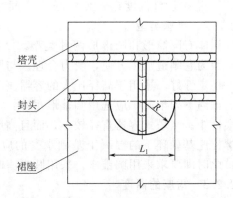

图 5-7　裙座壳缺口形状

表 5-1　裙座壳缺口尺寸　　　　　　　　　　mm

封头名义厚度 δ_n	≤8	>8~18	>18~28	>28~38	>38
宽度 L_1	70	100	120	140	$4\delta_n$
缺口半径 R	35	50	60	70	$2\delta_n$

5.2.2.5　裙座检查孔

裙座检查孔是机修人员进入裙座检修维护的通道，至少应在 900mm 高的位置，方便检查人员进出。检查孔分圆形和长圆形，尺寸参见表 5-2。

表 5-2　检查孔尺寸　　　　　　　　　　mm

塔式容器内径 D_i		≤700	800~1600	>1600
圆形	d_i	250	450	500
长圆形	r_i	—	200	225
	L		400	450
数量		1	1	1~2

5.2.2.6　地脚螺栓座

地脚螺栓座是指盖板、筋板和垫板的组合体，有外螺栓座、单环板螺栓座、带短管螺栓座及中央地脚螺栓座多种。常用的是外螺栓座和单环板螺栓座。外螺栓座对螺栓预埋或不预埋均适用，其结构参考 NB/T 47041—2014。单环板地脚螺栓座适用于塔不是很高，基础环板的厚度不大于 20mm 的情况。其结构见图 5-8，尺寸见表 5-3。

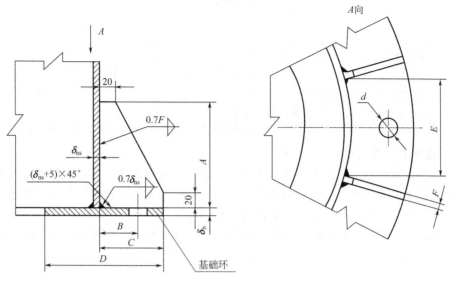

图 5-8　单环板地脚螺栓座结构

表 5-3　单环板地脚螺栓座尺寸　　　　　　　　　　　　　　　　mm

螺栓规格	d	A	B	C	D	E	F
M16×2	20	110	40	70	130	80	6
M20×2.5	25	120	45	75	150	100	8
M24×3	29	140	50	85	170	120	8
M27×3	32	160	55	95	180	140	10

注：基础环板厚度（δ_b）应按 NB/T 47041—2014 的相应规定计算确定，但不应小于16mm。

5.2.2.7　引出孔（引出管）

引出孔的作用是让容器底部接管自由通过，以免与容器焊牢后在操作时产生热应力。引出孔加强管一般需伸出裙座外壳，引出孔结构示意图见 5-9，尺寸见表 5-4。

引出管的通道上焊有支承筋板时，应预留有间隙以满足热膨胀的需要。

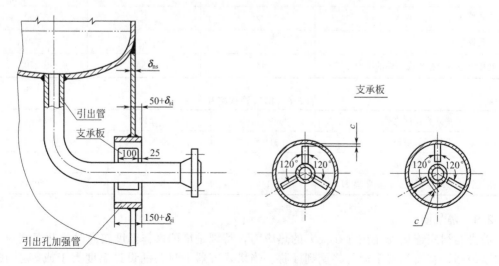

图 5-9　引出孔结构示意图

表 5-4 引出孔尺寸 mm

引出管公称直径 DN		20 25	32 40	50 70	80 100	125 150	200	250	300	350
通道管规格	无缝钢管	$\phi133\times4$	$\phi159\times4.5$	$\phi219\times6$	$\phi273\times8$	$\phi325\times8$				
	卷焊管内径			$\phi200$	$\phi250$	$\phi300$	$\phi350$	$\phi400$	$\phi450$	$\phi500$

注：1. 引出管在裙座内用法兰连接时，引出孔加强管内径应大于法兰内径。
　　2. 引出孔加强管采用卷焊管时，壁厚一般等于裙座壳厚度，但不大于16mm。
　　3. 引出管加保温层后的外径加上25mm，大于表中的加强管通道管内径时，应适当加大通道管内径。

5.2.2.8 排气孔、排气管

塔运行中有可能有气体逸出，集聚于裙座与塔底封头间形成死区，不利于防火防爆，对设备有腐蚀甚至危及进入裙座的检修人员。因此要在裙座上部设置排气孔或排气管。

无保温（保冷、防火）层的裙座上部均应设置排气孔，如图 5-10(a) 所示，排气孔的规格和数量按表 5-5 规定。有保温（保冷、防火）层的裙座上部应如图 5-10(b) 所示，排气管的规格数量按表 5-6 规定。

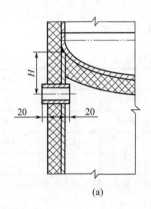
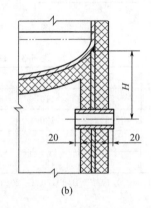

(a) (b)

图 5-10 裙座上部排气管的设置

表 5-5 排气孔规格和数量 mm

塔式容器内直径 D_i	600～1200	1400～2400	＞2400
排气孔尺寸	80	80	100
排气孔数量/个	2	4	≥4
排气孔中心线至裙座壳顶端的距离	140	180	220

表 5-6 排气管规格和数量 mm

塔式容器内直径	600～1200	1400～2400	＞2400
排气管规格	$\phi89\times4$	$\phi89\times4$	$\phi108\times4$
排气管数量	2	4	≥4
排气管中心线至裙座壳顶端距离 H	140	180	220

5.2.2.9 隔气圈

塔壳与裙座连接处往往存在很大的热应力，特别是塔的操作温度较高时，此温度应力如不加以控制，容器的安全运行将受到威胁。当塔式容器下封头的设计温度大于或等于 400℃

时，在裙座上部靠近封头处应设置隔气圈。隔气圈分为可拆和不可拆两种结构，分别见图5-11、图 5-12。

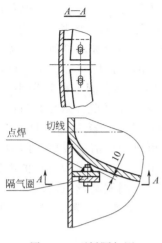

图 5-11　可拆隔气圈

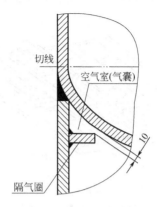

图 5-12　不可拆隔气圈

5.2.2.10　防火层

当塔内或周围容器内有易燃易爆物料时，一旦发生火灾，裙座会因温度升高而丧失强度，以致倒塌，所以应考虑裙座的防火问题。

一般当裙座直径不大于 1500mm 时，仅在裙座的外侧敷设防火层；当裙座直径大于1500mm 时，裙座的内外两侧均应敷设防火层。

5.2.3　人孔、手孔

塔体上宜采用垂直吊盖人孔，但个别有碍操作或有保冷层时，可采用回转盖人孔。当必须采用回转盖人孔时，应注意回转盖开启方向上是否存在障碍物（如工艺配管、外部附件等）。在设置操作平台的地方，人孔中心高度一般比操作平台高 0.7～1m。

板式塔的人孔中心线与降液板中心线夹角尽可能为 90°，且所有人孔应尽量在同一方位上。对于分块式塔盘的板式塔，宜每隔 10～15 层塔盘设置一个人孔，相邻人孔的距离一般控制在 5m 左右，每一人孔应居于相邻塔盘之间。人孔所在处的塔盘间距应根据人孔的直径确定，一般不小于人孔公称直径、塔盘支承梁高度及 50mm 之和，且不小于 600mm。

填料塔（或装有催化剂的塔）的人（手）孔应设在每段填料层（或催化剂层）的上、下方，同时兼作填料（或催化剂）装卸孔用。当填料塔直径大于或等于 800mm 时，应设人孔。直径小于 800mm 时，宜设置手孔，作为卸料孔的人（手）孔内应设填料（或催化剂）挡板，以便于检修和防止物料在人（手）孔筒节内积聚。如果填料为规整填料则不必设置填料挡板。

人（手）孔的选择应考虑设计压力、试验条件、设计温度、物料特性及安装环境等因素的影响。塔器在制造厂出厂前一般以卧置状态进行水压试验，所以塔器人孔的压力等级选择，必须考虑卧置状态试压时的试验压力；人孔法兰的密封面形式及垫片用材，一般与塔的工艺管口法兰相同；人孔伸入塔内部分应与塔的内壁平齐，边缘倒棱或磨平。

人孔应采用 HG/T 21514—2014《钢制人孔和手孔的类型与技术条件》或 HG/T 21594—2014《衬不锈钢人、手孔分类与技术条件》标准，超出标准范围或有特殊要求时可自行设计。

5.2.4 除沫器

当空塔气速较大，塔顶溅液现象严重以及工艺过程中不允许出塔气体夹带雾滴的情况下，应设置除沫器，从而减少液体的夹带损失，确保气体的纯度，保证后续设备的正常操作。常用的除沫装置有折板除沫器、丝网除沫器以及旋流板除沫器。此外，还有链条型除沫器、多孔材料除沫器及玻璃纤维除沫器等。本书重点介绍最常用的丝网除沫器。金属丝网除沫器在雾沫量不是很大或雾滴不是特别小的情况下，很容易达到 99% 以上的除沫效率。目前，国内标准除沫器为固定式丝网除沫器（HG/T 21618），另一种为网块可以抽出清洗或更换的抽屉式丝网除沫器（HG/T 21586）。对大直径的塔，丝网也可制成分块式。丝网用圆丝或扁丝编织而成，材料多用不锈钢、磷青铜、镀锌铁丝、聚四氟乙烯、尼龙等。

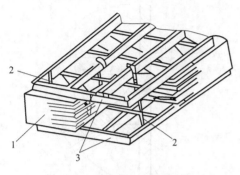

图 5-13　网块构成示意图
1—丝网；2—定距杆；3—格栅

① 结构　丝网除沫器是由若干层平铺的波纹型丝网、格栅、定距管组成的网块以及支承件等构成。网块由若干层平铺的波纹型丝网、格栅及定距杆组成，如图 5-13 所示。

② 规格和选用　国内标准除沫器中除沫网是用圆丝或扁丝编织成圆筒形网套，并压平成双层折皱形网带，网带绕成卷而成。选用时主要根据筒体的公称直径，确定网块的高度（100mm 或 150mm）、安装形式（上装或下装）、丝网的材料等。

丝网除沫器具有比表面积大、重量轻、空隙大以及使用方便、除沫效率高、压降小等优点，适用于清洁的气体。不宜用在液滴中含有固体物质或易析出固体物质的场合，如碱液、碳酸氢氨溶液等，以免液体蒸发后留下固体堵塞丝网。当雾沫中含有少量悬浮物时，应经常对其进行冲洗。丝网除沫器在安装时，在其上下方都应留有适当的分离空间。

丝网层的厚度应按工艺条件通过试验确定；网丝的选择包括材料选择和丝径选择，材料的选择应考虑介质的腐蚀和操作温度，需要多少目的网由工艺要求决定。

5.2.5 吊柱与吊耳

为了便于安装、检修时补充和更换填料、安装和拆卸内件，对于室外无框架的整体塔，一般应在塔顶设置吊柱。对于分节的塔，内件的拆卸往往在塔体拆开后进行，不必设置吊柱。

吊柱的结构及安装位置见图 5-14。吊柱的吊钩与塔顶之间的距离，一般不小于 1000mm，手柄至操作平台之间的距离一般为 1.2～1.5m；吊柱的方位应满足吊柱中心线与人孔中心线间有合适的夹角，使人站在平台上能操纵手柄转动吊柱管，将吊钩的垂直中心线转到人孔附近。应考虑起吊时的最大重量，按 HG/T 21639—2005《塔顶吊柱》选取合适的吊柱。

整体吊装的塔应安装吊耳。对于塔式容器，吊耳有顶部板式吊耳、侧壁板式吊耳、轴式吊耳和尾部吊耳等形式。

吊耳的位置一般位于塔的整体重心以上，对称地设置一对。吊耳的具体标高，应考虑吊装机械与起吊方法。从受力角度考虑，塔的吊点越高，则起吊力越小，但塔体承受的最大弯矩将增大，对塔体不利；起吊点低，则起吊力大，塔体承受的最大弯矩降低，对塔体有利，但稳定性差。所以吊耳的型号及安装位置一般与施工安装单位协商，按起吊重量和现场起吊方案综合考虑决定。

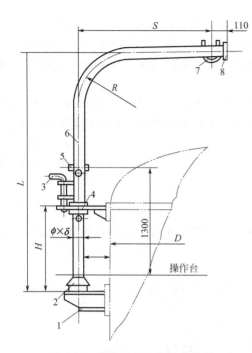

图 5-14　吊柱的结构及安装位置

1—支架；2—防雨罩；3—固定销；

4—导向板；5—手柄；6—吊柱管；

7—吊钩；8—挡板

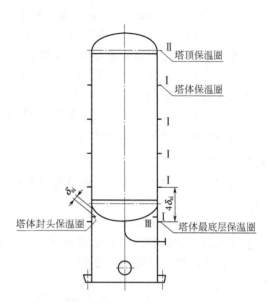

图 5-15　塔的保温圈布置

5.2.6　保温（保冷）

对于需保温（保冷）的塔，除带法兰的塔节之类的特殊情况外，均应设置保温圈。保温圈在塔体上的布置及尺寸见图 5-15、表 5-7 及表 5-8。当塔体需要整体热处理，塔体为碳钢及低合金制造的低温塔、不锈钢材料制造的塔时，则保温圈不宜直接焊在塔体上，应采用螺栓连接的可拆保温圈。可拆保冷圈宽度一般为保温层厚度减去 30mm，且不小于 20mm。可拆保温圈宽度值参见Ⅰ型保温圈的规定。

表 5-7　保温圈在塔体上的布置

保温圈类型	位置或间距
塔顶保温圈（Ⅱ型）	上封头切线处或焊缝线以下 50mm 处
塔体保温圈（Ⅰ型）	间距 3～3.5m
塔体最低层保温圈（Ⅰ型）	距裙座与封头连接焊缝下 4 倍保温层厚度
塔底封头保温圈（Ⅲ型）	位置与尺寸见图 5-15

表 5-8　保温圈尺寸　　　　　　　　　　　　　　　　　　mm

保温层厚度	40	50	60	70	80	100	120	150	>150
保温圈宽度	30	40	50	55	60	70	90	120	150

5.2.7 操作平台

在人孔、手孔、塔顶吊柱、液面计等需要经常检修和操作的地方，应布置操作平台。底层平台的净空高不应小于 2.0m，各层平台之间的最小间距不得小于 2.0m，若无特殊要求，层间距不宜大于 8.0m；平台的宽度应根据检修需要而定；平台的包角应依据工艺配管、液面计、人孔的位置而定，一般塔顶设置全平台。

平台的载荷应根据具体的使用情况确定，一般，最小均布动载荷为 2000N/m²、集中载荷为 4000N/m²。对在操作维修中可能长期堆放重物的平台要做特殊考虑。栏杆的任意点应能承受任意方向作用的 900N 载荷。

平台全部为钢结构，材料一般用 Q235A·F。当塔体材料采用不锈钢时，塔体上衬板及平台连接板的材料应与塔体相同。

5.2.8 接管

为满足工艺要求，塔体上应开设各种接管，对于不同用途的接管在结构设计时有不同的要求。

（1）进料管和回流管

进料管和回流管的结构形式很多，常用的有直管式和弯管式两种，分别见图 5-16、图 5-17，直管进料管的尺寸见表 5-9。

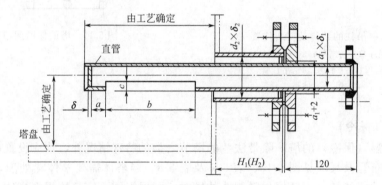

图 5-16　可拆进料管（直管结构）

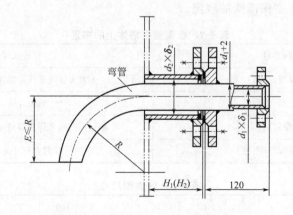

图 5-17　可拆进料管（弯管结构）

表 5-9　直管进料管的尺寸　　　　　　　　　　　　　　　　　　　　　mm

内管 $d_1 \times \delta_1$	外管 $d_2 \times \delta_2$	a	b	c	δ	H_1	H_2
25×3	25×3.5	10	20	10	5	100	150
32×3.5	57×3.5	10	25	10	5	120	150
33×3.5	57×3.5	10	32	15	5	120	150
45×3.5	76×4	10	40	15	5	120	150
57×3.5	76×4	15	50	20	5	120	150
76×4	·108×4	15	70	30	5	120	150
89×4	108×4	15	80	35	5	120	150
108×4	133×4	15	100	45	5	120	200
133×4	159×4.5	15	125	55	5	120	200
159×4.5	219×6	25	150	70	5	120	200
219×6	273×8	25	210	95	8	120	200
245×7	273×8	25	225	110	8	120	200
273×8	325×8	25	250	120	8	120	200

注：L 可由设计者根据需要决定；H_1 与 H_2 分别为无保温和有保温时的尺寸。

（2）釜液出口管

塔釜出料管一般需引出裙座外壁，结构如图 5-18(a) 所示。釜液从塔底出口管流出时，会形成一个向下的旋涡，使塔釜液面不稳定，且会带着气体。如果出口管路有泵，气体进入泵内，会影响泵的正常运转，故在塔釜出口管前应装设防涡流挡板。常用的塔釜出口的防涡流挡板结构如图 5-18(b) 所示，该结构用于较清洁的釜液。当釜液不太清洁时，为防止釜内沉积的脏物进入泵内，应采用出口管伸入塔内的结构。

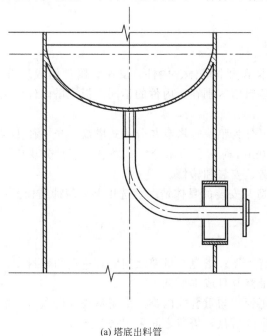

(a) 塔底出料管　　　　　　　　　　　　　(b) 防涡流挡板结构

图 5-18　釜液出口管

（3）气体进口管

气体进口管的结构如图 5-19 所示，其中图 5-19(a)、(c) 所示结构简单，适用于气体分布要求不高的场合。图 5-19(b) 所示的结构，在进气管上开有三排出气孔，气体分布较均匀，常用于大直径的塔中。进气管应安装在塔釜最高液面之上，避免产生冲溅、夹带现象。

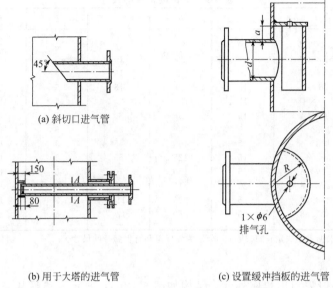

(a) 斜切口进气管

(b) 用于大塔的进气管

(c) 设置缓冲挡板的进气管

图 5-19　气体进口管

（4）气体出口管

气体出口管一般安装在塔侧壁上或塔顶封头上，结构与普通接管相同，为减少出塔气体中夹带液滴，可在出口处设置挡板或在塔顶安装除沫器。

5.3　板式塔内部结构设计

塔有填料塔和板式塔两大类型。塔的基本结构由塔体、内件、支座和附件组成。塔体、支座、附件是两类塔共有的部分，板式塔与填料塔区别在于内件的不同。板式塔内件包括塔盘及其支承、连接件。

塔盘按其塔径的大小及塔盘的结构特点可分为整块式塔盘与分块式塔盘。当塔径 $DN \leqslant 700mm$ 时，采用整块式塔盘；塔径 $DN \geqslant 800mm$ 时，宜采用分块式塔盘，塔盘分块应该使结构简单，装拆方便，有足够刚度，便于制造、安装和检修。

当塔径为 $800 \sim 900mm$ 时，可按便于制造与安装的具体情况，选用上述两种结构。

5.3.1　整块式塔盘

（1）整块式塔盘的支承结构

塔盘在结构方面要有一定的刚度，以维持水平；塔盘与塔壁之间应有一定的密封度，以避免气、液短路；塔盘要便于制造、安装、维修并且成本要低。

整块式塔盘根据组装方式不同可分为定距管式与重叠式两类。采用整块式塔盘时，塔体由若干个塔节组成，每个塔节中装有一定数量的塔盘，塔节之间采用法兰连接。

定距管式塔盘用定距管和拉杆支承同一塔节内的几块塔盘并固定在塔节内的支座上，定距管起支承塔盘和保持塔盘间距的作用。塔盘与塔体之间的间隙，以软填料密封并用压圈压紧，如图 5-20 所示。塔节高度随塔径而定，一般情况下，塔节高度随塔径的增大而增加。通常，当塔径 $DN = 300 \sim 500mm$ 时，塔节高度 $L = 800 \sim 1000mm$；塔径 $DN = 600 \sim 700mm$ 时，塔节高度 $L = 1200 \sim 1500mm$。为了安装的方便，每个塔节中的塔盘数以 $5 \sim 6$ 块为宜。

重叠式塔盘是在每一塔节的下部焊上一组支座，底层塔盘支承在支座上，然后依次装入上一层塔盘，塔盘间距由其下方的支柱保证，并可用 3 只调节螺钉来调节塔盘的水平度。塔盘与塔壁之间的间隙，同样采用软填料密封，然后用压圈压紧，其结构详见图 5-21。

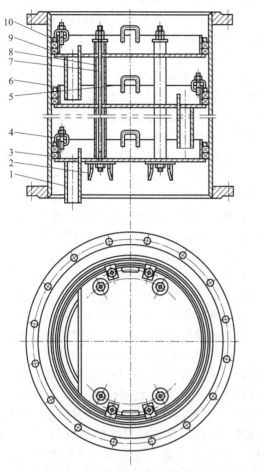

图 5-20　定距管式塔盘的结构

1—降液管；2—支座；3—密封填料；4—压紧装置；5—吊耳；6—塔盘圈；7—拉杆；8—定距管；9—塔盘板；10—压圈

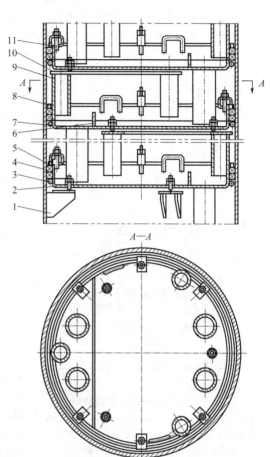

图 5-21　重叠式塔盘的结构

1—支座；2—调节螺钉；3—圆钢圈；4—密封填料；5—塔盘圈；6—溢流堰；7—塔盘板；8—压圈；9—支柱；10—支承板；11—压紧装置

（2）降液管

降液管有圆形降液管和弓形降液管两类。圆形降液管通常用于液体负荷低或塔径较小的场合。为了增加溢流周边，并且保证足够的分离空间，可在降液管前方设置溢流堰。由于这种结构的溢流堰所包含的弓形区截面中仅有一小部分用于有效的降液截面，因而圆形降液管不适宜大液量及容易引起泡沫的物料。弓形降液管将堰板与塔体壁面间所组成的弓形区全部截面用作降液面积，由一块平板、弧形板构成，是经常采用的结构。

（3）密封结构

整块式塔盘与塔壁之间存在的间隙，需要填料密封。密封填料组件由填料、压圈、螺栓、螺母组成。密封填料一般采用 2～3 层的石棉绳。压圈可采用扁钢撖成。紧固螺柱焊在塔盘圈上，焊接长度为 25～30mm。每个塔盘上所需要的螺柱数量与压板相同。螺柱布置应尽量均匀，且避开降液管。

5.3.2 分块式塔盘

直径较大的板式塔，为便于制造、安装、检修，可将塔盘板分成数块，通过人孔送入塔内，装在焊于塔体内壁的塔盘支承件上。分块式塔盘的塔体，通常为焊制整体圆筒，不分塔节。当塔径为 800～2400mm 时，采用单流分块式塔盘，其组装结构见图 5-22。

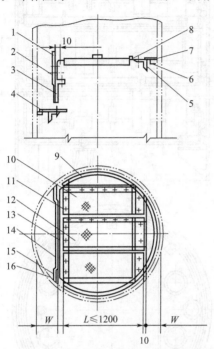

图 5-22　自身梁式塔盘的结构

1,14—出口堰；2—上段降液板；3—下段降液
板；4,7—受液盘；5—支承梁；6—支承圈；
8—入口堰；9—塔盘边板；10—塔盘板；
11—紧固件；12—通道板；13—降液板；
15—紧固件；16—连接板

（1）塔盘结构

塔盘板由数块矩形板和弧形板组成。设计时分块宽度由人孔尺寸、塔板结构强度、开孔排列的均匀对称性等因素决定，其最大宽度，以通过人孔为宜。为进行塔内清洗和维修，使人能进入各层塔盘，在塔盘板接近中央处设置一块通道板。内部通道板的最小尺寸为 300mm×400mm，但为方便北方冬季的安装和检修，应不小于 400mm×450mm。各层塔盘板上的通道板最好开在同一垂直位置上，以利于采光和拆卸。有时也可用一块塔盘板代替通道板。在塔体的不同高度处，通常开设有若干个人孔，人可以从上方或下方进入。因此，通道板应为上、下均可拆的连接结构。为便于搬运，分块式塔盘及其他可拆零部件，单件质量不应超过 30kg。

分块的塔盘板分为平板式、自身梁式和槽式三种，其中自身梁式是用模具冲压出的带有折边的塔盘板结构形式。由于塔盘自身的折边起到支承梁作用，这种塔盘结构具有足够的刚性，塔盘结构简单，而且，可以设计成上、下均可拆结构，方便检修和清洗。因此，自身梁式塔盘得到了广泛应用，其结构如图 5-22 所示。在矩形板和弧形板的长边 L 一侧压出直角折边，起梁的作用，以提高塔板的刚度。在折边侧压成凹平面，以便于另一块塔板放在凹平面上，并保证两塔板能平齐。矩形板的短边上，开 2～3 个卡孔。

（2）降液管结构

分块式塔盘的降液管结构有固定式和可拆式两种。固定式降液管是由降液板与支承圈和支持板连接一起，焊接在塔体上，形成一个塔盘固定件，适用于物料洁净、不易聚合的场合。在物料易于聚合、堵塞的情况下，宜用可拆式降液管。它是由焊在塔壁的上降液板、左右连接板以及可拆的降液板和紧固件装配而成。降液板的厚度为 4～6mm，连接板的厚度一般为 10mm。

（3）受液盘结构

为了保证降液管出口处的液封，在塔盘上设置受液盘，受液盘有平型和凹型两种。受液盘的类型和性能对侧线采出、降液管的液封和流体流入塔盘的均匀性是有影响的。

平型受液盘适用于物料容易聚合的场合，因为可以避免在塔盘上形成死角。平型受液盘的结构可分为可拆式和焊接固定式，图 5-23（a）为可拆式平型受液盘的一种。

当液体通过降液管与受液盘的压力降大于 25mmH₂O❶，或使用倾斜式降液管时，应采

---

❶　1mmH₂O=9.80665Pa。

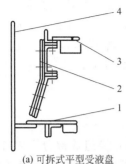 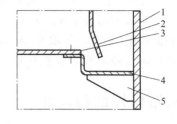

(a) 可拆式平型受液盘　　　　　　　　　　　　(b) 凹型受液盘

1—受液盘；2—降液盘；3—载液板；4—塔壁　　　　1—塔壁；2—降液盘；3—塔盘板；4—受液盘；5—筋板

图 5-23　受液盘结构

用凹型受液盘，其结构见图 5-23(b)，因为凹型受液盘对液体流动有缓冲作用，可降低塔盘入口处的液封高度，使液流平稳，有利于塔盘入口区更好地鼓泡。凹型受液盘的深度一般大于 50mm，但不超过塔板间距的 1/3，否则应加大塔板间距。

在塔或塔段的最底层塔盘降液管末端应设置液封盘，以保证降液管出口处的液封。用于弓形降液管的液封盘如图 5-24 所示。液封盘上应开设泪孔以供停工时排液用。

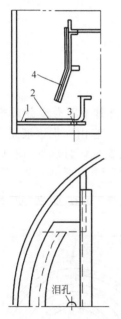 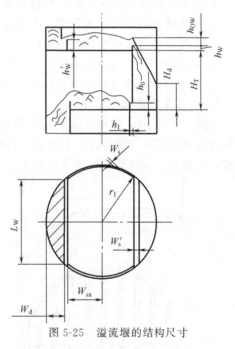

图 5-24　弓形降液管液封盘　　　　　　　　图 5-25　溢流堰的结构尺寸

1—支承圈；2—液封盘；3—泪孔；4—降液板

（4）溢流堰

在每层塔板的出口端装有溢流堰。它的作用是保证塔板上保持一定的液层厚度，以便气液进行传质。溢流堰可分为进口堰与出口堰。当塔盘采用平型受液盘时，为保证降液管的液封，使液体均匀流入下层塔盘，并减少液流在水平方向的冲击，故在液流进入端设置入口堰。而出口堰的作用是保持塔盘上液层的高度，并使流体均匀分布。通常，出口堰上的最大溢流强度不宜超过 $100\sim130\text{m}^3/(\text{h}\cdot\text{m})$。根据其溢流强度，可确定出口堰的长度，对于单流型塔盘，出口堰的长度 $L_\text{W}=(0.6\sim0.8)D_\text{i}$，双流型塔盘，出口堰长度 $L_\text{W}=(0.5\sim0.7)$

D_i（其中 D_i 为塔的内径）。出口堰的高度 h_W，由物料的性能、塔型、液体流量及塔板压力降等因素确定。进口堰的高度 h'_W 按以下两种情况确定：当出口堰高度 h_W 大于降液管底边至受液盘板面的间距 h_0 时，可取 $6\sim 8\text{mm}$，或与 h_0 相等；当 $h_W < h_0$ 时，h'_W 应大于 h_0 以保证液封。进口堰与降液管的水平距离 h_1 应大于 h_0 值，见图 5-25。

5.4 填料塔内件结构设计

填料塔（结构示意图见图 3-1）的内件是整个填料塔的重要组成部分。内件的作用是保证气、液更好地接触，以便发挥填料塔的最大效率和生产能力，因此内件设计的好坏直接影响到填料性能的发挥和整个填料塔的效率。填料塔内件包括液体分布器、液体再分布器、填料压板、除沫器等。

5.4.1 液体分布器

目前常用的液体分布器有多孔型和溢流型两大类。前者主要包括排管式液体分布器、环管式液体分布器、筛孔盘式液体分布器，后者主要包括溢流盘式和溢流槽式液体分布器，在第 3 章吸收工艺设计中均有介绍。液体分布器的机械结构设计要考虑以下原则：

① 满足所需要的喷淋点数，以保证液体初始分布的均匀性；
② 气体通过的自由截面积大，阻力小；
③ 操作弹性大，适应负荷的变化；
④ 不易堵塞，不易造成雾沫夹带和发泡；
⑤ 易于制作，部件可通过人孔进行安装、拆卸。

5.4.1.1 多孔型液体分布器

如图 5-26 所示，排管式液体分布器和环管式液体分布器属于压力型分布器，是靠泵的压头或高液位通过管道与分布器相连，将液体分布到填料上。它由一根进液总管和数排支管组成，总管和支管的端部均由盲板堵死。布液管一般由圆管制成，且底部打孔以将液体分布

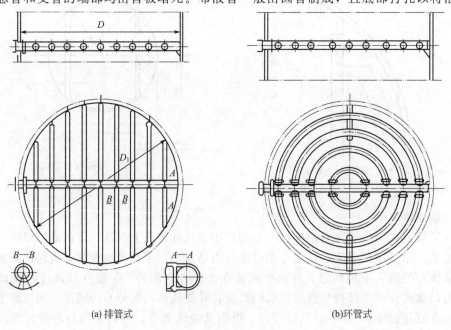

(a) 排管式　　　　　　　　　　　　　(b) 环管式

图 5-26　压力型管式分布器

到填料层上部。对于分段式塔体，由法兰连接的小型塔排管式液体分布器制成整体式，而对于整体式大塔，则制成可拆卸结构，以便从人孔进入塔中，在塔内安装。分布器的安装结构可将总管端部用管卡固定在焊于塔壁的支座上，或用螺栓与塔壁上的筋板连接。对于大直径塔，各支管还须加辅助支承。

排管式液体分布器的高度，对于散装填料塔，安装位置一般要高于填料层顶部 $150 \sim 200$ mm，对于规整填料塔，可用支承梁将分布器直接放置于填料层上。

上述两种管式分布器结构简单，易于安装，占用空间小，适用于带有压力的液体进料，值得注意的是该类型分布器只能用于液体单相进料，操作时必须充满液体。

5.4.1.2　溢流型液体分布器

溢流型液体分布器（布液器）有溢流盘式布液器和溢流槽式布液器等（见图 5-27）。溢流盘式布液器由底部、溢流升气管及围环所组成。溢流槽式布液器是适应性较好的分布器，特别适用于大流量操作，一般用于塔径大于 1000mm 的场合，如图 5-27(b) 所示，该分布器由若干个喷淋槽及置于其上的分配槽组成。槽盘式液体分布器是一种新型的液体分布器，它带有收集与再分布的两重效果，能有效地再分布液体，并能减少有效塔的高度。槽盘式液体分布器实际上是溢流盘式或筛孔盘式液体分布器的改型，槽盘式液体分布器如图 5-28 所示，通常是由分流槽（又称主槽或一级槽）、分布槽（又称副槽或二级槽）构成的。一级槽通过槽底开孔将液体初分成若干流股，分别加入其下方的液体分布槽。分布槽的槽底（或槽壁）上设有孔道（或导管），将液体均匀分布于填料层上。槽盘式液体分布器具有较大的操作弹性和极好的抗污堵性，特别适合于大气液负荷及含有固体悬浮物、黏度大的液体的分离场合。由于槽盘式液体分布器具有优良的分布性能

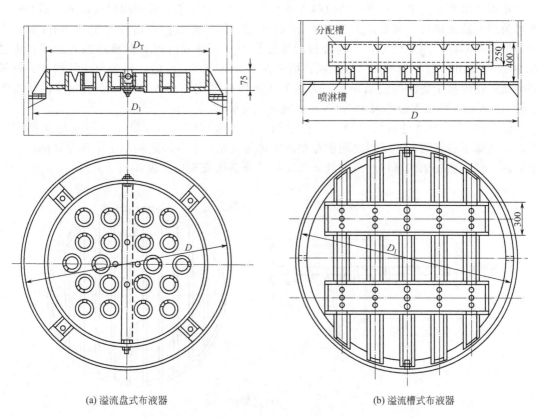

(a) 溢流盘式布液器　　　　　　　　　(b) 溢流槽式布液器

图 5-27　溢流型布液器

和抗污堵性能，应用范围非常广泛。国家标准：HG/T
21585.1—1998。

5.4.2　液体再分布器

图 5-28　槽盘式液体分布器

　　由于填料塔不可避免地存在壁流效应，造成塔截面
气液流量的偏差，即在塔截面上出现径向浓度差，使得
填料塔的性能下降，因此工艺上要求在填料层达到一定
高度后（一般在 10～20 块理论板数），应设置液体再分
布器，液相重新得到均匀分布。

　　分配锥是最简单的壁流收集再分布器。它将沿塔壁流下的液体用再分配锥导出至塔的中
心。圆锥小端直径通常为塔径 D_i 的 0.7～0.8 倍。分配锥一般不宜安装在填料层里，而适
宜安装在填料层分段之间，作为壁流的液体收集器用。这是因为分配锥若安装在填料内则使
气体的流动面积减少，扰乱了气体的流动。同时分配锥与塔壁间又形成死角，填料的安装也
困难。分配锥上的通孔结构，为分配锥的改进结构。

　　应当注意的是上述壁流收集再分布器，只能消除壁流，而不能消除塔中的径向浓度差，
因此，只适用于直径为 0.6～1m 的小型散装填料塔。

5.4.3　填料支承板

　　填料支承板安装在填料层的底部，其作用是防止填料穿过支承装置而落下；支承操作时
填料层的重量及保证足够的开孔率；使气、液两相能自由通过。因此不仅要求支承装置具备
足够的强度及刚度，而且要求结构简单，便于安装，所用的材料耐蚀。

　　栅板是结构最简单、最常用的填料支承装置。它由扁钢条和扁钢圈焊接而成。塔径较小
时可采用整块式栅板。当塔径大于 600mm 时采用分块式栅板；当塔径大于 900mm 时，为
增加栅板的刚度，须加设上、下连接板。塔径在 600～800mm 时，栅板由两块组成；塔径
在 900～1200mm 时，栅板由 3 块组成；塔径在 1400～1600mm 时，栅板由 4 块组成。栅板
必须放置在焊接于塔壁的支承块上，大塔的支承圈还要用支承板加强。栅板每块的宽度为
300～400mm，每板重量不大于 700N，以便从人孔装卸。

　　图 5-29 所示为改进后的分块式栅板结构，它将扁钢圈的高度减小（取栅板条高度的
2/3），消除了扁钢圈与支承圈之间积存壁流液体的死角，各分块之间用定距环保证间距，便
于装拆。栅板能支承的填料层高度及支承圈尺寸分别见表 5-10、表 5-11。

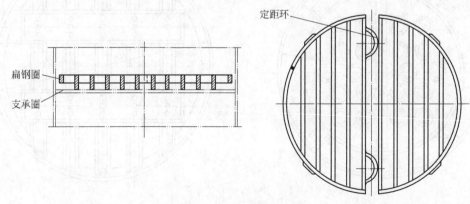

图 5-29　分块式栅板结构

表 5-10　栅板能支承的填料层高度　　mm

塔径 D	200~600	700~800	900~1200	1400~1600
填料层高度 H	10D	8D	6D	3D

栅板的结构与尺寸需考虑如下因素：塔径、塔体椭圆度、填料规格、填料层高度、加工及安装拆卸方便。

塔径较小时采用整块式栅板，塔径 $D \le 350$mm 时，栅板可直接焊在塔壁上；塔径 $D = 400 \sim 500$mm 时，栅板需搁置在焊接在塔壁的支承圈上。当塔径较大时，宜采用分块式栅板，分块的原则是单块质量不超过 70kg 并能使人从设备人孔进出。但不管栅板分成几块，均需将其搁置在焊接于塔壁的支承圈上，直径超过 1000mm 的塔支承圈还需要用筋板来加强。若塔径超过 2000mm 时则应加中间支承梁。

表 5-11　支承圈尺寸　　mm

塔　　径	D_1	D_2	厚　　度		重　　量/N	
			碳素钢	不锈钢	碳素钢	不锈钢
200	204	180	4	3	22.9	17.3
250	247	223	4	3	28.0	21.1
300	297	257	4	3	54.7	41.2
350	347	307	4	3	65.8	49.5
400	397	337	6	4	163	109
450	447	387	6	4	185	124
500	496	416	6	4	270	180
600	596	496	8	6	538	406
700	696	596	8	6	635	481
800	796	696	8	6	736	558
900	894	794	8	6	833	630
1000	994	894	10	8	1160	938
1200	1194	1074	10	8	1680	1350
1400	1392	1272	10	8	1970	1580
1600	1592	1472	10	8	2260	1820

依据填料规格确定栅板间距，其值不得大于填料规格，栅板间距约为填料外径的 60%~80%。

依据填料的密度、装填高度对格栅进行强度计算，确定格栅的厚度和高度。在进行计算时假定栅条为一承受均布载荷的两端简支的梁，如图 5-30 所示，略去填料对塔壁的摩擦阻力，则作用在栅条上的总载荷 P(N) 为

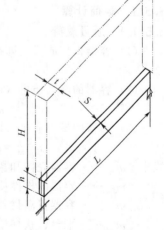

$$P = P_P + P_L \tag{5-1}$$

式中　P_P——填料重量，$P_P = HLt\rho_P g \times 10^{-3}$，N；　(5-2)

　　　H——填料层高度，m；

　　　L——一根栅条长度，cm；

　　　ρ_P——填料的堆积密度，kg/m³；

　　　t——栅条间距，cm；

　　　P_L——填料层的持液量，N，对于颗粒填料，$P_L = 0.35HLt\rho_L g \times 10^{-4}$；　(5-3)

　　　　　对于丝网填料，$P_L = 0.05HLt\rho_L g \times 10^{-4}$；　(5-4)

　　　ρ_L——液体密度，kg/m³。

对于简支梁，最大弯矩为 $M = PL/8$。栅条上的负荷分布是

图 5-30　栅条受载情况

不均匀的，为安全起见，可假定

$$M = PL/6 \quad (\text{N/cm}) \tag{5-5}$$

而断面模数 W 为

$$W = (S-C)(h-C)^2/6 \quad (\text{cm}^3) \tag{5-6}$$

式中　S——栅条厚度，cm；

　　　h——栅条高度，cm；

　　　C——腐蚀裕量，cm。

用式(5-7)核算栅条的弯曲应力 σ

$$\sigma = \frac{M}{W} = \frac{PL}{(S-C)(h-C)^2} \leqslant [\sigma] \quad (\text{Pa}) \tag{5-7}$$

5.4.4　填料压板及床层限制板

对任何一个填料塔，都必须设填料压板或床层限制板。填料压板直接置于填料层上，无须固定于塔壁。压板的重量要适当，一般为 1100N/m^2 左右。较常用的为栅条压板与丝网压板。后者适用于直径小于 1200mm 的塔。栅条压板与填料支承栅板的结构相同，结构和尺寸可参照支承栅板，但重量须满足压板的要求。否则，需要采用增加栅条高度、厚度或附加荷重等方法，以达到重量要求。当塔径 D 不大于 1200mm 时，填料压板的外径比塔的内径小 10～20mm；当塔径大于 1200mm 时，填料压板的外径比塔的内径小 25～38mm。

床层限制板的结构与填料支承板相似，不同的是床层限制板的重量较轻，约为 300N/m^2，而且必须固定在塔壁上。当塔径 D 不大于 1200mm 时，床层限制板的外径比塔的内径小 10～15mm；当塔径大于 1200mm 时，限制板的外径比塔的内径小 25～38mm。

5.5　塔设备的强度设计和稳定校核

塔设备强度及稳定性校核的基本步骤如下。

① 按设计条件，初步确定塔和封头的厚度；

② 计算塔设备危险截面的载荷，包括重量、风载荷、地震载荷和偏心载荷等；

③ 危险截面的轴向强度和稳定性校核；

④ 裙座、基础环板、地脚螺栓等设计计算。

上述①参考 GB/T 150—2011。本章重点为后三项的计算。

5.5.1　载荷计算

5.5.1.1　质量载荷

(1) 容器操作质量（即操作工况下）

$$m_0 = m_{01} + m_{02} + m_{03} + m_{04} + m_{05} + m_a + m_e \quad (\text{kg}) \tag{5-8a}$$

(2) 容器的最大质量（即水压试验工况下）

$$m_{\max} = m_{01} + m_{02} + m_{03} + m_{04} + m_a + m_w + m_e \quad (\text{kg}) \tag{5-8b}$$

(3) 容器的最小质量（即停工检修工况下）

$$m_{\min} = m_{01} + 0.2m_{02} + m_{03} + m_{04} + m_a + m_e \quad (\text{kg}) \tag{5-8c}$$

式中　m_{01}——容器壳体和裙座质量，kg；

　　　m_{02}——容器内构件质量，kg；

　　　m_{03}——容器保温材料质量，kg；

　　　m_{04}——平台、扶梯质量，kg；

　　　m_{05}——操作时容器内物料质量，kg；

m_a——人孔、接管、法兰等附属件质量，kg；

m_w——容器内充水质量，kg；

m_e——偏心载荷质量，kg；

$0.2m_{02}$——考虑内构件焊在壳体上的部分的质量，如塔盘与支承圈、降液管等。

当空塔吊装时，如未装保温层、平台、扶梯，则 m_{min} 应扣除 m_{03} 和 m_{04}。

（4）偏心质量载荷

塔体上有时悬挂有再沸器、冷凝器等附属设备或其他附件，为偏心质量载荷，该载荷引起的弯矩为

$$M_e = m_e g e \tag{5-9}$$

式中　g——重力加速度，m/s^2；

e——偏心距，即偏心质量中心至塔设备中心线间的距离，m；

M_e——偏心弯矩，N·m。

5.5.1.2 地震载荷

当发生地震时，塔设备作为悬臂梁，在地震载荷下产生弯曲变形，国家标准中规定，对设置在地震设防烈度为 7～9 度地区的塔设备必须进行地震载荷校核，避免地震时发生破坏或产生二次灾害。

（1）水平地震力的计算

在任意高度 h_k 处的集中质量 m_k 引起的水平地震力 F_k 按式（5-10）计算

$$F_k = C_Z \alpha_1 \eta_k m_k g \tag{5-10}$$

塔自振周期为

$$T_1 = 90.33 H \sqrt{\frac{m_0 H}{E \delta_e D_i^3}} \times 10^{-3} \tag{5-11}$$

$$\eta_k = \frac{h_k^{1.5} \sum\limits_{i=1}^{n} m_i h_i^{1.5}}{\sum\limits_{i=1}^{n} m_i h_i^3} \tag{5-12}$$

式中　m_k——距地面高度 h_k 处的集中质量（见图 5-31），kg；

α——地震影响系数，按图 5-32 查取；

α_1——对应于容器基本自振周期 T_1［按式（5-11）计算］的地震影响系数 α 值；

E——弹性模量，MPa；

C_Z——结构影响系数，取 $C_Z = 0.5$；

H——塔的总高度；

η_k——振型参与系数，按式（5-12）计算。

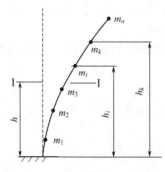

图 5-31　水平地震力计算简图

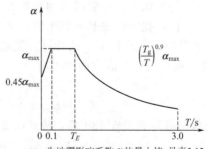

α_{max} 为地震影响系数 α 的最大值，见表5-12

图 5-32　地震影响系数 α 值

表 5-12   地震影响系数的最大值 $\alpha_{\max}$

地震设防烈度	7	8	9
$\alpha_{\max}$	0.23	0.45	0.90

（2）地震弯矩计算

容器任意截面 $i-i$ 的地震弯矩按式（5-13）计算

$$M_{\mathrm{E}}^{i-i} = \sum_{k=i}^{n} F_k (h_k - h) \quad (\mathrm{N \cdot mm}) \tag{5-13}$$

对于等直径、等厚度容器的计算截面 $i-i$ 和底部截面 0—0 的地震弯矩分别按式（5-14）和式（5-15）计算

$$M_{\mathrm{E}}^{i-i} = \frac{8C_Z \alpha_1 m_0 g}{175 H^{1.5}} (10H^{3.5} - 14hH^{2.5} + 4h^{3.5}) \quad (\mathrm{N \cdot mm}) \tag{5-14}$$

$$M_{\mathrm{E}}^{0-0} = \frac{16}{35} C_Z \alpha_1 m_0 g H^2 \quad (\mathrm{N \cdot mm}) \tag{5-15}$$

当容器高径比 H/D_i 大于 5 时，须考虑高振型的影响。

（3）垂直地震力

地震设防烈度为 8 度或 9 度的地区的塔设备还应考虑向上或向下两个方向垂直地震力的作用。本书不作介绍，读者可参考相关教材。

5.5.1.3   风载荷

安装在室外的塔设备将受到风力的作用，塔设备会发生弯曲变形。

（1）水平风力计算公式

$$P_i = K_1 K_{2i} q_0 f_i l_i D_{ei} \times 10^{-6} \tag{5-16}$$

式中 K_{2i}——风振系数，当高度不大于 20m 时，取 $K_{2i}=1.7$；对塔高 $H > 20\mathrm{m}$ 时，按式（5-17）计算，

$$K_{2i} = 1 + \frac{\xi \nu_i \phi_i}{f_i} \tag{5-17}$$

f_i——风压高度变化系数，按表 5-13 查取；

ν_i——第 i 计算段脉动影响系数，按表 5-14 查取；

ξ——脉动增大系数，按表 5-15 查取；

ϕ_i——振型系数，按表 5-16 查取；

K_1——体型系数，一般取 $K_1 = 0.7$；

D_{ei}——塔设备计算段有效直径；

q_0——基本风压，一般按当地空旷平坦地面上 10m 高度处 10min 平均风速观测数据，我国各地基本风压值可查取有关教材。

塔设备计算段有效直径 D_{ei} 的计算：笼式扶梯与塔顶管线成 90°角，可按式（5-18）和式（5-19）计算（取两式计算值中的较大者）

$$D_{ei} = D_{oi} + 2\delta_{si} + K_3 + K_4 \tag{5-18}$$

$$D_{ei} = D_{oi} + 2\delta_{si} + d_o + K_4 + 2\delta_{\mathrm{ps}} \tag{5-19}$$

笼式扶梯与塔顶管线成 180°角，按式（5-20）计算

$$D_{ei} = D_{oi} + 2\delta_{si} + d_o + K_4 + K_3 + 2\delta_{\mathrm{ps}} \tag{5-20}$$

式中 D_{oi}——塔设备计算段的塔壳外径，m；

δ_{si}——塔设备第 i 计算段保温层厚度，m；

δ_{ps}——塔设备计算段的保温层厚度，m；

K_3——扶梯的当量宽度，对笼式扶梯 K_3 可取 400mm；

K_4——操作平台的附加宽度，m

$$K_4 = \frac{2\sum A}{l_i} \tag{5-21}$$

l_i——各段计算长度，m；

$\sum A$——单个操作平台受风构件的投影面积总和（不计入塔体投影面积所遮挡的部分构件），m^2。

表 5-13　风压高度变化系数 f_i

总高度/m		5	10	20	30	40	50	60	70	80	90
地面粗糙度类别	A	1.17	1.38	1.63	1.8	1.92	2.03	2.12	2.2	2.27	2.34
	B	1.0	1	1.25	1.42	1.56	1.67	1.77	1.86	1.95	2.02
	C	0.74	0.74	0.84	1	1.13	1.25	1.35	1.45	1.54	1.62

注：1.高度为塔设备第 i 计算段顶部截面至地面的高度，m。

2. A 类地面粗糙度指近海海面、海岛、海岸、湖岸及沙漠地区；B 类系指田野、乡村、丛林、丘陵以及房屋比较稀疏的中小城镇和大城市郊区；C 类系指有密集建筑群的大城市市区。

表 5-14　脉动影响系数 v_i

总高度/m		10	20	30	40	50	60	70	80	90	100	150	200	300	350	400	450
地面粗糙度类别	A	0.78	0.83	0.86	0.87	0.88	0.89	0.89	0.89	0.89	0.89	0.87	0.84	0.79	0.79	0.79	0.79
	B	0.72	0.79	0.83	0.85	0.87	0.88	0.89	0.90	0.90	0.90	0.89	0.88	0.84	0.83	0.83	0.83
	C	0.64	0.73	0.78	0.82	0.85	0.87	0.90	0.90	0.91	0.91	0.93	0.93	0.91	0.90	0.91	0.91
	D	0.53	0.65	0.72	0.77	0.81	0.84	0.87	0.89	0.91	0.92	0.97	1.00	1.01	1.01	1.00	1.00

注：高度为塔设备第 i 计算段顶部截面至地面的高度，m。

表 5-15　脉动增大系数 ξ_4

$q_0 T_1^2/(kN \cdot s^2/m^2)$	0.01	0.02	0.04	0.06	0.08	0.10	0.20	0.40	0.60
ξ	1.47	1.57	1.69	1.77	1.83	1.88	2.04	2.24	2.36
$q_0 T_1^2/(kN \cdot s^2/m^2)$	0.80	1.00	2.00	4.00	6.00	8.00	10.00	20.00	30.00
ξ	2.46	2.53	2.80	3.09	3.28	3.42	3.54	3.91	4.14

注：计算 $q_0 T_1^2$ 时，对地面粗糙度 B 类地区可直接代入基本风压，而对 A 类、C 类和 D 类地区应按当地的基本风压分别乘以 1.38、0.62、0.32 后代入。

表 5-16　振型系数 ϕ_i

相对高度 h_{it}/H	u			相对高度 h_{it}/H	u		
	1.0	0.8	0.6		1.0	0.8	0.6
0.1	0.02	0.02	0.01	0.6	0.48	0.44	0.41
0.2	0.07	0.06	0.05	0.7	0.60	0.57	0.55
0.3	0.15	0.12	0.11	0.8	0.73	0.71	0.69
0.4	0.24	0.21	0.19	0.9	0.87	0.86	0.85
0.5	0.35	0.32	0.29	1.0	1.00	1.00	1.00

注：u 为塔顶与塔底有效直径的比值。h_{it} 为塔设备第 i 计算段顶部截面至地面的高度，m。H 为塔设备总高度，m。

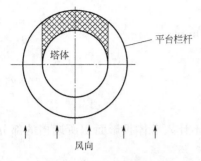

图 5-33 平台的受风情况

单个操作平台受风构件的投影面积总和 $\sum A$ 的计算：如图 5-33 所示，操作平台的阴影部分被塔体遮挡，所以只需计算平台在阴影以外的各构件在垂直于风向的投影面积总和。塔体前侧的平台栏杆（栏杆一般由 $\phi25.4mm$ 的管子和∟50×50 的角钢构成）与塔体间的空当一般大于 1m，即空当距离约为栏杆管径的 30 倍。按规定当空当大于管径的 10 倍时，可以不考虑前侧平台构件对塔体的挡风作用。而塔后侧的栏杆与塔体间的空当往往小于塔的直径，塔体完全挡住了风对后部栏杆的作用，因此不必考虑阴影部分平台构件的挡风作用。

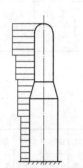

图 5-34 变截面塔分段示例图

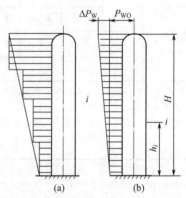

图 5-35 风弯矩计算的简化图

（2）风弯矩计算

风载荷计算中，对于等截面塔，一般将距地面高度 10m 以下作第一计算段，其后的计算段一般取为每段不超过 10m。对于变截面塔，宜按截面变化的情况分段，如图 5-34 所示。

由于风压的大小是随高度而变化的，因此，在计算由风载荷产生的塔体弯矩时，常将塔体沿高度分成几段，先求出各段的风载荷，然后求出塔体诸计算截面上的弯矩。风弯矩计算的简化图如图 5-35 所示。计算时，塔体的分段越多，就越接近于实际的风载荷分布情况，算出的塔截面弯矩就越精确。如塔体按图 5-36 所示分段，各段的风载荷为

$$P_i = K_1 K_{2i} q_0 f_i h_i D_{ei} \tag{5-22}$$

各段风载荷在塔体任意计算截面 $a—a$ 上产生的总弯矩为

$$M_{\mathrm{w}}^{a-a} = P_i \frac{h_i}{2} + P_{i+1}\left(h_i + \frac{h_i+1}{2}\right) + \cdots + P_n\left(h_i + h_{i+1} + \cdots + \frac{h_n}{2}\right) \tag{5-23}$$

式中的下标 i 是截面 $a—a$ 以上的第一个计算段的序号。

各段风载荷在塔底截面上产生的总弯矩为

$$M_{\mathrm{w}}^{0-0} = P_1 \frac{h_1}{2} + P_2\left(h_1 + \frac{h_2}{2}\right) + \cdots + P_i\left(h_1 + h_{i1} + \cdots + \frac{h_n}{2}\right) + \cdots +$$

$$P_n\left(h_1 + h_2 + \cdots + \frac{h_n}{2}\right) \tag{5-24}$$

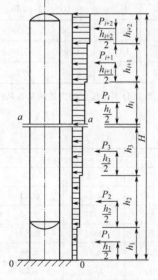

图 5-36 风弯矩计算图

（3）偏心载荷引起的偏心弯矩

$$M_e = m_e g l_e \tag{5-25}$$

式中　m_e——偏心质量，kg；

　　　l_e——偏心质点的重心至塔器中心线的距离，mm。

（4）最大弯矩 M_{max}^a

M_{max}^a 为计算截面 a—a 处的最大弯矩，按不同工况进行组合。

① 对于正常操作状态，取操作状态下的风弯矩 M_w^a 和地震弯矩 M_E^a 与偏心弯矩 M_e^a 组合后的大者，即

$$M_{max}^a = \max[M_w^a + M_e, M_E^a + 0.25M_w^a + M_e^a] \tag{5-26}$$

② 对于停工状态，取此状态下的 M_w^a（或 M_{ew}^a）

$$M_{max}^a = \max[M_w^a + M_e, M_E^a + 0.25M_w^a + M_e^a] \tag{5-27}$$

③ 对于水压试验状态，取

$$M_{max}^a = 0.3M_w^a \tag{5-28}$$

5.5.2　塔的轴向强度和稳定性校核

塔体承受压力（内压或外压）、弯矩（地震弯矩、风弯矩和偏心弯矩）和轴向载荷（塔设备、塔内介质及附件等重量）的联合作用。内压使塔体产生轴向拉应力，外压则引起轴向压应力。弯矩使塔体的一侧产生轴向拉应力，另一侧产生轴向压应力。重量使塔体产生轴向压应力。由于压力、弯矩、重量随塔设备所处状态而变化，组合轴向应力也随之而变化。过大的塔体应力会导致塔体的强度及稳定失效，即强度和稳定性问题；而太大的塔体挠度，则会造成塔盘上的流体分布不均，从而使分离效率下降，即刚度问题。因此必须计算塔设备在各种状态下的轴向组合应力，并确保组合的轴向拉应力满足强度条件，组合的轴向压应力满足塔体的稳定条件。

理论上，应计算设备处于安装、正常操作、停工和水压试验四种状态下的组合轴向应力。但因安装时的设备自重常不包括附件和保温材料的重量，安装时的轴向载荷比正常操作时小，风弯矩也小于正常操作状态，因此，只需计算正常操作、停工和水压试验三种状态下的组合轴向应力。

（1）筒体轴向应力计算公式（见表 5-17）

（2）筒体轴向应力稳定性校核（见表 5-18）

表 5-17　应力计算公式

项目	计　算　公　式	符　号　说　明
轴向应力	1. 计算压力引起的轴向应力 $$\sigma_1 = \pm \frac{p_c D_i}{4\delta_{ei}} \quad (\text{MPa}) \tag{5-29}$$ 2. 操作或非操作时重力及垂直地震力引起的轴向应力 $$\sigma_2 = \frac{m^{i-i}g \pm F_v^{i-i}}{\pi D_i \delta_{ei}} \tag{5-30}$$ 3. 最大弯矩引起的轴向应力 $$\sigma_3 = \frac{M_{max}^{i-i}}{0.785 D_i^2 \delta_{ei}} \tag{5-31}$$	p_c——计算压力，MPa δ_{ei}——塔体有效厚度，mm m^{i-i}——塔体计算截面 i—i 以上操作或非操作时的质量，kg，操作时，取 $m^{i-i} = m_0^{i-i}$；水压试验时，取 $m^{i-i} = m_{max}^{i-i}$；吊装时，取 $m^{i-i} = m_{min}^{i-i}$ m_0^{i-i}——计算截面 i—i 以上塔的操作质量，kg m_{max}^{i-i}——计算截面 i—i 以上塔在液压试验状态时的最大质量，kg m_{min}^{i-i}——计算截面 i—i 以上塔在安装状态时的最小质量，kg F_v^{i-i}——垂直地震力，仅在最大弯矩为地震弯矩参与组合时计入

项目	计 算 公 式	符 号 说 明
最大组合轴向应力	1. 对内压塔 最大组合轴向拉应力,是在操作情况下 $$\sigma_{max组拉}=\sigma_1+\sigma_2+\sigma_3 \quad (5\text{-}32)$$ 最大组合轴向压应力,是在非操作情况下 $$\sigma_{max组压}=\sigma_2+\sigma_3 \quad (5\text{-}33)$$ 2. 对外压塔 最大组合轴向拉应力,是在非操作情况下 $$\sigma_{max组拉}=\sigma_2+\sigma_3 \quad (5\text{-}34)$$ 最大组合轴向压应力,是在操作情况下 $$\sigma_{max组压}=\sigma_1+\sigma_2+\sigma_3 \quad (5\text{-}35)$$	σ_1——由计算压力引起的轴向应力,MPa σ_2——由重力及垂直地震力引起的轴向应力(为负值),MPa σ_3——由弯矩引起的轴向应力,MPa $\sigma_{max组拉}$——最大组合轴向拉应力,MPa $\sigma_{max组压}$——最大组合轴向压应力,MPa

表 5-18　强度和稳定性校核条件

项目	应力校核计算	符 号 说 明
筒体轴向应力校核	1. 筒体轴向拉应力校核——强度条件 $$\sigma_{max组拉}\leqslant K[\sigma]^t\phi \quad (5\text{-}36)$$ 2. 筒体轴向压应力校核——稳定性条件 $$\sigma_{max组压}\leqslant[\sigma]_{cr} \quad (5\text{-}37)$$ $$[\sigma]_{cr}=\begin{cases} KB \\ K[\sigma]^t \end{cases} \text{取其中较小值}$$	$[\sigma]^t$——设计温度下塔壳材料的许用应力,MPa K——载荷组合系数,取 $K=1.2$ ϕ——焊接接头系数 $[\sigma]_{cr}$——设计温度下塔壳或裙座壳的许用轴向应力,MPa B——系数,按下列步骤求取: (1)计算系数 A $$A=\frac{0.094\delta_e}{R_i} \quad (5\text{-}38)$$ (2)根据材料,查 GB/T 150 中对应外压圆筒计算的材料图得到 B 值
裙座轴向应力校核	1. 裙座底部截面压应力 $$\sigma_{max组压}^{0\text{-}0}=\sigma_2^{0\text{-}0}+\sigma_3^{0\text{-}0}=\frac{m_0^{0\text{-}0}g+F_v^{0\text{-}0}}{A_{sb}}+\frac{M_{max}^{0\text{-}0}}{Z_{sb}}$$ $$(5\text{-}39)$$ 2. 裙座上人孔截面轴向压应力 $$\sigma_{max组压}^{1\text{-}1}=\sigma_2^{1\text{-}1}+\sigma_3^{1\text{-}1}=\frac{m_0^{1\text{-}1}g+F_v^{1\text{-}1}}{A_{sm}}+\frac{M_{max}^{1\text{-}1}}{Z_{sm}}$$ $$(5\text{-}40)$$ 3. 最大组合轴向压应力校核——稳定性条件 $$\sigma_{max组压}\leqslant[\sigma]_{cr}=\begin{cases} KB \\ K[\sigma]_s^t \end{cases} \text{取其中最小值}$$ $$(5\text{-}41)$$	A_{sb}——裙座底部截面的面积,mm^2 $$A_{sb}=\pi D_{is}\delta_{es} \quad (5\text{-}39a)$$ A_{sm}——裙座人孔处截面的面积,mm^2 Z_{sb}——裙座底部截面的抗弯截面系数,mm^3 $$Z_{sb}=\frac{\pi}{4}D_{is}^2\delta_{es} \quad (5\text{-}39b)$$ $$A_{sm}=\pi D_{im}\delta_{es}-\sum[(b_m+2\delta_m)\delta_{es}-A_m]$$ $$A_m=2l_m\delta_m \quad (5\text{-}40a)$$ Z_{sm}——裙座人孔处截面的抗弯截面系数,mm^3 $$Z_{sm}=\frac{\pi}{4}D_{im}^2\delta_{es}-\sum\left(b_mD_{im}\frac{\delta_{es}}{2}-Z_m\right)$$ $$Z_m=2\delta_{es}l_m\sqrt{\left(\frac{D_{im}}{2}\right)^2-\left(\frac{b_m}{2}\right)^2} \quad (5\text{-}40b)$$ D_{is}——裙座壳底部内直径,mm δ_{es}——裙座壳有效厚度,mm D_{im}——裙座人孔截面处裙座壳的内直径,mm b_m——裙座人孔截面处水平方向的最大宽度,mm l_m——人孔或较大管线引出孔加强管的长度,mm δ_m——人孔或较大管线引出孔加强管的厚度,mm $[\sigma]_s^t$——设计温度下裙座材料的许用应力,MPa

项目	应力校核计算	符 号 说 明
液压试验时应力校核	**1. 液压试验时的应力** (1) 由试验压力引起的环向应力 $$\sigma = \frac{(p_T + \rho_w g H_w \times 10^{-6})(D_i + \delta_{ei})}{2\delta_{ei}} \quad (5\text{-}42)$$ (2) 由试验压力引起的轴向应力 $$\sigma_1 = \frac{p_T D_i}{4\delta_{ei}} \quad (5\text{-}43)$$ (3) 液压试验时由重力引起的轴向应力 $$\sigma_2 = \frac{m_{max}^{i-i} g}{\pi D_i \delta_{ei}} \quad (5\text{-}44)$$ (4) 由弯矩引起的轴向应力 $$\sigma_3 = \frac{0.3 M_w^{i-i} + M_e}{0.785 D_i^2 \delta_{ei}} \quad (5\text{-}45)$$ **2. 液压试验时的应力校核** (1) 环向应力的校核 $$\sigma \leqslant 0.9\sigma_s \phi \quad (5\text{-}46)$$ (2) 最大组合拉应力的校核 $$\sigma_{max组拉} = \sigma_1 + \sigma_2 + \sigma_3 \leqslant 0.9\sigma_s \phi \quad (5\text{-}47)$$ (3) 最大组合压应力的校核 $$\sigma_{max组压} = \sigma_2 + \sigma_3 \leqslant [\sigma]_{cr} \quad (5\text{-}48)$$ $$[\sigma]_{cr} = \begin{cases} 0.9\sigma_s \\ KB \end{cases} \quad \text{取其中较小值}$$	p_T——试验压力，MPa H_w——液柱高度，m ρ_w——试验介质的密度，kg/m³

（3）基础环设计

裙座基础环的结构如图 5-37、图 5-38 所示，分为无筋板的结构与有筋板的结构两类。塔设备的重量及由风载荷、地震载荷及偏心载荷引起的弯矩通过裙座筒体作用在基础环上，而基础环安放在混凝土基础上。在基础环与混凝土基础接触面上，重量引起均布压缩应力，弯矩引起弯曲应力，压缩应力始终大于拉伸应力。基础环板应有足够厚度来承受这种应力。

基础环的设计见表 5-19。

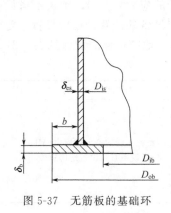

图 5-37　无筋板的基础环

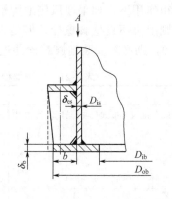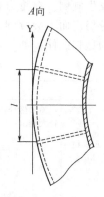

图 5-38　有筋板的基础环

表 5-19　基础环设计

项目	计 算 公 式	符 号 说 明
基础环尺寸	1. 基础环内、外径 $$D_{ob}=D_{is}+(160\sim400)\,\text{mm} \quad (5\text{-}49)$$ $$D_{ib}=D_{is}-(160\sim400)\,\text{mm} \quad (5\text{-}50)$$ 2. 基础环厚度 (1)基础环上无筋板时 $$\delta_b=1.73b\sqrt{\frac{\sigma_{bmax}}{[\sigma]_b}} \quad (5\text{-}51)$$ (2)基础环上有筋板时 $$\delta_b=\sqrt{\frac{6M_s}{[\sigma]_b}} \quad (5\text{-}52)$$ 无论有无筋板，基础环厚度均不得不小于 16mm	D_{ob}——基础环外直径，mm D_{ib}——基础环内直径，mm δ_b——基础环厚度，mm $[\sigma]_b$——基础环材料的许用应力，碳钢取 $[\sigma]_b=147\text{MPa}$，低合金结构钢取 $[\sigma]_b=170\text{MPa}$ σ_{bmax}——混凝土基础上的最大应力，MPa，按式(5-53)计算，取其中较大值 $$\sigma v_{bmax}=\begin{cases}\dfrac{M_{max}^{0-0}}{Z_b}+\dfrac{m_0 g}{A_b}\\[3mm]\dfrac{0.3M_w^{0-0}+M_e}{Z_b}+\dfrac{m_{max} g}{A_b}\end{cases} \quad (5\text{-}53)$$ A_b——基础环的面积，mm^2 $$A_b=\frac{\pi}{4}(D_{ob}^2-D_{ib}^2) \quad (5\text{-}54)$$ Z_b——基础环的抗弯截面系数，mm^3 $$Z_b=\frac{\pi(D_{ob}^4-D_{ib}^4)}{32D_{ob}} \quad (5\text{-}55)$$ M_s——矩形板计算力矩，$\text{N}\cdot\text{mm/mm}$，按式(5-56)计算 $$M_s=\max\{\,|M_x|,\,|M_y|\,\} \quad (5\text{-}56)$$ $$M_x=C_x\sigma_{bmax}b^2 \quad (5\text{-}57)$$ $$M_y=C_y\sigma_{bmax}l^2 \quad (5\text{-}58)$$ 其中系数 C_x、C_y 按表 5-20 选取

表 5-20　矩形板力矩 C_x、C_y 系数表

b/l	C_x	C_y	b/l	C_x	C_y	b/l	C_x	C_y	b/l	C_x	C_y
0	−0.5000	0	0.8	−0.1730	0.0751	1.6	−0.0485	0.1260	2.4	−0.0217	0.1320
0.1	−0.5000	0.0000	0.9	−0.1420	0.0872	1.7	−0.0430	0.1270	2.5	−0.0200	0.1330
0.2	−0.4900	0.0006	1.0	−0.1180	0.0972	1.8	−0.0384	0.1290	2.6	−0.0185	0.1330
0.3	−0.4480	0.0051	1.1	−0.0995	0.1050	1.9	−0.0345	0.1300	2.7	−0.0171	0.1330
0.4	−0.3850	0.0151	1.2	−0.0846	0.1120	2.0	−0.0312	0.1300	2.8	−0.0159	0.1330
0.5	−0.3190	0.0293	1.3	−0.0726	0.1160	2.1	−0.0283	0.1310	2.9	−0.0149	0.1330
0.6	−0.2600	0.0453	1.4	−0.0629	0.1200	2.2	−0.0258	0.1320	3.0	−0.0139	0.1330
0.7	−0.2120	0.0610	1.5	−0.0550	0.1230	2.3	−0.0236	0.1320	—	—	—

（4）地脚螺栓设计

　　地脚螺栓的作用是使高的塔设备固定在混凝土基础上，以防止风弯矩或地震弯矩等使其发生倾倒。在重力和弯矩作用下，如果迎风侧地脚螺栓承受的应力 $\sigma_B<0$，则表示塔设备自身稳定而不会倾倒，原则上可不设地脚螺栓，但是为了固定设备的位置，还应设置一定数量的地脚螺栓；如果 $\sigma_B>0$，则必须安装地脚螺栓并进行计算。地脚螺栓的设计见表 5-21。

表 5-21　地脚螺栓设计

项目	计 算 公 式	符 号 说 明
最大拉应力	地脚螺栓承受的最大拉应力按式(5-59)计算，取其中较大值 $$\sigma_B=\begin{cases}\dfrac{M_w^{0-0}+M_e}{Z_b}-\dfrac{m_{min} g}{A_b}\\[3mm]\dfrac{M_E^{0-0}+0.25M_w^{0-0}+M_e}{Z_b}-\dfrac{m_0 g-F_v^{0-0}}{A_b}\end{cases} \quad (5\text{-}59)$$	σ_B——地脚螺栓承受的最大拉应力，MPa 当 $\sigma_B>0$ 时，塔设备必须设置地脚螺栓

续表

项目	计 算 公 式	符 号 说 明
地脚螺栓直径	地脚螺栓的螺纹小径按式(5-60)计算,将计算结果圆整为螺栓的公称直径 $$d_1 = \sqrt{\frac{4\sigma_B A_b}{\pi n [\sigma]_{bt}}} + C_2 \quad (5\text{-}60)$$	d_1——地脚螺栓的螺纹小径,mm n——地脚螺栓个数,一般取 4 的倍数 C_2——腐蚀裕度,取不小于 3mm $[\sigma]_{bt}$——地脚螺栓材料的许用应力,MPa,地脚螺栓材料宜选用 Q235 或 Q345,对 Q235,$[\sigma]_{bt}$=147MPa;对 Q345,$[\sigma]_{bt}$=170MPa

计算截面就是设计压力、自身质量、地震或风载荷等作用下轴向组合应力可能最大,从而使设备在这里折断或失稳的截面。等直径、等厚度塔式设备中,计算截面有 3 个,见图 5-39。

① 裙座壳与基础环焊接处称 0—0 截面,在地震或风载荷作用下的弯矩最大;

② 裙座壳最大开孔中心处称 1—1 截面,开孔直径大可能使其截面系数减小,弯曲应力增加;

③ 裙座壳与壳体焊接处称 2—2 截面,有设计压力作用,可能使轴向组合应力增加,同时由于可能存在较高的设计温度,而使该截面的许用应力降低。

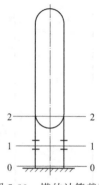

图 5-39 塔的计算截面

5.6 填料塔机械设计举例

5.6.1 设计条件

对一变换气脱硫塔进行机械设计,设计参数和技术特性指标见表 5-22。设计条件见图 5-40。

表 5-22 设计参数和技术特性指标 mm

工作压力/MPa		塔高	
设计压力/MPa	2.95	介质密度/(kg/m³)	1000
设计温度/℃	60	场地类别	Ⅱ
介质	变换气、脱硫液	焊接接头系数	1
塔内径	4000		
填料层的高度	16000	填料密度	GS-3 型 204kg/m³ 其他 240kg/m³
传热面积/m²		地震设防烈度	6
		壳体材料	
		裙座材料	
偏心质量/kg	0	偏心距	
保温材料厚度	0	保温材料密度/(kg/m³)	
基本风压/(N/m²)	450	设计寿命/年	15

管口表

符号	公称直径	连接面形式	用途	符号	公称直径	连接面形式	用途
a	450		气体出口	f$_{1-6}$	500		人孔
b	350		脱硫液入口	g$_{1-2}$	80		液位计口
c	450		气体进口	i	100		排净口
d	350		脱硫液出口	n$_{1-3}$	500		卸料口
e$_{1-2}$	25		现场液位计口				

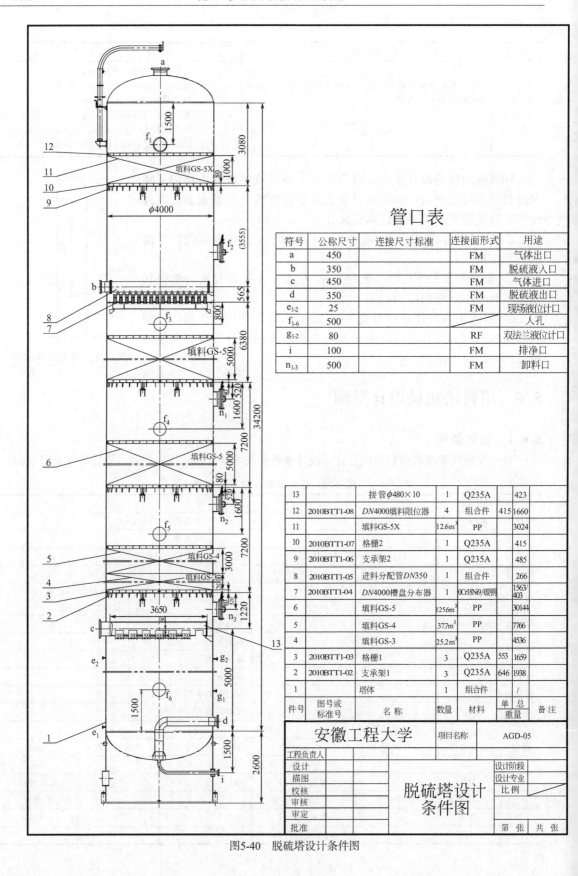

管口表

符号	公称尺寸	连接尺寸标准	连接面形式	用途
a	450		FM	气体出口
b	350		FM	脱硫液入口
c	450		FM	气体进口
d	350		FM	脱硫液出口
e₁₋₂	25		FM	现场液位计口
f₁₋₆	500			人孔
g₁₋₂	80		RF	双法兰液位计口
i	100		FM	排净口
n₁₋₃	500		FM	卸料口

件号	图号或标准号	名称	数量	材料	单重 总重	备注
13		接管φ480×10	1	Q235A	423	
12	2010BTT1-08	DN4000填料限位器	4	组合件	415 1660	
11		填料GS-5X	12.6m³	PP	3024	
10	2010BTT1-07	格栅2	1	Q235A	415	
9	2010BTT1-06	支承架2	1	Q235A	485	
8	2010BTT1-05	进料分配管DN350	1	组合件	266	
7	2010BTT1-04	DN4000槽盘分布器	1	0Cr18Ni9/碳钢	1563/403	
6		填料GS-5	125.6m³	PP	30144	
5		填料GS-4	377m³	PP	7766	
4		填料GS-3	25.2m³	PP	4536	
3	2010BTT1-03	格栅1	3	Q235A	553 1659	
2	2010BTT1-02	支承架1	3	Q235A	646 1938	
1		塔体	1	组合件	/	

安徽工程大学		项目名称	AGD-05	
工程负责人				
设计			设计阶段	
描图		脱硫塔设计	设计专业	
校核		条件图	比例	
审核				
审定				
批准			第 张 共 张	

图5-40 脱硫塔设计条件图

5.6.2　选材及结构初步设计

塔体、裙座进行强度及稳定性计算时，需要初步确定一些设计参数及结构。

5.6.2.1　塔体

塔体由圆形筒体和上、下封头构成，封头按 GB/T 25198—2010 选用椭圆形封头。设计压力取工作压力的 1.1 倍，即 2.95MPa；设计温度不低于最高工作温度，取 60℃；塔体材料均采用 Q345R。根据本书附录脱硫塔工艺条件图 AGD-05，筒体高度为 34200mm，裙座高度为 2600mm，取管口 a 处接管长度为 540mm，则：塔体总高度＝筒体高度＋裙座高度＋接管长度＋封头短轴长度＋封头直边高度＋封头厚度＝34200＋2600＋540＋1000＋40＋42＝38422（mm）。

5.6.2.2　裙座

本设备设计温度 60℃，下封头选用 Q345R，所以裙座材料相应选用 Q345R。本设备选用圆筒形裙座。裙座与塔体的连接采用焊接，焊接接头采用对接形式。壳的外径宜与相连塔壳封头外径相等。裙座有效厚度 $\delta_{es}=18\text{mm}$，故裙座底部截面内径为 （4084－36＝）4048mm。

5.6.2.3　吊耳

本设备重 180t 左右，根据现场起吊方案，选用侧壁板式吊耳，吊耳型号 HG/T 21574—2018　SP-100，2 个，圆周均布。

5.6.2.4　填料

本设备选用的是聚丙烯格栅填料，型号 GS-3、GS-4、GS-5，GS-3 密度为 204kg/m³，GS-4、GS-5 密度为 240kg/m³。填料分四段，下段填料高度为 5000mm，其中 2000mm 为 GS-3，3000mm 为 GS-4 型，中间两段填料高度 5000mm 为 GS-5 型，顶部 1000mm 为 GS-5 型作为除沫器。填料支承板与格栅填料的排列方向成 90°，每相邻两层格栅填料之间排列方向为 45°。

本设备：$H=5\text{m}$；$L=135\text{cm}$；$\rho_P=240\text{kg/m}^3$；$t=46\text{cm}$；$P_L=0.05HLt\rho_P g\times10^{-4}$；$\rho_L=1000\text{kg/m}^3$；$S=0.8\text{cm}$；$h=8\text{cm}$；$C=0.2\text{cm}$，核算栅条弯曲应力

$$\sigma=\frac{M}{W}=\frac{PL}{(S-C)(h-C)^2}=\frac{(P_L+P_P)L}{(S-C)(h-C)^2}$$
$$=\frac{HLt\rho_P g+0.05HLt\rho_L g}{(S-C)(h-C)^2}=2417381\text{（Pa）}$$

格栅材质 Q235B，在 60℃ 时 $[\sigma]=113\text{MPa}$，即 $\sigma<[\sigma]$，栅条设计合格。

5.6.2.5　平台、梯子

平台材料用 Q235A・F。在 8 个人孔、3 个卸料孔与塔顶分别设立平台，共 13 个平台。平台及梯子布置如图 5-41 所示。

5.6.3　强度及稳定性计算

5.6.3.1　塔体

（1）塔筒体壁厚的计算

塔体材料：Q345R。查文献 [11] 附录 6 得：$[\sigma]^t=157\text{MPa}$，取 $\phi=1$，厚度附加量 $C=3\text{mm}$，计算压力 $p_c=2.95\text{MPa}$，则

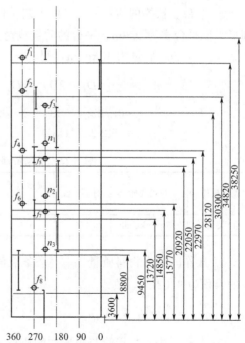

图 5-41　平台及梯子布置图

$$\delta = \frac{p_c D_i}{2[\sigma]^t \phi - p_c} = 37.94 \text{ （mm）}$$

考虑到腐蚀裕量，圆整取塔体壁厚 $\delta_n = 42\text{mm}$。

$$\delta_e = \delta_n - C = 39 \text{ （mm）}$$

（2）封头壁厚计算

查得：$[\sigma]^t = 157\text{MPa}$，取 $\phi = 1$，$C = 3\text{mm}$，计算压力 $p_c = 2.95\text{MPa}$，则

$$\delta = \frac{p_c D_i}{2[\sigma]^t \phi - 0.5 p_c} = 37.76$$

考虑到腐蚀裕量，圆整与塔体等壁厚 $\delta_{nh} = 42\text{mm}$，则

$$\delta_{eh} = \delta_{nh} - C = 39 \text{ （mm）}$$

5.6.3.2 强度及稳定性校核

（1）塔体上各项质量载荷的计算

① 塔壳和裙座的质量 m_{01}　塔体圆筒总高度：$H_0 = 34.2\text{m}$，则

$$m_1 = \frac{\pi}{4}(D_0^2 - D_i^2)H_0\rho_{\text{钢}} = 0.785 \times (4.084^2 - 4.0^2) \times 34.2 \times 7.85 \times 10^3 = 143110.3 \text{ （kg）}$$

查表 GB/T 25198—2010 得到一个封头的质量是 5837.69kg，所以

$$m_2 = 5837.69 \times 2 = 11675.38 \text{ （kg）}$$

由上面计算得到裙座的高度 $H_1 = 2.6\text{m}$，则裙座的质量为

$$m_3 = \frac{\pi}{4}(D_0^2 - D_i^2)H_1\rho_{\text{钢}} = 0.785 \times (4.084^2 - 4.048^2) \times 2.6 \times 7.85 \times 10^3 = 4690.4 \text{ （kg）}$$

故

$$m_{01} = m_1 + m_2 + m_3 = 159476.1 \text{ （kg）}$$

② 塔内件质量 m_{02}　由工艺条件知塑料阶梯环堆积密度分别为 204kg/m³，240kg/m³ 故得

$$m_{02} = 204 \times 2 \times 3.14 \times 4^2 \times 0.25 + 240 \times 14 \times 3.14 \times 4^2 \times 0.25 = 47326.1 \text{ （kg）}$$

③ 平台、扶梯的质量 m_{04}　由工艺条件可知，在整个塔共设平台 13 个，每个平台成半圆形，取平台宽为 0.9m，平台的质量载荷查表 5-23 可知为 $q_p = 150\text{kg/m}^2$，笼式扶梯总高度为 $h_F = 38\text{m}$，质量为 40kg/m，则

$$m_{04} = \frac{\pi}{4}[(D_0 + 2B)^2 - D_0^2] \times 0.5nq_p + q_F h_F$$
$$= 0.785[(4.084 + 2 \times 0.9)^2 - 4.084^2] \times 0.5 \times 13 \times 150 + 40 \times 38$$
$$= 15252.7 \text{ （kg）}$$

表 5-23　塔设备部分内件、附件质量参考值　　　　　　　　　　　　　　kg/m

笼式扶梯	开式扶梯	钢制平台	圆形泡罩塔盘	条形泡罩塔盘	筛板塔盘	浮阀塔盘	舌形塔盘	塔盘充液
40kg/m	15~24kg/m	150	150	150	65	75	75	70

④ 操作时塔内物料质量 m_{05}　塔釜液面到底部筒体焊缝的距离取 $h_0 = 3620\text{mm}$，1 个封头的容积为 9.02m³，故

$$m_{05} = \frac{\pi}{4}D_i^2 h_0 \rho + V_f \rho = 0.785 \times 4^2 \times 3.62 \times 1000 + 9.02 \times 1000 = 54487.2 \text{ （kg）}$$

⑤ 人孔、法兰、接管与附属物的质量 m_a

$$m_a = 0.25 \times m_{01} = 39869 \text{ （kg）}$$

⑥ 充水质量 m_w

$$m_w = \frac{\pi}{4} D_i^2 H_0 \rho_w + 2V_f \rho_w = 0.785 \times 4^2 \times 34.2 \times 1000 + 2 \times 9.02 \times 1000 = 447592 \text{ （kg）}$$

⑦ 全塔操作质量

$$m_0 = m_{01} + m_{02} + m_{04} + m_{05} + m_a = 159476.1 + 47326.1 + 15252.7 + 54487.2 + 39869$$
$$= 316411.1 \text{ （kg）}$$

⑧ 全塔最小质量

$$m_{min} = m_{01} + 0.2m_{02} + m_{04} + m_a = 159476.1 + 0.2 \times 47326.1 + 15252.7 + 39869 = 224063 \text{ （kg）}$$

⑨ 全塔最大质量

$$m_{max} = m_{01} + m_{02} + m_{04} + m_a + m_w = 159476.1 + 47326.1 + 15252.7 + 39869 + 447592$$
$$= 709515.9 \text{ （kg）}$$

将塔沿高度方向分成 6 段，如图 5-42 所示，每塔段的质量列入表 5-24。

表 5-24　各塔段质量　　　　　　　　　　　　　　　　　　kg

项　　目	塔段号						合　计
	1	2	3	4	5	6	
m_{01}	1623.6	8904.5	24362.2	41845.1	41845.1	40895.6	159476.1
m_{02}	—	—	—	21167.1	23144.6	3014.4	47326.1
m_{04}	36	68	1289.2	5681.8	4625.4	3552.3	15252.7
m_{05}	—	9020	45467.2	—	—	—	54487.2
m_a	405.9	2226.1	6090.6	10461.3	10461.3	10223.8	39869
m_w	—	9020	73124.3	125600	125600	114247.7	447592
m_0	2065.5	20218.6	77209.2	79155.3	80076.4	57686.1	316411.1
m_{max}	2065.5	20218.6	104866.3	204755.3	205676.4	171933.8	709515.9
m_{min}	2065.5	11198.6	31742	62221.6	61560.7	55274.6	224063
塔段长度	900	1700	5822	10000	10000	10000	38422
平台数	0	0	1	5	4	3	13

（2）塔的自振周期的计算

因为 $H/D_i = \dfrac{38422}{4000} = 9.61 < 15$，所以不用考虑高振型的影响，则

$$T_1 = 90.33H \sqrt{\frac{m_0 H}{E \delta_e D_i^3} \times 10^{-3}}$$

$$= 90.33 \times 38422 \sqrt{\frac{316411.1 \times 38422}{1.9 \times 10^5 \times 39 \times 4000^3} \times 10^{-3}}$$

$$= 0.56 \text{ （s）}$$

（3）风载荷计算

将塔高沿高度分为 6 段，如图 5-42 所示。

① 风力计算

a. 风振系数。各计算塔段的风振系数 K_{2i} 由式（5-17）计算，计算结果见表 5-25。

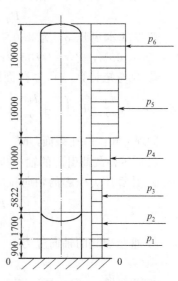

图 5-42　塔的风载荷计算简图

表 5-25 风振系数

塔段号	1	2	3	4	5	6
距离地面高度/m	0.9	2.6	8.422	18.422	28.422	38.422
脉动增大系数 ξ			1.95(查表 5-15)			
风压高度变化系数 f_i(查表 5-13)	1.0	1.0	1.0	1.22	1.39	1.54
振型系数 ϕ_i(查表 5-16)	0.02	0.02	0.0618	0.318	0.67	1
脉动影响系数 ν_i(查表 5-14)	0.72	0.72	0.72	0.779	0.824	0.847
$K_{2i}=1+\dfrac{\xi\nu_i\phi_i}{f_i}$	1.028	1.028	1.087	1.396	1.775	2.073

b. 有效直径 D_{ei}。设笼式扶梯与塔顶管线成 90°角，取平台构件的投影面积 $\sum A = 0.5\text{m}^2$，则取下式计算值中的较大者，各段有效直径 D_{ei} 见表 5-26。

$$D_{ei}=D_{oi}+2\delta_{si}+K_3+K_4$$
$$D_{ei}=D_{oi}+2\delta_{si}+d_o+K_4+2\delta_{ps}$$

式中，设 δ_{si} 和 δ_{ps} 为 0，$d_o=580\text{mm}$，$K_3=400\text{mm}$，$K_4=\dfrac{2\sum A}{l_i}$，$D_{oi}=4000+2\times42$ $=4084\text{mm}$。

表 5-26 各塔段有效直径   mm

塔段号	1	2	3	4	5	6
塔段长度 l_i	900	1700	5820	10000	10000	10000
K_3			400			
$\sum A/\text{mm}^2$	0	0	5×10^5	25×10^5	20×10^5	15×10^5
$K_4=\dfrac{2\sum A}{l_i}$	0	0	171.8	500	400	300
D_{ei}	4664	4664	4835.8	5164	5064	4964

② 水平风力计算 由式(5-16)计算各塔段的水平风力

$$P_i=K_1K_{2i}q_0f_il_iD_{ei}\times10^{-6} \quad \text{(N)}$$

假设基本风压 q_0 为 450N/m^2，取 $K_1=0.7$。故得 $P_1=1359.27\text{N}$，$P_2=2567.5\text{N}$，$P_3=9640.08\text{N}$，$P_4=27703.97\text{N}$，$P_5=39356.59\text{N}$，$P_6=49918.59\text{N}$。

③ 风弯矩计算 0—0 截面风弯距为

$$M_w^{0-0}=P_1\frac{l_1}{2}+P_2\left(l_1+\frac{l_2}{2}\right)+\cdots+P_6(l_1+l_2+l_3+l_4+l_5+l_6/2)=3.02\times10^9 \quad \text{(N·mm)}$$

同理可知：1—1 截面，$M_w^{1-1}=2.9\times10^9\text{N·mm}$；2—2 截面 $M_w^{2-2}=2.69\times10^9\text{N·mm}$。

(4) 各种载荷引起的轴向应力

① 计算压力引起的轴向拉应力

$$\sigma_1=\frac{p_cD_i}{4\delta_{ei}}=\frac{2.95\times4000}{4\times39}=75.64 \quad \text{(MPa)}$$

② 重量引起的轴向应力

0—0 截面 $\quad \sigma_2^{0-0}=-\dfrac{m_0^{0-0}g}{\pi D_{is}\delta_{es}}=-\dfrac{316411.1\times9.81}{3.14\times4048\times18}=-13.57 \quad \text{(MPa)}$

1—1 截面　$\sigma_2^{1-1} = -\dfrac{m_0^{1-1}g}{A_{sm}} = -\dfrac{(316411.1-2065.5)\times 9.81}{222792.96} = -13.84$（MPa）

$A_{sm} = \pi D_{im}\delta_{es} - \sum[(b_m+2\delta_m)\delta_{es}-A_m] = 3.14\times 4048\times 18 - [(500+20)\times 18 - 2\times 168\times 10]$
$= 222792.96$（mm²）

（其中 $A_m = 2l_m\delta_m$，$b_m = 500$，$\delta_m = 10$，$l_m = 168$）

2—2 截面　$\sigma_2^{2-2} = -\dfrac{m_0^{2-2}g}{\pi D_i\delta_e} = -\dfrac{(316411.1-2065.5-20218.6)\times 9.81}{3.14\times 4000\times 39} = -5.89$（MPa）

③ 最大弯矩引起的轴向拉应力 σ_3　由于不考虑地震载荷及偏心载荷，最大弯矩 M_{max}^{i-i} 简化为 $M_{max}^{i-i} = M_w^{i-i}$。计算结果见表 5-27。

表 5-27　截面弯矩

截　　面	0—0	1—1	2—2
M_{max}^{i-i}/(N·mm)	3.02×10^9	2.9×10^9	2.69×10^9

危险截面轴向拉应力 σ_3 计算如下

$$\sigma_3^{0-0} = \pm\frac{M_{max}^{0-0}}{\frac{\pi}{4}D_{is}^2\delta_{es}} = \pm\frac{3.02\times 10^9}{0.785\times 4048^2\times 18} = \pm 13.04\ \text{（MPa）}$$

$$\sigma_3^{1-1} = \pm\frac{M_{max}^{1-1}}{Z_{sm}} = \pm\frac{2.9\times 10^9}{225469889.2} = \pm 12.86\ \text{（MPa）}$$

上式的 Z_{sm} 为人孔处截面的抗弯截面系数，由表 5-8 中公式可计算得到其值为 225469889.2mm³。

$$\sigma_3^{2-2} = \pm\frac{M_{max}^{2-2}}{\frac{\pi}{4}D_i^2\delta_e} = \pm\frac{2.69\times 10^9}{0.785\times 4000^2\times 39} = \pm 5.49\ \text{（MPa）}$$

（5）筒体和裙座危险截面的强度与稳定性校核

① 筒体的强度与稳定性校核

a. 强度校核。筒体危险截面 2—2 的最大组合轴向拉应力 $\sigma_{max组拉}^{2-2}$

$$\sigma_{max组拉}^{2-2} = \sigma_1 + \sigma_3^{2-2} + \sigma_2^{2-2} = 75.64+5.49-5.89 = 75.24\ \text{（MPa）}$$

轴向许用应力　　$K[\sigma]^t\phi = 1.2\times 157\times 1 = 188.4$（MPa）

因为 $\sigma_{max组拉}^{2-2} < K[\sigma]^t\phi$，故满足强度条件。

b. 稳定性校核。筒体危险截面 2—2 处最大组合轴向压应力 $\sigma_{max组压}^{2-2}$ 为

$$\sigma_{max组压}^{2-2} = \sigma_2^{2-2} + \sigma_3^{2-2} = -(5.89+5.49)) = -11.38\ \text{（MPa）}$$

许用轴向压应力：$[\sigma]_{cr} = \begin{cases} KB = 1.2\times 156 \\ K[\sigma]^t = 1.2\times 157 \end{cases}$ 取其中较小值。

$$A = \frac{0.094\delta_e}{R_i} = \frac{0.094\times 39}{2000} = 0.001833$$

查参考文献 [11] 图 10-18 得 $B = 156$MPa，则

$$[\sigma]_{cr} = 1.2\times 156 = 187.2\ \text{（MPa）}$$

因为 $\sigma_{\max\text{组压}}^{2-2}=-11.38<[\sigma]_{\text{cr}}$，故满足稳定性条件。

② 裙座稳定性的校核 裙座危险截面 0—0，1—1 处的最大组合轴向压应力

$$\sigma_{\max\text{组压}}^{0-0}=\sigma_2^{0-0}+\sigma_3^{0-0}=-(13.57+13.04)=-26.61\text{（MPa）}$$

$$\sigma_{\max\text{组压}}^{1-1}=\sigma_2^{1-1}+\sigma_3^{1-1}=-(13.84+12.86)=-26.7\text{（MPa）}$$

$$A=\frac{0.094\delta_{es}}{R_{is}}=\frac{0.094\times18}{2024}=0.00084$$

查参考文献 [11] 图 10-18 得 $B=110\text{MPa}$，$[\sigma]_{\text{cr}}=1.2\times110=132\text{MPa}$，$\sigma_{\max\text{组压}}^{0-0}<[\sigma]_{\text{cr}}$，$\sigma_{\max\text{组压}}^{1-1}<[\sigma]_{\text{cr}}$ 可知满足稳定性条件。

（6）筒体和裙座水压试验应力校核

① 筒体水压试验应力校核

a. 由试验压力引起的环向应力 σ。试验压力为

$$p_T=1.25p\frac{[\sigma]}{[\sigma]^t}=1.25\times2.95\times\frac{157}{157}=3.6875\text{（MPa）}$$

$$\sigma=\frac{(p_T+\text{液柱静压力})(D_i+\delta_{ei})}{2\delta_{ei}}=\frac{(3.6875+0.355)\times(4000+39)}{2\times39}=209.33\text{（MPa）}$$

其中，液柱静压力 $=\rho g H_\omega\times10^{-6}=1000\times9.81\times36.2\times10^{-6}=0.355$，$H_\omega$ 为液压试验时液柱高度。

因为 $\sigma<0.9\sigma_s\phi=0.9\times1.0\times305=274.5\text{（MPa）}$

故满足要求。

b. 由试验压力引起的轴向应力 σ_1

$$\sigma_1=\frac{p_T D_i}{4\delta_{ei}}=\frac{3.6875\times4000}{4\times39}=94.55\text{（MPa）}$$

c. 水压试验时重力引起的轴向应力 σ_2

$$\sigma_2=\frac{m_{\max}^{2-2}g}{\pi D_i\delta_{ei}}=-\frac{(709515.9-2065.5-20218.6)\times9.81}{3.14\times4000\times39}=-13.76\text{（MPa）}$$

d. 由弯矩引起的轴向应力 σ_3

$$\sigma_2^{2-2}=\pm\frac{0.3M_w^{2-2}}{\frac{\pi}{4}D_i^2\delta_{ei}}=\pm\frac{0.3\times2.69\times10^9}{0.785\times4000^2\times39}=\pm1.65\text{（MPa）}$$

e. 最大组合轴向拉应力校核

$$\sigma_{\max\text{组拉}}^{2-2}=\sigma_{\max\text{组拉}}=\sigma_1+\sigma_2+\sigma_3=94.55-13.76+1.65=82.44\text{（MPa）}$$

许用应力 $\qquad 0.9\sigma_s\phi=0.9\times305\times1=274.5\text{（MPa）}$

$$\sigma_{\max\text{组拉}}^{2-2}<0.9\sigma_s\phi$$

故满足要求。

f. 最大组合轴向压应力校核

$$\sigma_{\max\text{组压}}^{2-2}=\sigma_2^{2-2}+\sigma_3^{2-2}=-(13.76+1.65)=-15.41\text{（MPa）}$$

许用轴向压应力：$[\sigma]_{\text{cr}}=\begin{cases}0.9\sigma_s=0.9\times305=274.5\text{（MPa）}\\KB=1.2\times156=187.2\text{（MPa）}\end{cases}$ 取其中较小值，$[\sigma]_{\text{cr}}=$ 187.2MPa，因为 $\sigma_{\max\text{组压}}^{2-2}<[\sigma]_{\text{cr}}$，故满足稳定性条件。

② 裙座水压试验应力校核

a. 水压试验时重力引起的轴向应力 σ_2

$$\sigma_2^{0-0} = \frac{m_{max}^{0-0} g}{\pi D_{is} \delta_{es}} = -\frac{709515.9 \times 9.81}{3.14 \times 4048 \times 18} = -30.42 \ (\text{MPa})$$

$$\sigma_2^{1-1} = -\frac{m_{max}^{1-1} g}{A_{sm}} = -\frac{(709515.9 - 2065.5) \times 9.81}{222792.96} = -31.15 \ (\text{MPa})$$

b. 由弯矩引起的轴向 σ_3 应力

$$\sigma_3^{1-1} = \pm \frac{0.3 M_w^{1-1}}{Z_{sm}} = \pm \frac{0.3 \times 2.9 \times 10^9}{225469889.2} = \pm 3.86 \ (\text{MPa})$$

$$\sigma_3^{0-0} = \pm \frac{0.3 M_{max}^{0-0}}{\frac{\pi}{4} D_{is}^2 \delta_{es}} = \pm \frac{0.3 \times 3.02 \times 10^9}{0.785 \times 4048^2 \times 18} = \pm 3.91 \ (\text{MPa})$$

③ 裙座稳定性的校核　裙座危险截面 0—0, 1—1 处的最大组合轴向压应力

$$\sigma_{max组压}^{0-0} = \sigma_2^{0-0} + \sigma_3^{0-0} = -(30.42 + 3.91) = -34.33 \ (\text{MPa})$$

$$\sigma_{max组压}^{1-1} = \sigma_2^{1-1} + \sigma_3^{1-1} = -(31.15 + 3.86) = -35.01 \ (\text{MPa})$$

许用轴向应力 $[\sigma]_{cr} \begin{cases} 0.9\sigma_s = 0.9 \times 305 = 274.5 \ (\text{MPa}) \\ KB = 1.2 \times 110 = 132 \ (\text{MPa}) \end{cases}$ 取其中较小值，则 $[\sigma]_{cr} = 132\text{MPa}$,

$\sigma_{max组压}^{0-0} < [\sigma]_{cr}$, $\sigma_{max组压}^{1-1} < [\sigma]_{cr}$, 可知满足稳定性条件。

(7) 基础环设计

① 基础环尺寸

$$D_{ob} = D_{is} + (160 \sim 400) = 4048 + 228 = 4276 \ (\text{mm})$$

$$D_{ib} = D_{is} - (160 \sim 400) = 4048 - 192 = 3856 \ (\text{mm})$$

② 基础环的应力校核

$$Z_b = \frac{\pi(D_{ob}^4 - D_{ib}^4)}{32 D_{ob}} = \frac{3.14 \times (4276^4 - 3856^4)}{32 \times 4276} = 2.60 \times 10^9 \ (\text{mm}^3)$$

$$A_b = \frac{\pi}{4}(D_{ob}^2 - D_{ib}^2) = 0.785 \times (4276^2 - 3856^2) = 2.68 \times 10^6 \ (\text{mm}^2)$$

$$\sigma_{bmax} = \begin{cases} \dfrac{M_{max}^{0-0}}{Z_b} + \dfrac{m_0 g}{A_b} = \dfrac{3.02 \times 10^9}{2.6 \times 10^9} + \dfrac{316411.1 \times 9.81}{2.68 \times 10^6} = 2.32 \ (\text{MPa}) \\[3mm] \dfrac{0.3 M_w^{0-0} + M_e}{Z_b} + \dfrac{m_{max} g}{A_b} = \dfrac{0.3 \times 3.02 \times 10^9}{2.60 \times 10^9} + \dfrac{709515.9 \times 9.81}{2.68 \times 10^6} = 2.95 \ (\text{MPa}) \end{cases}$$

取 $[\sigma]_{max} = 2.95\text{MPa}$。选用 $75^{\#}$ 混凝土，其许用应力 $R_a = 3.5\text{MPa}$，故满足要求。

③ 基础环厚度　设地脚螺栓公称直径为 27mm，相邻筋板最大外侧间距 $l = 376.43\text{mm}$，根据图 5-38, $b = (4276 - 4080)/2 = 98$，则 $b/l = 0.26$，查表 5-20 得 $C_x = -0.4648$、$C_y = 0.0033$。

$$M_x = C_x \sigma_{bmax} b^2 = -0.4648 \times 2.95 \times 98^2 = -13168.6 \ (\text{N} \cdot \text{mm})$$

$$M_y = C_y \sigma_{bmax} l^2 = 0.0033 \times 2.95 \times 376.43^2 = 1379.4 \ (\text{N} \cdot \text{mm})$$

取 $M_s = \max\{|M_x|, |M_y|\} = 13168.6\text{N} \cdot \text{mm}$, $[\sigma]_b = 147\text{MPa}$，则

$$\delta_b = \sqrt{\frac{6M_s}{[\sigma]_b}} = \sqrt{\frac{6 \times 13168.6}{147}} = 23.18 \text{ （mm）}$$

取 $\delta_b = 24mm$。

（8）地脚螺栓计算

① 地脚螺栓承受的最大拉应力

$$\sigma_B = \begin{cases} \dfrac{M_w^{0-0} + M_e}{Z_b} - \dfrac{m_{\min}g}{A_b} = \dfrac{3.02 \times 10^9}{2.6 \times 10^9} - \dfrac{9.81 \times 224063}{2.68 \times 10^6} = 0.341 \\[3mm] \dfrac{M_E^{0-0} + 0.25M_w^{0-0} + M_e}{Z_b} - \dfrac{m_0 g - F_v^{0-0}}{A_b} = \dfrac{0.25 \times 3.02 \times 10^9}{2.6 \times 10^9} - \dfrac{316411.1 \times 9.81}{2.68 \times 10^6} = -0.868 \end{cases}$$

σ_B 取以上两者的中的大值，取 $\sigma_B = 0.341MPa$。

② 地脚螺栓直径 因为 $\sigma_B > 0$ 时，塔设备必须设置地脚螺栓。取地脚螺栓个数为 28。材料的许用应力为 $[\sigma]_{bt} = 147MPa$，其螺栓腐蚀裕量 $C_2 = 5mm$，则地脚螺栓螺纹小径为

$$d_1 = \sqrt{\frac{4\sigma_B A_b}{\pi n [\sigma]_{bt}}} + C_2 = \sqrt{\frac{4 \times 0.341 \times 2.68 \times 10^6}{3.14 \times 28 \times 147}} + 5 = 21.83 \text{ （mm）}$$

由表 5-28 可取螺栓公称直径为 M27。故选用 28 个 M27 的地脚螺栓，满足要求。

表 5-28　螺纹小径与螺栓公称直径对照　　　　　　　　　　　mm

螺栓公称直径	M24	M27	M30	M36	M42	M48	M56
螺纹小径 d_1	20.752	23.752	26.211	31.670	37.129	42.588	50.046

以上各项计算均满足强度条件及稳定性条件，塔的机械设计结果汇总于表 5-29。

表 5-29　变换气脱硫塔机械设计结果汇总

	塔的名义厚度/mm	筒体 $\delta_n = 42$，封头 $\delta_{nh} = 42$，裙座 $\delta_{ns} = 18$
塔的载荷及弯矩	塔的质量/kg	$m_0 = 316411.1, m_{\max} = 709515.9, m_{\min} = 224063$
	风弯矩/N·mm	$M_w^{0-0} = 3.02 \times 10^9, M_w^{1-1} = 2.9 \times 10^9,$ $M_w^{1-1} = 2.69 \times 10^9$
各种载荷引起轴向应力	计算压力引起的轴向应力/MPa	$\sigma_1 = 75.64$
	重量载荷引起的轴向应力/MPa	$\sigma_2^{0-0} = -13.57, \sigma_2^{1-1} = -13.84, \sigma_2^{2-2} = -5.89$
	最大弯矩引起的轴向应力/MPa	$\sigma_3^{0-0} = \pm 13.04, \sigma_3^{1-1} = \pm 12.86, \sigma_3^{2-2} = \pm 5.49$
	最大组合轴向拉应力/MPa	$\sigma_{\max 组拉}^{2-2} = 75.24$
	最大组合轴向压应力/MPa	$\sigma_{\max 组压}^{0-0} = -26.61$ $\sigma_{\max 组压}^{1-1} = -26.7, \sigma_{\max 组压}^{2-2} = -11.38$
强度及稳定性校核	强度校核	$\sigma_{\max 组拉}^{2-2} = 75.24 < K[\sigma]^t \phi = 188.4MPa$ 满足强度条件
	稳定性校核	$\sigma_{\max 组压}^{0-0} = -26.61MPa < [\sigma]_{cr} = 132MPa$，满足稳定性条件 $\sigma_{\max 组压}^{1-1} = -26.7MPa < [\sigma]_{cr} = 132MPa$，满足稳定性条件 $\sigma_{\max 组压}^{2-2} = -11.38MPa < [\sigma]_{cr} = 187.2MPa$，满足稳定性条件

续表

水压试验时的应力校核	筒体	$\sigma=209.33\text{MPa}<0.9\sigma_s\phi=274.5\text{MPa}$,满足强度条件
		$\sigma^{2-2}_{\max\text{组拉}}=82.44\text{MPa}<0.9\sigma_s\phi=274.5\text{MPa}$,满足强度条件
		$\sigma^{2-2}_{\max\text{组压}}=-15.41\text{MPa}<[\sigma]_{cr}=187.2\text{MPa}$,满足稳定性条件
	裙座	$\sigma^{0-0}_{\max\text{组压}}=-34.33\text{MPa}<[\sigma]_{cr}=132\text{MPa}$,满足稳定性条件
		$\sigma^{1-1}_{\max\text{组压}}=-35.01\text{MPa}<[\sigma]_{cr}=132\text{MPa}$,满足稳定性条件
基础环设计	基础环尺寸/mm	$D_{ob}=4276,D_{ib}=3856,\delta_b=24$
	基础环的应力校核	$[\sigma]_{b\max}=2.95\text{MPa}<R_a=3.5\text{MPa}$,满足要求
地脚螺栓设计		地脚螺栓直径 M27,地脚螺栓个数 $n=28$

脱硫塔装配图见插图 2。

附　　录

附表 1　钢管规格（GB/T 9948—2013）　　　　　　　　　　　　mm

公称直径	公称外径	公称厚度							
DN 15	18	1.2	1.5	2.5	3	3.5	4	5	6
DN 20	25	2	2.5	3	3.5	4	4.5	5	5.5
DN 25	32	1.5	2	2.5	3	3.5	4	4.5	5
DN 32	38	2	2.5	3	3.5	4	4.5	5.5	6
DN 40	45	2	2.5	3	3.5	4	4.5	5.5	6
DN 50	57	3	3.5	4	4.5	5.5	6	7	8
DN 65	76	3	3.5	4	4.5	5.5	6	7	8
DN 80	89	4	4.5	5	5.5	6	6.5	7	8
DN 100	108	4	4.5	5	5.5	6	6.5	7	8
DN 125	133	5	5.5	6	6.5	7	8	9	10
DN 150	159	4.5	5	5.5	6	6.5	7	8	9
DN 200	219	6	6.5	7	8	9	10	11	12
DN 250	273	6.5	7	8	9	9.5	10	11	12
DN 300	325	6.5	7	8	9	9.5	10	11	12
DN 350	377	8	9	9.5	10	11	12	13	14
DN 400	426	8	9	9.5	10	11	12	13	14
DN 450	480	9	9.5	10	11	12	14		
DN 500	530	9	10	11	12	13	14	15	

附表 2　塔板结构参数系列化标准（单溢流型）

塔径 D /mm	塔截面积 A_T/m²	塔板间距 H_T/mm	弓形降液管		降液管面积 A_f/m²	A_f/A_T	l_w/D
			堰长 l_w/mm	管宽 W_d/mm			
800	0.5027	350					
		450	529	100	0.0363	7.22	0.661
		500	581	125	0.0502	10.0	0.726
		600	640	160	0.0717	14.2	0.800
1000	0.7854	350					
		450	650	120	0.0534	6.8	0.65
		500	714	150	0.0770	9.8	0.714
		600	800	200	0.1120	14.2	0.800
1200	1.131	350	794	150	0.0816	7.22	0.661
		450					
		500	876	190	0.1150	10.2	0.73
		600					
		800	960	240	0.1610	14.2	0.800
1400	1.5390	350	903	165	0.1020	6.63	0.645
		450					
		500	1029	225	0.1610	10.45	0.735
		600					
		800	1104	270	0.2065	13.4	0.790

续表

塔径 D /mm	塔截面积 A_T/m²	塔板间距 H_T/mm	弓形降液管 堰长 l_w/mm	管宽 W_d/mm	降液管面积 A_f/m²	A_f/A_T	l_w/D
1600	2.0110	450					
		500	1056	199	0.1450	7.21	0.660
		600	1171	255	0.2070	10.3	0.732
		800	1286	325	0.2918	14.5	0.805
1800	2.5450	450					
		500	1165	214	0.1710	6.74	0.647
		600	1312	284	0.2570	10.1	0.730
		800	1434	354	0.3540	13.9	0.797
2000	3.1420	450					
		500	1308	244	0.2190	7.0	0.654
		600	1456	314	0.3155	10.0	0.727
		800	1599	399	0.4457	14.2	0.799
2200	3.8010	450					
		500	1598	344	0.3800	10.0	0.726
		600	1686	394	0.4600	12.1	0.763
		800	1750	434	0.5320	14.0	0.795
2400	4.5240	450					
		500	1742	374	0.4524	10.0	0.726
		600	1830	424	0.5430	12.0	0.763
		800	1916	479	0.6430	14.2	0.798

附表 3   换热管直径为 25mm 的换热器基本参数 （GB/T 28712.2—2012）

公称直径 DN/mm	公称压力 PN/MPa	管程数	管子根数	中心接管数	管程流通面积/m²	计算换热面积/m² 换热管长度 L/mm 1500	2000	3000	4500	6000
400		1	98	12	0.0308	10.8	14.6	22.3	33.8	45.4
		2	94	11	0.0148	10.3	14.0	21.4	32.5	43.5
		4	76	11	0.0060	8.4	11.3	17.3	26.3	35.2
450		1	135	13	0.0424	14.8	20.1	30.7	46.5	62.5
		2	125	12	0.0198	13.9	18.8	28.7	43.5	58.4
		4	106	13	0.0083	11.7	15.8	24.1	38.6	49.1
500	0.6 1.0 1.6 2.5 4.0	1	174	14	0.0308		26.0	39.6	60.1	80.6
		2	164	15	0.0546		24.5	37.3	56.6	76.0
		4	144	15	0.0257		21.4	32.8	49.7	66.7
600		1	245	17	0.0424		36.5	55.8	84.6	113.5
		2	232	16	0.0113		34.6	52.8	80.1	107.5
		4	222	17	0.0083		33.1	50.5	76.7	102.8
		6	216	16	0.0308		32.2	49.2	74.6	100.0
700		1	355	21	0.1115		80.0	122.6	164.4	
		2	342	21	0.0537		77.9	118.1	158.4	
		4	322	21	0.0253		72.3	111.2	149.1	
		6	304	20	0.0159		69.2	105.0	140.8	

续表

公称直径 DN/mm	公称压力 PN/MPa	管程数	管子根数	中心接管数	管程流通面积/m²	计算换热面积/m²				
						换热管长度 L/mm				
						1500	2000	3000	4500	6000
800		1	467	23	0.1456			106.3	161.3	216.3
		2	450	23	0.0107			102.4	155.4	208.5
		4	442	23	0.0347			100.6	152.7	204.7
		6	430	24	0.0225			97.9	148.5	119.2
900		1	605	27	0.1900			137.9	209.0	280.2
		2	588	27	0.0923			133.9	203.1	272.3
		4	554	27	0.0435			126.1	191.4	256.6
		6	538	26	0.0282			122.5	185.8	249.2
1000	0.6 1.0 1.6 2.5 4.0	1	749	30	0.2352			170.5	258.7	346.9
		2	742	29	0.1165			168.9	256.3	343.7
		4	710	29	0.0557			161.6	245.2	328.8
		6	698	30	0.0365			158.9	241.1	323.3
1100		1	931	33	0.2923				321.6	431.2
		2	894	33	0.1404				308.8	414.1
		4	848	33	0.05666				292.9	392.8
		6	830	32	0.0434				286.7	384.4
1200		1	1115	37	0.3501				385.1	516.4
		2	1102	37	0.1730				380.6	510.4
		4	1052	37	0.0826				363.4	487.2
		6	1026	36	0.0537				354.4	475.2
1300		1	1301	39	0.4085				449.4	602.6
		2	1274	40	0.2000				440.0	590.1
		4	1214	39	0.0953				419.3	562.3
		6	1192	38	0.0624				411.7	552.1
1400	0.25 0.6 1.0 1.6 2.5	1	1547	43	0.4858					716.5
		2	1510	43	0.2371					699.4
		4	1454	43	0.1141					673.4
		6	1424	42	0.0745					659.5
1500		1	1753	45	0.5504					811.9
		2	1700	45	0.2669					787.4
		4	1688	45	0.1825					781.8
		6	1590	44	0.0832					736.4
1600		1	2023	47	0.06352					937.0
		2	1982	48	0.3112					918.0
		4	1900	48	0.1492					880.0
		6	1884	47	0.0986					872.6

续表

公称直径 DN/mm	公称压力 PN/MPa	管程数	管子根数	中心接管数	管程流通面积/m²	计算换热面积/m²				
						换热管长度 L/mm				
						1500	2000	3000	4500	6000
1700		1	2245	51	0.7049					1039.8
		2	2216	52	0.3479					1026.3
		4	2180	50	0.1711					1009.7
		6	2156	53	0.1228					998.6
1800	0.25 0.6 1.0 1.6 2.5	1	2559	55	0.8035					1185.3
		2	2512	55	0.3944					1163.4
		4	2424	54	0.1903					1122.7
		6	2404	53	0.1258					1113.4
1900		1	2899	59	0.9107					1342.0
		2	2854	59	0.4483					1321.2
		4	2772	59	0.2177					1283.2
		6	2742	59	0.1436					1269.3
2000		1	3189	61	1.0019					1476.2
		2	3120	61	0.4901					1444.3
		4	3110	61	0.2443					1439.7
		6	3078	60	0.1612					1424.8
2300	0.6	1	4249	71	1.3349					1966.9
		2	4212	71	0.6616					1949.8
		4	4096	71	0.3217					1896.1
		6	4076	70	0.2134					1886.8
2400		1	4601	73	1.4454					2129.9
		2	4548	73	0.7144					2105.3
		4	4516	73	0.3547					2090.5
		6	4474	74	0.2342					2071.1

参考文献

[1] 董其伍.换热器.北京：化学工业出版社，2009.

[2] 孙兰义.换热器工艺设计.北京：中国石化出版社，2015.

[3] 潘红良.过程设备机械设计.上海：华东理工大学出版社，2006.

[4] 贾绍义.柴诚敬，等.化工原理课程设计.天津：天津大学出版社，2002.

[5] 匡国柱，史启才.化工单元过程及设备课程设计.2版.北京：化学工业出版社，2007.

[6] 蔡纪宁，张莉彦.化工设备机械基础课程设计指导书.3版.北京：化学工业出版社，2019.

[7] 《化工设备设计全书》编辑委员会.塔设备.北京：化学工业出版社，2004.

[8] 刁玉玮，王立业，喻键良.化工设备机械基础.大连：大连理工大学出版社，2006.

[9] 孙兰义.化工过程模拟实训——Aspen Plus 教程.2版.北京：化学工业出版社，2017.

[10] 李福宝，李勤.压力容器过程设备设计.北京：化学工业出版社，2010.

[11] 陈国桓.化工机械基础.2版.北京：化学工业出版社，2005.

[12] 夏清，贾绍义，化工原理.2版.北京：化学工业出版社，2011.

[13] 杨祖荣，刘丽英，刘伟.化工原理.3版.北京：化学工业出版社，2014.